园林景观构造

张颖璐　主编

东南大学出版社
SOUTHEAST UNIVERSITY PRESS
南京・2019

内容提要

园林景观无论是在城市空间营造还是在风景区规划中都扮演着重要的角色,它的处理体现了一个区域的文化素质和审美情趣。因此,掌握园林景观的材料使用、施工工艺及构造手法等技术,在景观打造过程中起着关键性作用。本书总结了常用景观构造的手法,一共分为7章,分别介绍了铺装构造设计,石景构造设计,水景构造设计,亭、廊、花架构造设计,景观桥构造设计,墙、围栏构造设计以及其他景观小品构造设计。各章又分别详细介绍了各类型景观基本概况、材料使用及各类构造方法,并从了解园林景观常用分类入手,说明园林景观构造应遵循的各项设计原则、园林景观构成要素及常用构造方法。

本书应用范围广泛,适用于城市规划、艺术设计、建筑设计、公共艺术及其他艺术设计等专业的在校学生学习,也可以作为参考书目供规划师、景观设计师、建筑师等工程技术人员使用。

图书在版编目(CIP)数据

园林景观构造/张颖璐主编. —南京:东南大学出版社,2019.1

ISBN 978-7-5641-8173-4

Ⅰ.①园… Ⅱ.①张… Ⅲ.①园林设计-景观设计 Ⅳ.①TU986.2

中国版本图书馆CIP数据核字(2018)第286851号

书　　名:园林景观构造

主　　编:张颖璐

责任编辑:徐步政　　　　邮箱:1821877582@qq.com

出版发行:东南大学出版社　　　　社址:南京市四牌楼2号(210096)

网　　址:http://www.seupress.com

出 版 人:江建中

印　　刷:江苏凤凰数码印务有限公司　　　　排版:南京新翰博图文制作有限公司

开　　本:787 mm×1092 mm　1/16　　　　印张:11.75　　　　字数:272千

版 印 次:2019年1月第1版　　2019年1月第1次印刷

书　　号:ISBN 978-7-5641-8173-4　　　　定价:49.00元

经　　销:全国各地新华书店　　　　发行热线:025-83790519　83791830

编　委　会

主　编　张颖璐

委　员　朱　丹　马　蕊　徐海顺　杨　旭

前言

园林景观按基本成分可分为两类:一类是自然景观,一类是人造景观。自然景观有树木、水体、和风、细雨、阳光等,人造景观包含铺地、墙体、栏杆、景观构筑等。随着现代社会的发展,人们越来越重视精神层面的追求,对美观性和艺术性的要求越来越高。人造景观的处理能体现一个城市的文化素质和审美情趣。掌握人造景观的材料使用、施工工艺及构造手法,在园林景观营造过程中起着关键性作用。

《园林景观构造》一书共分七章,详尽地介绍了园林景观专业人员所需的设计构造知识,如铺装,石景,水景,亭、廊、花架,景观桥,墙、围栏等构造设计,每一章从类型、使用材料、构造手法入手,并配以大量的设计实例加以说明,使读者能进一步掌握园林景观构造设计的全面知识,具体且实用。本书编写力求采用最新的设计规范、园林景观新技术,以满足初涉该领域的设计人员的工作需求,使其快速成为一名成熟的设计工作者。

本书的撰稿人及承担的工作分别是:

昆明理工大学教师马蕊:第 1 章 铺装构造设计。

昆明理工大学教师杨旭:第 2 章 石景构造设计。

南京林业大学副教授徐海顺:第 3 章 水景构造设计。

同济大学博士生朱丹:第 5 章 景观桥构造设计;第 7 章 其他景观小品构造设计。

本书其余章节的撰写、部分书稿的修改、补充、更新、调整,及全书的定稿均由本人完成。南京林业大学硕士研究生沈卉、尹琴,本科生马佩丹参与了部分书稿的录入、整理及绘图工作。

本书普遍适用于城市规划、艺术设计、建筑设计、公共艺术及其他艺术设计专业的在校学生学习使用,也可供城市规划师、景观设计师、建筑师等工程技术人员参考使用。

本书在编写过程中参考了很多学者已有的研究成果,对其进行了分类与总结,在此过程中得到各方面的支持,对此向提供支持、帮助的单位、专家、学者、朋友致以衷心的感谢。

对本书的审阅人和一直关注、支持本书出版的出版社编辑同样致以深切的谢意。

限于编者的水平,本书中全面性和创新性仍有很多不足,书中内容的不妥之处切盼得到各方面的批评、指正。

张颖璐于茶苑

2018 年 11 月 10 日

目录

1　铺装构造设计

本章导读： 本章主要是介绍铺装构造的类型、使用材料及各类构造方法，从了解铺装的不同分类入手，再到铺装应遵循的功能性、经济性、安全性、美观性原则，重点阐述了铺装的构造要素及材料、各类铺装的构造方法。

1.1　铺装的分类

园林景观中的铺装主要指针对室外环境，利用自然或人工材料按一定方式进行的铺设，是构成园林景观的重要元素。根据不同的环境和功能，铺装材料的选取及铺设方式存在差别，从而形成园林景观不同形式的底界面。铺装有不同的分类方法，常见的有根据铺装使用场地、铺装面层材料以及铺装透水性分类。

1.1.1　按铺装使用场地分类

按动态交通与静态交通的场地功能可将铺装划分为动态的园路铺装、静态的广场铺装以及静态的停车场铺装。功能的差异性决定了使用对象、荷载量的不同，体现在铺装上也有一定的区别。

1）园路铺装

园路，在园林景观空间中主要起到连接和分割各目的地的作用。在园林设计中，园路设计直接影响到通达性、联系性、视觉景观性，其功能不同，铺装的形式与构造的方法也大相径庭，但都有明确的目的性和引导性。按照所要达到的景观功能，园路可具体划分为主要园路、次要园路和游步道。主要园路的宽度一般为 7～8 m，能适应车辆通行需求，连接了园区内入口、主要景区、广场和公共建筑，形成了骨架和环路，铺装上需要考虑一定的车辆荷载和耐久性；次要园路以人行为主，宽度一般为 2.0～3.5 m，作为主要园路的分支，联系了重要景点和活动场所，铺装需要考虑防滑处理和透水性；游步道则曲径通幽，宽度一般为1～2 m，能够深入到各个角落，铺装形式也较多样化。园路只有主次分明，层次分布好，才能将各功能区、景点、建筑联系在一起，组成一个完整的园林景观。

2）广场铺装

广场是景观空间中的重要节点，为人群集散、休憩及运动的活动场所。根据广场的使用功能又可将广场分为交通集散广场、游憩活动广场和生产管理广场。在广场的铺装设计中，需要符合安全性原则、整体协调性原则、色彩与质感的美观性原则，铺装形式上可以采用单一式、拼花式及图案式以达到不同效果。广场的铺装材料选取应与环境相适合，一般交通集散广场需要组织和分散人流，为满足大量人流的使用，铺装材料要有足够的强度、刚度、良好的稳定性和防滑性；游憩活动广场以满足游览、休息、集体活动之用，铺装材料需要考虑耐磨防滑、透水性与美观性。

3）停车场铺装

停车场根据布置的环境条件及停车的要求，地面可以采用不同的铺装形式。停车场铺装应注意地面结构的稳定性与排水的通畅性，对等级要求高的应注意美观整洁。铺装上一般采用水泥混凝土整体现浇铺装、预制混凝土砌块铺装或混凝土砌块嵌草铺装，其他也可采用沥青混凝土和碎石铺装。为保证停车场结构的稳定，地面基层的设计厚度和强度都应适当增加。为满足防滑需要，地面坡度在平原地区应不大于 0.5%，在山区和丘陵区应不大于 0.8%。基于排水顺畅考虑，地面必须要有不小于 0.2%的排水坡度。

1.1.2 按铺装面层材料分类

根据铺装面层材料特点，又可将铺装分为整体铺装、块料铺装、碎料铺装、其他铺装。

1）整体铺装

整体铺装包括现浇水泥混凝土路面和沥青混凝土路面，具有平整、耐压、耐磨的特点，适用于通行车辆或人流集中的主要园路、次要园路、广场和停车场等路面（图 1-1），表面的处理可用普通抹灰、彩色水泥抹灰、水磨石饰面、露骨料饰面。

（a）现浇混凝土路面

（b）沥青路面

图 1-1　整体铺装

2）块料铺装

块料铺装包括天然石块、砖块及各种预制水泥混凝土块料路面等（图 1-2）。由于其坚固、平稳，图案纹样和色彩丰富，适用于广场、游步道和通行轻型车辆的地段。天然石料保留了石材的质感、古朴和高强度的特点，铺筑的路面耐磨平整，分为整齐块石（整齐块石和条石）、半整齐块石（条石和小方石）和不整齐块石（拳石和粗琢块石）。预制混凝土块料则由工厂统一加工，以保证路面平整度。

3）碎料铺装

碎料路面，即使用各种石片、砖瓦片、卵石等碎石料拼成的路面，可以通过多种材料组合出不同图案，表现内容丰富多样，路面装饰效果好(图 1-3)。碎料铺装主要用于小广场和各种游步道。

(a) 彩色混凝土砖

(b) 石板拼花

(c) 青石板嵌草

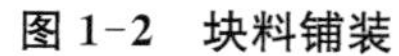
图 1-2　块料铺装

(a) 卵石拼花

(b) 砖与石片混合拼花

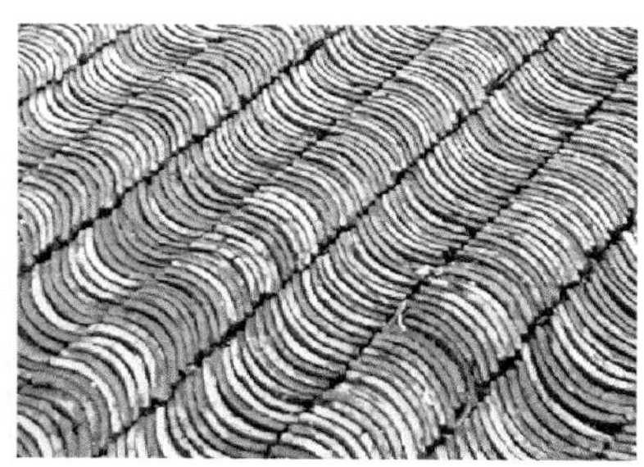
(c) 瓦片拼花

图 1-3　碎料铺装

4) 其他铺装

除上述铺装类型外，还包括简易路面、木材和合成材料铺装。简易路面是由煤、三合土等组成的路面，多用于临时性或过渡性路面。木材包括防腐木和塑木，既具有木材的纹理，又保持了实木的亲和性，多用于步道铺设(图 1-4)。合成材料用作铺装的主要是聚氨酯树脂和丙烯酸类树脂，施工使用喷涂和涂刷的方式。由于铺设后具有一定的弹性和行走的舒适性，合成材料铺装常用于小广场和游步道。

图 1-4　防腐木铺装

1.1.3　按铺装透水性分类

1) 透水性铺装

透水性铺装可通过特定的构造形式或透水材料使雨水渗透入泥土保持地表水量的平衡，构造中应注重对柔性垫层的处理。透水性铺装能让雨水通过路面进行下渗，是生态基础设施建设的重要一环，也是建设海绵城市的重要因素，不但可以减轻下雨时排水系统的负担，还能够补充地下水资源，有利于生态环境的保护，但由于透水性铺装的平整度和耐压性不足，养护投入较大，因此主要用于游步道、停车场、广场等，车行道使用较少。透水性铺装的主要做法是采用吸水性好的面层和透水性基层，包括混凝土透水砖、露骨料透水混凝土、植草地坪和透水砖，透水性混凝土、透水沥青、透水性高分子材料以及各种粉粒材料路面、透水草皮路面和人工草皮路面等。

2）非透水性铺装

非透水性铺装是指采用的面层材料吸水率低，构造形式渗水差，主要靠地表排水的铺装。不透水的现浇混凝土路面、沥青路面、高分子材料路面以及各种在不透水基层上用砂浆铺贴砖、石、混凝土预制块等材料的地面都属于非透水性铺装。这一类铺装平整度和耐压性较好，由于荷载力较好常用作机动交通、人流量大的主要园路；块材铺设的则多用作主要园道、游步道、广场等。

1.2 铺装的设计原则

1.2.1 功能性原则

铺装设计的好坏不仅取决于材料的好坏，更在于铺装设计与应用环境的协调度、与功能的适应度。不同的功能引导下铺装设计应有一定的差异性，具体体现在铺装设计的形状、色彩、尺度和质感方面。例如主要园路由于兼顾车行的功能，受到强度、耐久性、施工性、维修管理和经济性等的制约，要求路面质感平整，不宜用光面材料，色彩上以沉着稳重为主；次要园路以人行功能为主，材料需要进行防滑处理，有一定的耐磨性，色彩和形式相对丰富；游步道则可以结合一定的保健按摩功能，可采用卵石等具有健身性的路面。同时，大空间的铺装材料和图案可以粗犷一些，小空间的则细致、精美一些。

1.2.2 经济性原则

铺装设计应兼顾简洁大方、实用经济、耐用美观的原则，针对不同的空间选择经济实用的材料，在铺设中尽可能节材、减少废料。铺装选取的规格尺寸要便于加工，考虑与道路、广场的模数关系，在适应不同场合、不同景观环境要求的同时，也应尽可能充分地利用材料。

1.2.3 安全性原则

园林景观的铺装多采用环保、节能的材料，做到材料不破坏环境、不影响安全性；做到铺装在潮湿与干燥环境下都能够防滑，包括面层处理以加大摩擦，使用透水性材料加速水的下渗。

1.2.4 美观性原则

铺装设计还应注意色彩、尺度和质感形成的美观性原则，不同材料的色彩和质感组合的图案要能突出场地特点，提升场地的可辨识性，增强对活动的吸引力。如以引导为主的铺装色彩较多、质感简洁统一，广场铺装则注重鲜明性、观赏性。铺装色彩、质感的变化与园林景观整体的风格应协调一致，做到既不单调又不混乱。如自然式铺装以美观大方为主，现代的园林景观则可从形式和花纹上注重规整性。

1.3 铺装的构造要素及材料

1.3.1 铺装构造要素

地面铺装按照其从上到下的构造可分为面层、结合(找平)层、基层和路基(图 1-5)，铺装构造中以加强基层也可不另设垫层。由于不同地域的土壤条件和使用功能的区别，有的园路会没有结合层和垫层，但面层、基层和路基是必不可少的。

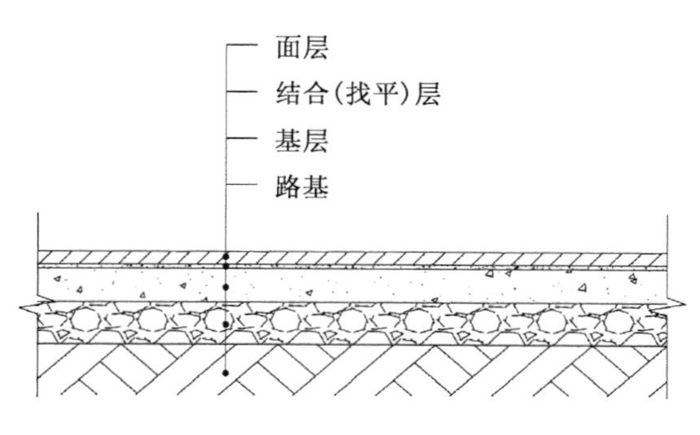

图 1-5 铺装基本构造示意图

园路的铺设方法从放线和定位开始，再开挖路槽，进行路基的处理。对路基处理的做法是夯实原土，清除过多的垃圾，对路基土壤不良的情况通过垫层加固、路基或垫层夯实后，在其上方铺设基层，最后是面层的铺设，花岗岩、广场砖等块状面材需要铺设结合层，用于结合和找平。具体的铺设顺序如下：

测量放线→路槽开挖→路槽整修→路槽碾轧→垫层→基层→结合层→面层→附属工程。

1）面层

面层是铺装基本构造的最上层，作为道路最表面的层次，是直接可见的使用层，承受了人流、车流的荷载与气候的影响，要求坚固、平稳、耐磨，并有一定的粗糙度，便于清扫。另外，面层有很强的装饰性，材料较为丰富多彩。面层除整体的沥青路面和混凝土路面外，还可用丰富的块料、碎料等单体材料，也有多种材料的结合使用，对同一材料的面层处理也能产生不同的质感。

2）结合层

结合层为结合和找平而设置，处于面层与基层之间，是连接它们的材料面层，在整体路面铺设和简易路面铺设时不存在。

3）基层

基层是最基本的结构组合层，处于面层之下、路基之上，承受着面层传下的垂直荷载的同时，也将荷载传到路基，主要起承受与传递路面荷载的功能。由于基层的主要作用是承重，因此要求结构致密，强度应与承载相适应，可分为可走机动车的承载与人行为主的非承载。

4）路基

路基位于基层下部，通过对土质基础进行一定的压实和稳定处理，从而提供平整的基面和承受路面传下的荷载，并保证路面足够的强度和稳定性。道路的位置确定后，可进行路基的填挖、整平、碾压作业。

1.3.2 常用铺装材料

常用铺装材料类型包括沥青、混凝土、石材、砖材、木材、合成材料等，不同的材料由于其特性的差异，所适用的功能、地质、环境等都不相同，见表1-1。

表1-1 常用铺装材料适用场地表

材料名称		材料特性	适用场地
沥青	不透水沥青	热辐射低，光反射弱，耐久，维护成本低，无弹性	车行道、人行道、停车场
	透水性沥青	透水性好，易成型，弹性随混合比例而变化	人行道、停车场
	彩色沥青	表面光滑，可配成多种色彩，有一定硬度，可组成图案装饰	人行道、广场
混凝土	混凝土	坚硬，无弹性，铺装容易，耐久，全年使用，维护成本低，撞击易碎	车行道、人行道、游步道、广场、停车场
	模压混凝土	易成型，铺装时间短，分坚硬、柔软两种，面层纹理、色泽可形成多种图案，又名“地石丽”	人行道、广场、游步道
	透水混凝土	透水性好，经济耐磨	车行道、人行道、游步道、广场、停车场
	水磨石	便于洗刷，耐磨，形成的色彩丰富	人行道、广场、游步道
	水洗石	颜色、形状和设计图案丰富	人行道、广场、游步道
	预制砌块	价格低廉，可设计成各种形状、颜色和规格尺寸	人行道、停车场、广场、游步道
石材	石板	强度中等，易于加工，可加工成多种形状和肌理	车行道、人行道、停车场
	料石（条石、毛石）	坚硬密实，耐久，抗风化性强，承重大，加工成本高，易受化学腐蚀，粗表面不易清扫，光表面防滑差	人行道、广场、游步道
	砂石	石质较粗松，受潮时可能松散变形。级配砂石，碾压成路面；价格低，易维修；无光反射，质感自然，透水性强	游步道
	卵石、碎石	在道路基底上用水泥粘铺，有防滑性能，观赏性强；成本较高，不易清扫	游步道、停车场
砖材	水泥砖	价格低廉，施工简单	车行道、人行道、广场
	砌块砖	耐久性好，价格低，铺装容易，加工尺寸标准，外观古朴	游步道、广场
	烧结砖	防火阻燃，不易掉色，实用性强，经久耐用	人行道、广场、游步道
	非烧结砖	节约燃料，价格低廉	人行道、广场、游步道
	陶瓷砖	有防滑性，有一定的透水性，成本适中，撞击易碎，吸尘，不易清扫	人行道、游步道、广场
	嵌草砖	透水性佳，能够保护生态，美化环境	人行道、停车场

续表 1-1

材料名称		材料特性	适用场地
木材	防腐木	具有弹性和韧性、耐冲击，色彩和纹理美丽，健康环保，易加工	游步道
	塑木	木材质感，耐腐性强，可塑性强	广场、游步道
合成材料	合成树脂	有弹性和硬性，行走舒适，排水良好，适于轻载，需定期修补	广场、游步道
	弹性橡胶	弹性好，排水良好，成本较高，易受损坏，清洗费时	健身活动小广场

1）面层材料

面层按铺设的特点主要划分为整体现浇铺装、块料铺装、碎料铺装和其他铺装（表 1-2），不同铺装类型常用的材料和适用场地不同。在具体使用中，为达到景观效果、防滑和避免光污染，面层材料都会进行一定处理。

表 1-2　常用铺装面层材料表

类型	名称	一般规格	面层处理	颜色
整体现浇铺装	透水混凝土路面	整体现浇	粗糙、大孔	本色或彩色
	沥青混凝土路面	整体	压实	彩色、黑色（暗红、深灰）
	混凝土、水泥路	整体	浇捣、抹面	本色
	地石丽	整体、压模	模具压印	深暗色彩
	砂石路面	整体	压实	灰白、米灰色
	水洗石	ϕ5～15 mm 的石材颗粒与混凝土混合	水洗露出、表面镶嵌	米色、灰白、浅暗红
	水磨石	整体	打磨	白水泥加入各彩色石米后磨光
块料铺装	花岗岩板	厚度：垂直贴 20～25 mm，水平面铺贴 30～50 mm，平面加工各种尺寸	磨光、机刨、剁斧、凿面、拉道、火烧	芝麻白、芝麻黑、印度红、灰色、棕色、褐色
	砂岩板	厚度：垂直贴 20～25 mm，水平面铺贴 30～50 mm	文化石面、自然面	本色、浅黄
	青石板	厚度：垂直贴 20～25 mm，水平面铺贴 30～50 mm	凿面	青灰色
	料石（条石、毛石）	可加工成各种形状，长、宽>200 mm，厚度>60 mm；其中小料石一般长度为 90 mm，厚度为 25～60 mm	机刨、剁斧、凿面、拉道、喷灯	本色

续表 1-2

类型	名称	一般规格	面层处理	颜色
块料铺装	水泥砖	方形、矩形、联锁形、异形；长宽各 250～500 mm，厚度为 50～100 mm	拉道、水磨、嵌卵石、嵌石板碎片	本色、多色
	砌块砖	方形、矩形、嵌锁形、异形；长宽各 60～500 mm，厚度为 45～80 mm	平整、劈裂、凿毛、水洗	多色
	烧结砖	235 mm×115 mm×53 mm（不含灰缝）	工厂预制	红色、青色
	陶瓷广场砖	215 mm×60 mm×12 mm	工厂预制	彩色
	植草板、砖	植草板：355 mm×355 mm×35 mm 植草砖：方形（350 mm×350 mm×80 mm）、八角形	工厂预制	灰白、浅绿
碎料铺装	大理石片	碎片拼贴	磨光	多色
	卵石、碎石	鹅卵石：φ60～150 mm。卵石：φ15～60 mm。豆石：φ3～15 mm	镶嵌、浮铺、水洗	本色
其他铺装	防腐木	可加工成各种形状	防腐、防潮、防虫	本色、彩色
	塑木	长度<4.5 m，断面另定	工厂预制	棕色、浅褐色
	现浇合成树脂	厚度为 10 mm	平整	多色
	弹性橡胶	厚度为 15～25 mm	平整	多色

2）结合层材料

铺装构造的结合层常用水泥砂浆，也可用 30～50 mm 厚的粗砂均匀摊铺而成。结合层根据面层类型选择不同的材料及厚度，如整齐的石块和条石块的石材铺地，结合层采用 M10 号水泥砂浆（表 1-3）。

表 1-3　常用铺装结合层材料表

面层类型	结合层材料	厚度(mm)
陶瓷砖（广场砖）、花砖、大理石板、花岗石板、青石板、砂岩板等 8～20 mm 厚的薄板材	1∶4 干硬性水泥砂浆	30
非黏土烧结砖、水泥砖、块石、预制混凝土板等 30～50 mm 厚的预制砖及板材	1∶4 干硬性水泥砂浆	30
烧结砖、水泥砖、嵌草砖、块石、花岗石板、条石凡大于 40 mm 厚的各类砖、板材	中粗砂	50
卵石、石米、碎石料	嵌入 1∶2∶4 细石混凝土（水泥砂浆）	30

3）基层材料

铺装中常用的基层材料包括碎石、级配砂石、灰土、煤渣石灰土、三合土、粗砂或石屑、水泥混凝土等(表 1-4)。

表 1-4　常用铺装基层材料表

材料		最小厚度(mm)	适宜厚度(mm)
碎砾石类	泥结碎石	80	100～150
	泥灰结碎石	80	100～150
	级配碎石	80	100～150
	水结碎石	80	100～150
结合料稳定类	石灰(稳定)土	150	160～200
	水泥稳定土	150	160～200
	沥青稳定土	150	160～200
	工业废渣	150	160～200
沥青类	沥青贯入碎石(高级路面基层)	40	40～80
	沥青碎石(高级路面基层)	粗粒式:50 中粒式:40 细粒式:25	粗粒式:50～80 中粒式:40～60 细粒式:25～40
水泥混凝土		60	—

4) 路基材料

路基需要对土壤进行夯实处理,有的路基视具体情况还需要填土。其具体操作是按确定的道路中线来确定道路边线,每侧再放宽 200 mm 开挖路基的路槽,对填土路基要分层填土、分层碾压;对于大多数土壤,过滤垃圾后夯实即可作为路基。

1.3.3　面层材料的处理方法

根据材料的特性及场地功能的要求,铺装面层可有多种处理方法,包括拉毛、斩假、机刨、剁斧、凿面、拉道、喷灯等,经过处理后的面层能呈现不同效果。

1) 沥青面层处理

沥青面层的特点是热辐射低、光反射弱和降噪耐火,并且表面不吸水、不吸尘,主要用于车行道和消防车道。沥青路面采用的是整体现浇,遇热、遇溶解剂可溶解,维护成本低,弹性随混合比例而变。沥青路面为整体路面形式,本色为黑色,也可经过脱色处理与石料、颜料及添加剂等混合搅拌生成彩色(图 1-6)。

图 1-6　彩色沥青图

2) 混凝土面层处理

混凝土面层铺装容易,为避免干缩变形,会设置伸缩缝,表面上也可通过处理富于变化。其处理方法包括用铁抹子抹平、木抹子抹平、刷子拉毛等，还有水洗石饰面和着色压模饰面的办法，又称“地石丽”。

抹平：在混凝土初凝前用木墁刀手工整平，可以获得美观、有纹理的表面，适用于小面积的混凝土地面。用钢抹刀手工浮掠混凝土表面可以获得光滑坚硬的表面。

硬毛刷或耙齿表面处理：在混凝土尚处于塑形状态但初始的光泽已失去时，用硬毛刷在表面拉过能形成纹理，纹理的形状由毛刷的软硬类型和划入的深度而定。

滚轴压纹：用安装在滚筒上的橡胶片或金属网滚压可在塑形状态的混凝土表面滚压出各种细密纹理，滚筒长度在 1 m 以上较好。

机刨纹理：在凝固后的混凝土面板上用机械起槽形成纹理。

压模装饰：当混凝土面层处于初凝期时，在表面上涂刷强化料、脱模料，然后用特制的成型模具或纸模压印混凝土表面以形成各种图案。

露骨料：在混凝土浇筑、振捣压实和表面抹平后，用刷洗工具(常采用硬毛刷子和钢丝刷子)结合水喷的方法使集料从表面暴露出来，通过对集料的色彩、大小和形状的选择，可获得美观的纹理和色彩。也可在混凝土初凝前在表面撒布石子或手载卵石，进行碾压或拍平达到类似效果。

水洗石：在混凝土还没有完全固化时，冲洗其表面使石粒露出混凝土，从而使表面凹凸不平。

水磨石：用水泥和彩色细石子调制成水泥石子浆，铺好面层后打磨光滑而形成。面层厚度一般为 10～20 mm，包括彩色水磨石和普通水磨石。

3）石材面层处理

石材主要是天然石材，包括石板、料石、小料石、页岩和卵石。用剁斧、机刨、火烧、拉毛、粗凿、磨光处理后可加工成剁斧面、机切面、烧毛面、拉丝面、荔枝面、自然面、光面、蘑菇面等面层(图 1-7)。

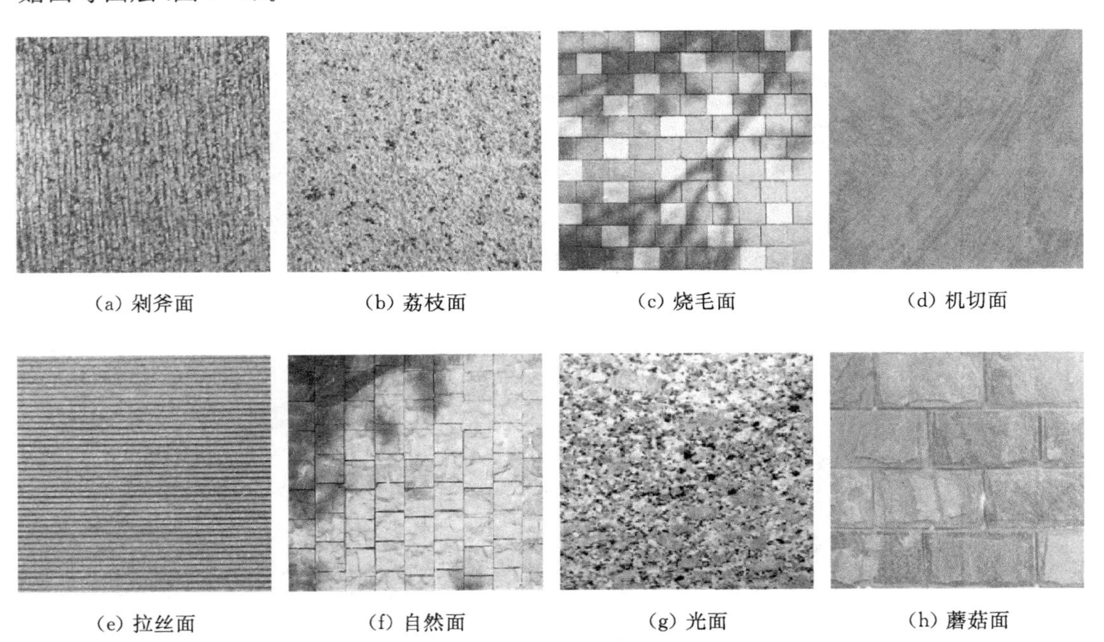

(a) 剁斧面　(b) 荔枝面　(c) 烧毛面　(d) 机切面

(e) 拉丝面　(f) 自然面　(g) 光面　(h) 蘑菇面

图 1-7　石材面层处理效果

剁斧面：用斧头加工成的粗面饰面板，敲打后的石材表面形成密集的条状纹理，犹如龙眼的表皮效果，也叫龙眼面。

荔枝面：面层经过粗凿处理后具有防滑效果，表面上呈现出小洞状的凹凸。

烧毛面：用火烧加工成的粗面饰面板，平整度低，难清洗，但防滑效果好。

机切面：由圆盘锯、砂锯或桥切机等设备切割成型，表面较粗糙，带有明显的机切纹理。

拉丝面：运用机械在石材表面开一定深度和宽度的凹槽。

自然面：天然开采的石材，在没有经过处理前表面呈现出的自然的凹凸效果，起伏高差可达到 3～6 cm。

光面：表面光滑，根据磨光的效果分为抛光和亚光面。其中抛光具有高光泽；亚光面由于低度磨光，产生漫反射，无光泽，不会造成光污染。

蘑菇面：多采用人工劈凿仿自然劈的效果，表面呈中间突起、四周凹陷的蘑菇形状。

4）木材面层处理

天然木材与园林景观协调较好，能给人自然亲切之感，并且步行舒适。但由于其在室外环境中易干裂、腐蚀、虫蛀，因而需要进行防腐渗透并对木材固化后达到防腐、防蛀的功能。木材表面可涂色和油漆，尽管维护替换方便，但整体易腐烂枯朽。相比之下，塑木是一种模仿木材的新型材料，由塑料和木料按照 1∶1 的比例制成，具有易维护、使用年限长、可塑性强的特点，常用以取代木材，能节省大量天然木材，从而保护生态环境。

5）砖材面层处理

砖材按照生产工艺可分为烧结砖和非烧结砖。烧结砖是指经成型和高温焙烧而制得的砖（如劈开砖、陶土砖、广场砖等，广场砖有釉面砖和非釉面砖）；非烧结砖又分为压制砖（如建菱砖）、蒸养砖（如舒布洛克砖）、蒸压砖（如混凝土实心砌块砖）。根据透水性能可分为透水砖和非透水砖，如舒布洛克砖、陶土砖、植草砖等都具有透水、透气的特点（图 1-8）。广场砖、砌块砖和非黏土烧结砖都是常用的砖材，砖的形式多样，可制成方形、矩形、六边形、扇形和鱼鳞形等，面层通过拉道、水磨、劈裂、凿毛、水洗、平整等方式达到不同的处理效果。

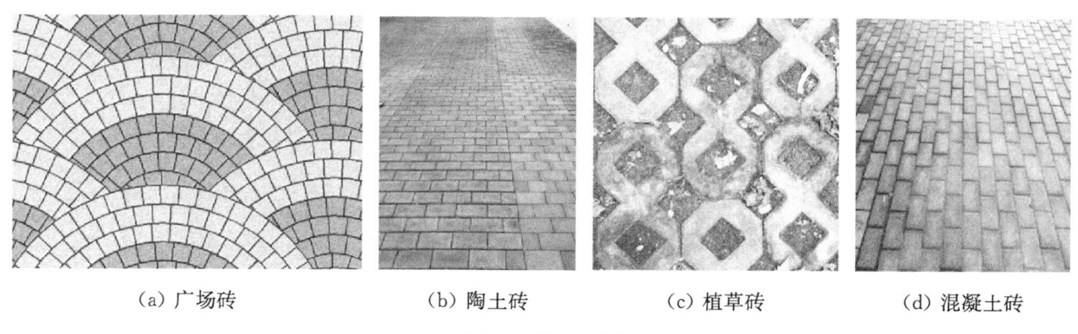

(a) 广场砖　(b) 陶土砖　(c) 植草砖　(d) 混凝土砖

图 1-8　砖材类型

6）合成材料面层处理

合成材料包括合成树脂和弹性橡胶，实际应用的高分子材料主要有聚氨酯类、氯乙烯类、聚酯类、环氧树脂类、丙烯酸类树脂等。铺装面层施工使用喷涂或涂刷、模板式（压模式）彩色地砖以及无机二氧化硅喷涂或涂刷，面层一般 2～3 年需要重新喷涂。

1.4 铺装的构造方法

1.4.1 常见场地铺装样式

常见的场地铺装样式如图 1-9 所示。

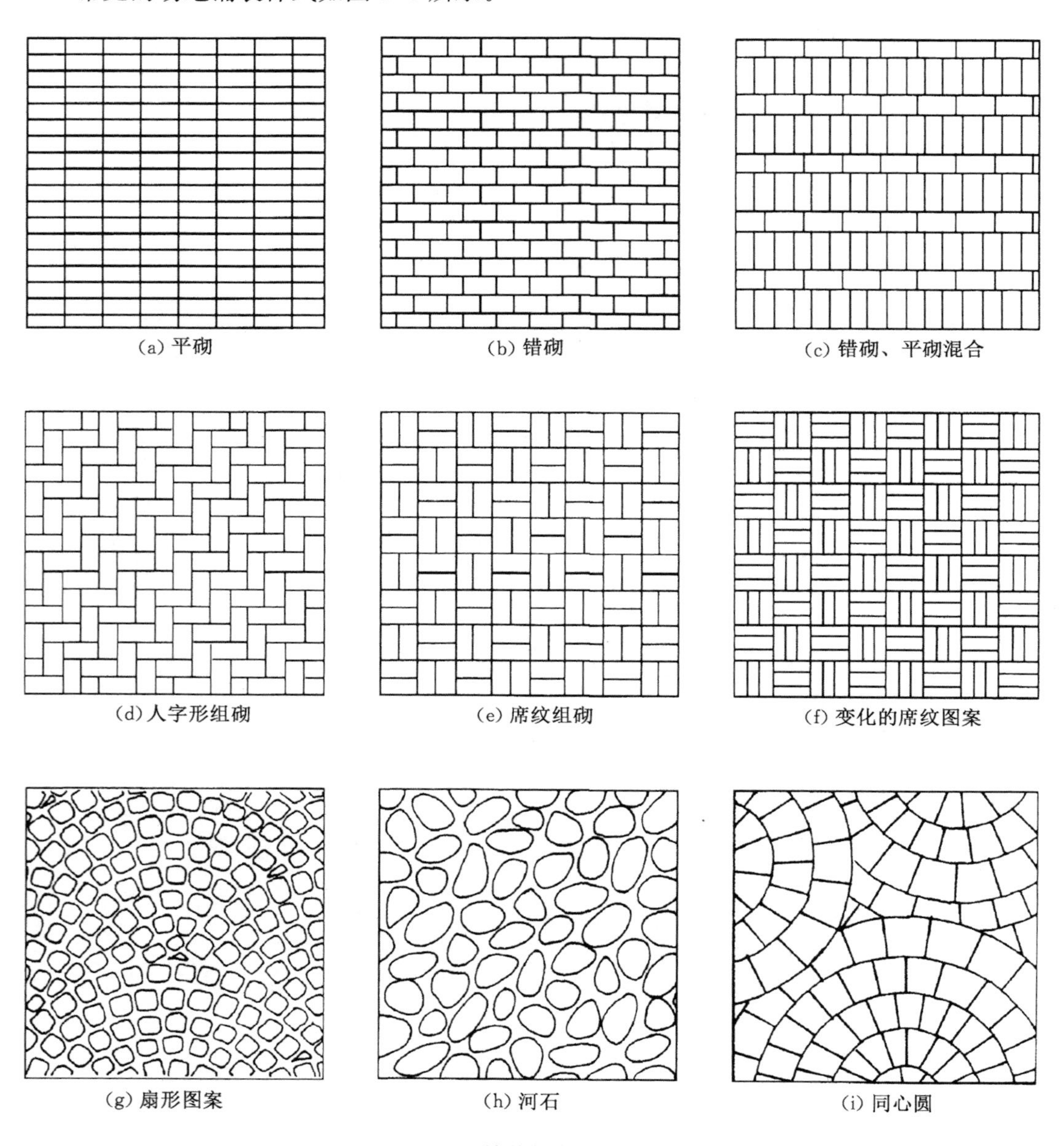

图 1-9 铺装基本纹路样式

1) 园路铺装样式

园路以连接、引导作用为主，铺装样式上以素雅而不单调、丰富而不繁杂为宜。可根据园路的不同等级和要求采用整体路面、块料铺装路面和碎料路面相结合(图 1-10)。

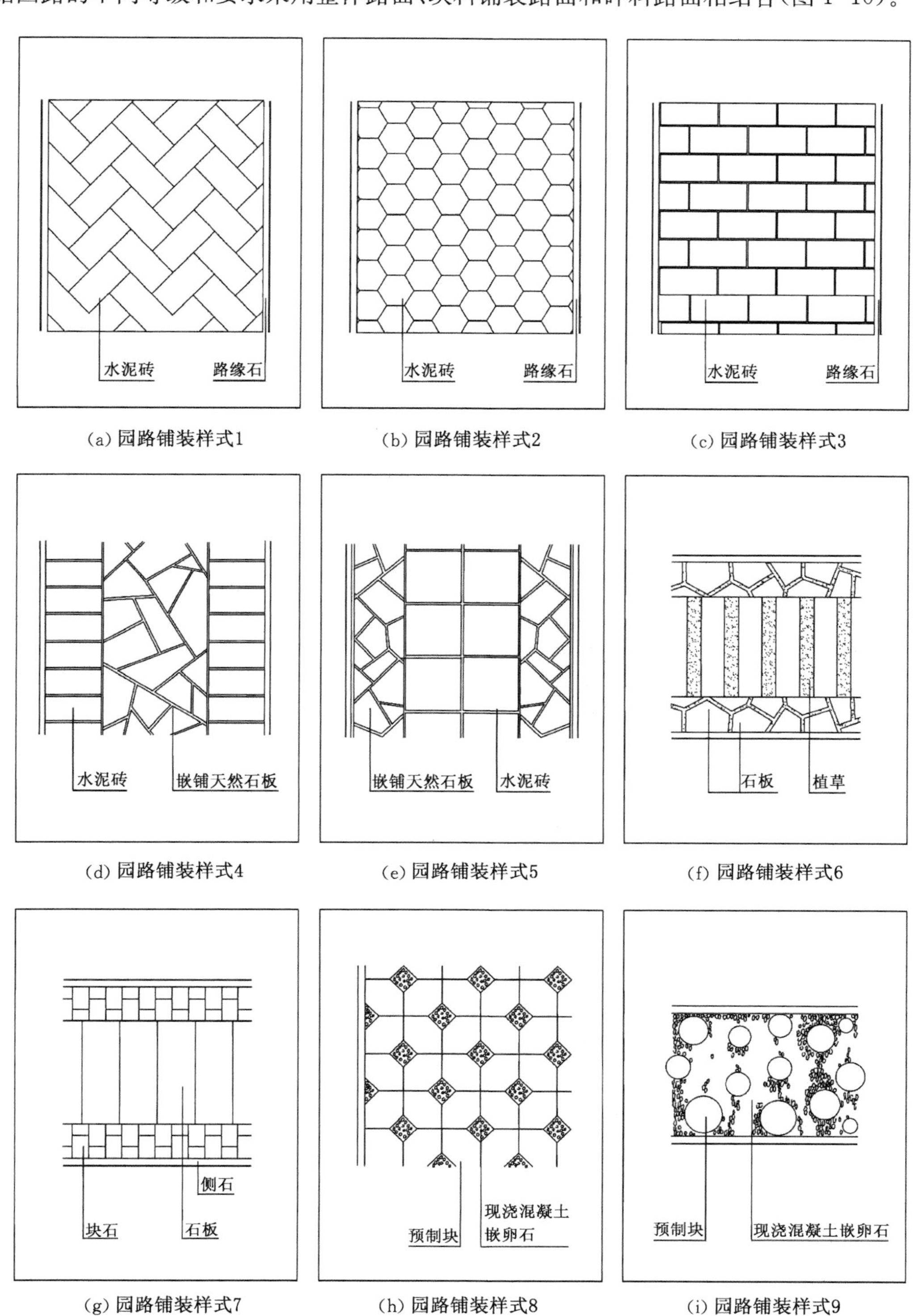

图 1-10　园路铺装样式示例

2）广场铺装样式

广场铺装样式除现浇混凝土铺装外，还常采用各种抹面、贴面、镶嵌及砌块铺装方法进行装饰。利用单一或多种材料组合形成图案式地面铺装、色块式地面铺装、线条式地面铺装等(图 1-11)。

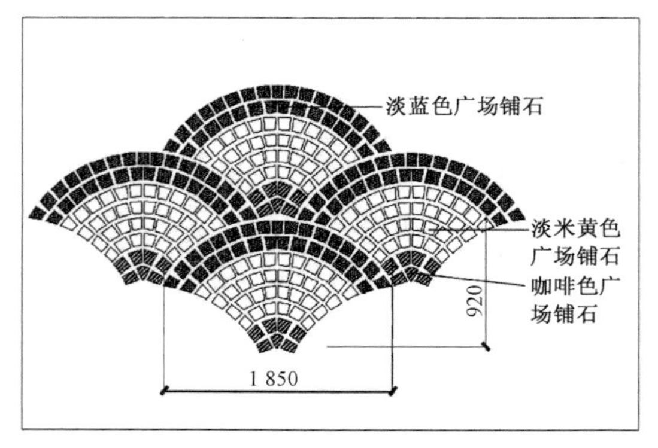

(a) 广场铺装样式1

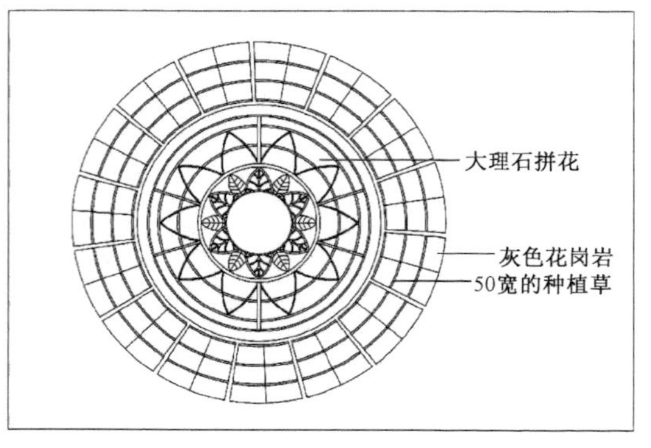

(b) 广场铺装样式2

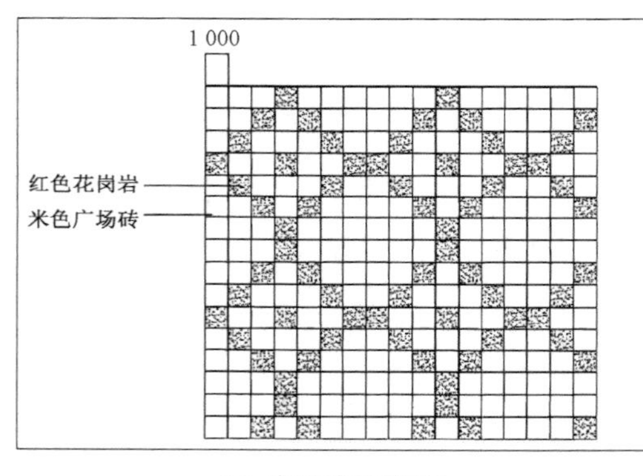

(c) 广场铺装样式3

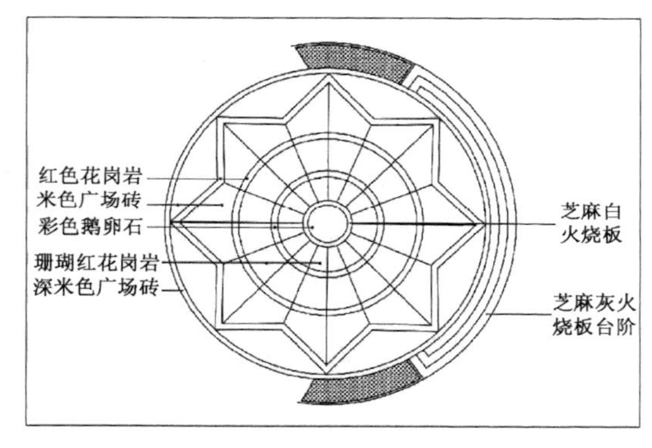

(d) 广场铺装样式4

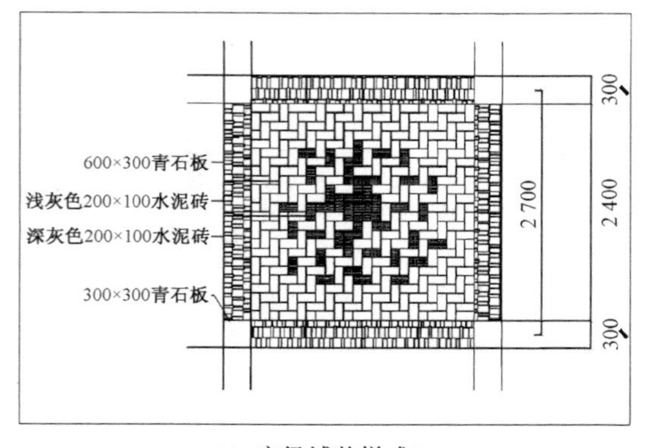

(e) 广场铺装样式5

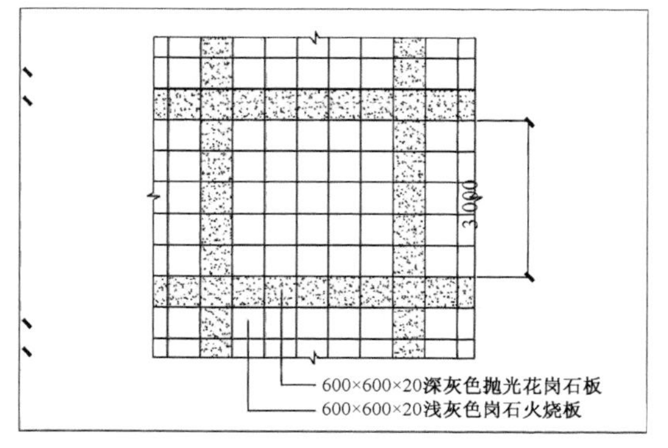

(f) 广场铺装样式6

图 1-11　广场铺装样式示例(单位:mm)

3）停车场铺设样式

停车场根据环境和停车需要可采取不同的铺装形式，可采用水泥混凝土整体现浇铺装，也可采用预制混凝土砌块铺装或混凝土砌块嵌草铺装。为确保场地地面结构的稳定，地面基层的设计厚度和强度要适度增加。

嵌草路面的铺设包括两类：一类在块料铺设时留出空隙，其间种草，如冰裂纹嵌草路面、空心砖嵌草路面、人字纹嵌草路面；另一类是直接使用可以嵌草的各种纹样的混凝土铺地砖（图 1-12）。

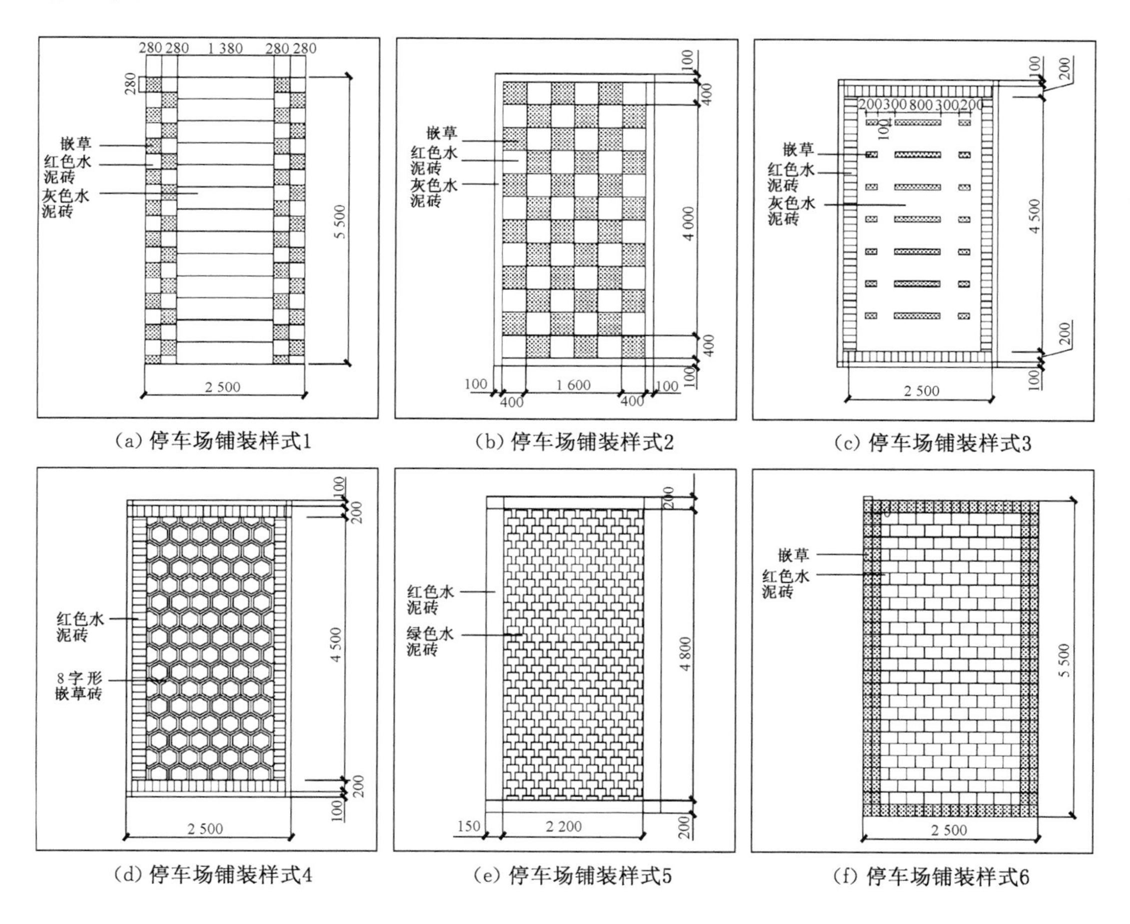

(a) 停车场铺装样式1　(b) 停车场铺装样式2　(c) 停车场铺装样式3

(d) 停车场铺装样式4　(e) 停车场铺装样式5　(f) 停车场铺装样式6

图 1-12　停车场铺装样式示例（单位：mm）

1.4.2　常用铺装构造设计

1）常用园路结构组合

园林景观中，道路可以根据荷载大小以及路面面积大小对其结构进行分类。一般有承重要求的车行路面和铺装面积较大的广场对路基和面层的耐压性、耐久性、平整度都要求较高，结构较复杂。而以游人交通为主的次干道和游步道以及小面积的广场、庭院铺装更强调园路铺装的装饰作用，结构可以相对简单一些。

表 1-5、表 1-6 中是一些常见园路路面结构的基本做法，在实际工程中还可以根据现场情况加以调整。在园路结构材料的选取中，应做到就地取材以降低园路造价。

表 1-5　常用车行园路路面结构组合形式　　单位：mm

路面等级	常用路面类型及结构层次			
高级路面	沥青砂	预制混凝土块	沥青混凝土	现浇混凝土
	1. 15～20 厚细粒混凝土 2. 50 厚黑色碎石 3. 150 厚沥青稳定碎石 4. 150 厚二灰土垫层	1. 40～120 厚预制 C25 混凝土块 2. 30 厚 1∶4 干硬性水泥砂浆，面上撒素水泥 3. 100～200 厚二灰碎石 4. 100～400 厚灰土或级配碎砾石或天然砂砾	1. 30～60 厚中（细）粒式沥青混凝土 2. 40～60 厚粗粒式沥青混凝土 3. 100～300 厚二灰碎石 4. 150～400 厚灰土或级配碎砾石或天然砂砾	1. 100～250 厚 C20～C30 混凝土 2. 100～250 厚级配砂石或粗砂垫层、灰土、二灰碎石
次高级路面	沥青贯入式	沥青表面处治	料石	块石
	1. 40～60 厚沥青贯入式面层 2. 160～200 厚碎石 3. 150 厚中砂垫层	1. 15～25 厚沥青表面处治 2. 160～200 厚碎石 3. 150 厚中砂垫层	1. 60～120 厚料石 2. 30 厚 1∶3 水泥砂浆 3. 150～300 厚二灰碎石 4. 250～400 厚灰土或级配砾石	1. 150～300 厚块石或条石 2. 30 厚粗砂垫层 3. 150～250 厚级配砂石或灰土
中级路面	级配碎石	泥结碎石		
	1. 80 厚级配碎石（粒径≥40） 2. 150～250 厚级配砂石或二灰土	1. 80 厚泥结碎石（粒径≥40） 2. 100 厚碎石垫层 3. 150 厚中砂垫层	—	—
低级路面	三合土	改良土		
	1. 100～120 厚石灰水泥焦渣 2. 100～150 厚块石	150 厚水泥黏土或石灰黏土（水泥含量 10%，石灰含量 12%）	—	—

表 1-6　常用人行园路路面结构组合形式　　单位：mm

路面类型	结构层次	路面类型	结构层次
现浇混凝土	1. 70～100 厚 C20 混凝土 2. 100 厚级配砂石或粗砂垫层或 150 厚 3∶7 灰土	料石	1. 60 厚料石 2. 30 厚 1∶3 水泥砂浆 3. 150～300 厚灰土或级配砾石

续表 1-6

路面类型	结构层次	路面类型	结构层次
预制混凝土块	1. 50～60 厚预制 C25 混凝土块 2. 30 厚 1∶3 水泥砂浆或粗砂 3. 100 厚级配砂石或 150 厚 3∶7 灰土	砖砌路面	1. 砖平铺或侧铺 2. 30 厚 1∶3 水泥砂浆或粗砂 3. 150 厚级配砂石或灰土
沥青混凝土	1. 40 厚沥青混凝土 2. 100～150 厚级配砂石或 150 厚 3∶7 灰土 3. 50 厚中砂或灰土	花砖路面	1. 各种花砖面层 2. 30 厚 1∶3 水泥砂浆 3. 60～100 厚 C20 素混凝土 4. 150 厚级配砂石或灰土
卵石（瓦片）拼花	1. 1∶3 水泥砂浆嵌卵石或瓦片拼花（撒干水泥填缝拍平，冲水露石）。当卵石粒径为 20～30 时，砂浆厚 60；粒径大于 30 时，砂浆厚 90 2. 25 厚 1∶3 白灰砂浆 3. 150 厚 3∶7 灰土或级配砾石	石砌路面	1. 20～30 厚石板 2. 30 厚 1∶3 水泥砂浆 3. 100 厚 C15 素混凝土 4. 150 厚级配砂石或灰土
石砌路面	1. 60～120 厚块石或条石 2. 30 厚粗砂 3. 150～250 厚级配砂石或 200 厚 3∶7 灰土	嵌草砖	1. 50～100 厚嵌草砖 2. 30 厚砂垫层 3. 100～200 级配砂石或天然砂砾
水洗豆石	1. 30～40 厚 1∶2∶4 细石、混凝土、水洗豆石 2. 100～150 厚 C20 混凝土 3. 100～150 厚灰土或二灰碎石或天然砂砾或级配砂石	木板	1. 15～60 厚木板 2. 角钢龙骨（或木龙骨） 3. 100～150 厚 C20 混凝土 4. 100～300 厚灰土或二灰碎石或天然砂砾或级配石
高分子材料路面	1. 2～10 厚聚氨酯树脂等高分子材料面层 2. 40 厚密级配沥青混凝土 3. 40 厚粗级配沥青混凝土 4. 100～150 厚级配砂石或 150 厚 3∶7 灰土	砂土路面	1. 120 厚石灰黏土焦渣或水泥黏土 2. 石灰∶黏土∶焦渣为 7∶40∶53（质量比）

2）透水混凝土路面构造

透水混凝土路面作为环保型、生态型路面，能够加速雨水的下渗，既防止路面积水，又补充地下水，对打造海绵城市有重要意义。透水混凝土路面包括整体现浇铺装和透水砖铺装两类。透水混凝土砌块一般厚度在 80～100 mm，具有混凝土面层的强度，也能迅速渗水。透水道路只有空隙率在 20%～25%，透水系数为 0.1 cm/s 时，才能保证长期使用中透水性良好。透水混凝土路面在使用中易受周边环境污染使透水率降低，应通过定期的清洗养护，使其透水率回复到原先设计的性能。根据路面荷载量的大小，透水混凝土路面的构造层做法和厚度有所不同，图 1-13、图 1-14 分别为人行透水混凝土路面和车行透水混凝土路面的常用构造做法。

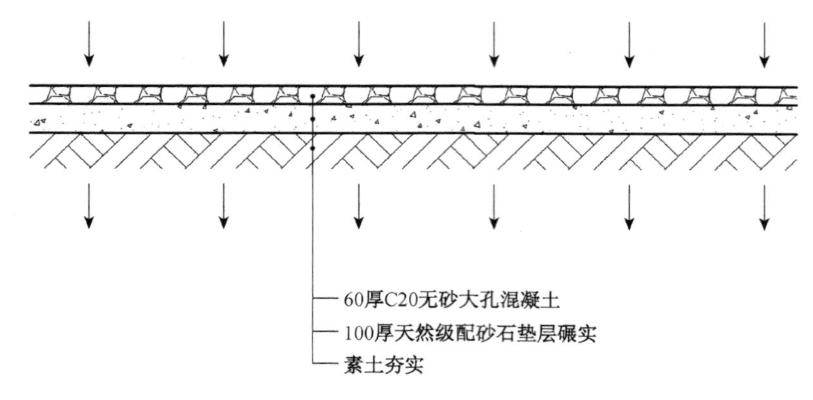

图 1-13　人行透水混凝土路面构造

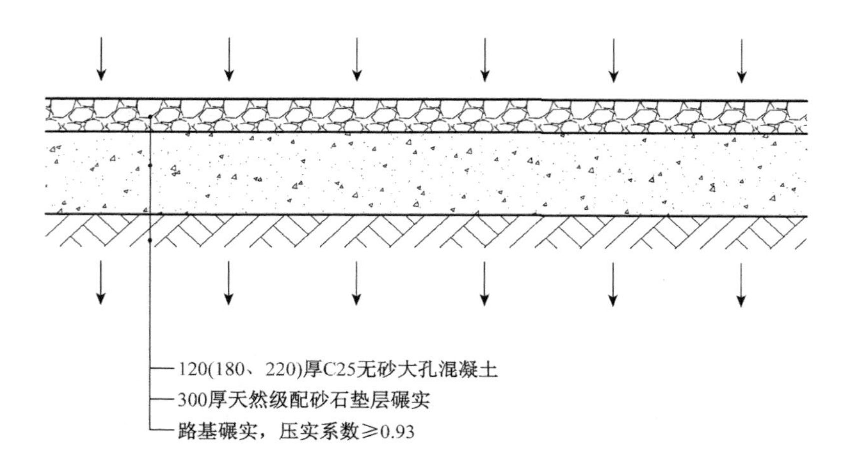

图 1-14　车行透水混凝土路面构造(单位:mm)

3) 混凝土路面构造

混凝土路面有整体现浇成型的刚性铺装,坚硬无弹性,耐久且维护成本低,主要用于车行道和消防车道。混凝土路面铺装容易,但易单调和缺乏质感,因此表面应进行一定处理,包括设置变形缝以增添变化,除用铁抹子抹平、木抹子抹平、刷子拉毛外,还可用简单清理表面灰渣的水洗石饰面和着色压模饰面的方法,称"地石丽"。

在具体的构造中,承载道路混凝土强度等级不低于 C20,非承载道路混凝土强度等级不低于 C15。广场铺装按 6 m×6 m 设置变形缝,或按面层图形,不大于 6 m 做隐形缝。图 1-15 是一般混凝土路面的构造做

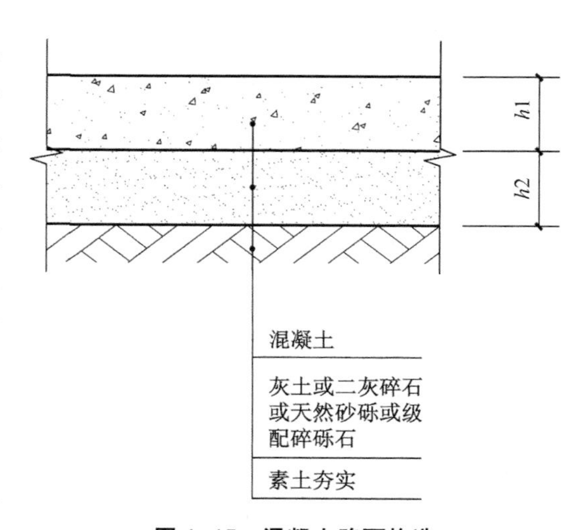

图 1-15　混凝土路面构造

注:$h1$ 表示混凝土面层厚度;$h2$ 表示垫层厚度。

法，构造层厚度见表 1-7，数值由承载大小和当地土质状况决定。

表 1-7　混凝土路面构造尺寸表　　单位：mm

代号	承载			非承载		
	多年冻土	季节冻土	全年不冻土	多年冻土	季节冻土	全年不冻土
*h*1	180～220	180～200	180～200	100～160	80～160	80～140
*h*2	200～500	200～400	200～300	200～300	100～200	0～150

注：表中多年冻土、季节冻土、全年不冻土是根据《建筑地基基础设计规范》(GB 50007—2011)"中国季节性冻土标准冻深线图"中所在地的位置而定的。

4）沥青路面构造

沥青路面为整体现浇，弹性随混合比例而变化，遇热、遇溶解剂可溶解，维护成本低。乳化沥青透层的沥青用量为 1.0 L/m²，上铺 5～10 mm 碎石或粗砂用量 3 m³/1 000 m²。

图 1-16、图 1-17 为沥青路面构造做法，主要适用于交通量较大的承载道路。表 1-8、表 1-9 为沥青路面构造尺寸表。

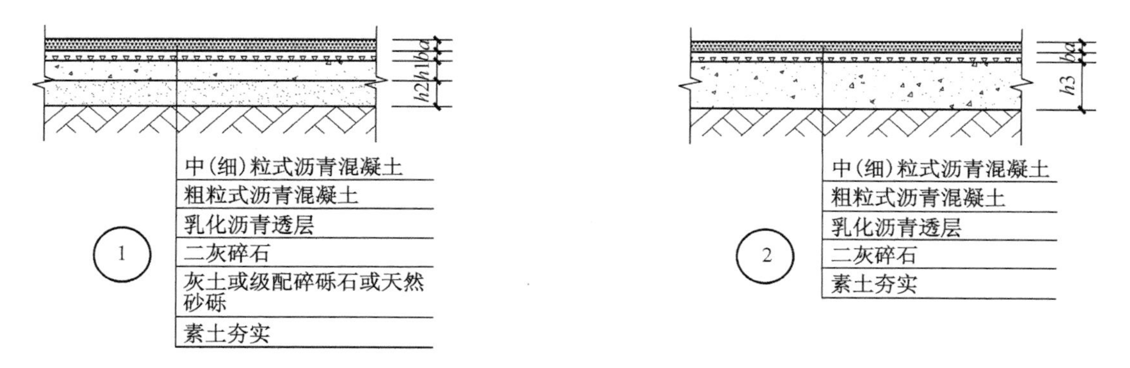

图 1-16　沥青路面构造(一)

注：*a*、*b*、*h*1、*h*2、*h*3 表示不同构造层厚度。

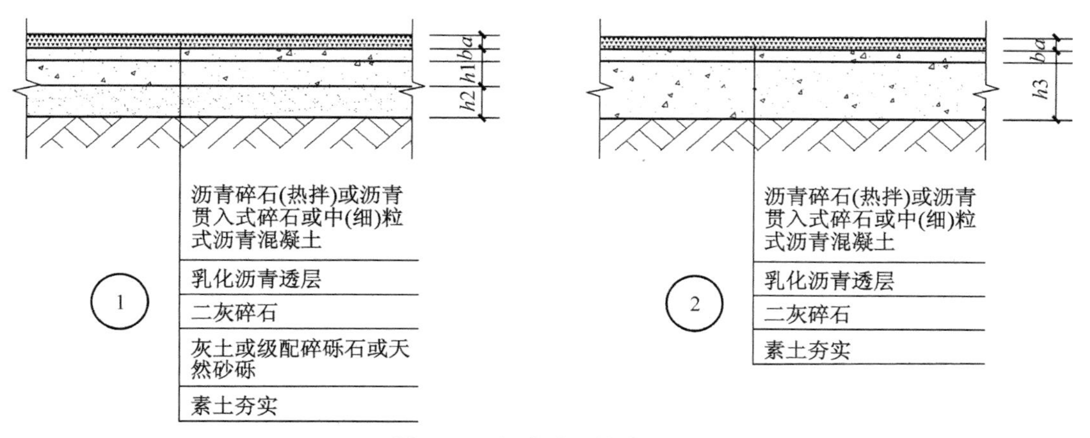

图 1-17　沥青路面构造(二)

注：*a*、*b*、*h*1、*h*2、*h*3 表示不同构造层厚度。

表 1-8　沥青路面构造(一)尺寸表　　单位:mm

代号	承载		
	多年冻土	季节冻土	全年不冻土
$h1$	150～300	150～250	100～200
$h2$	200～400	150～300	150～250
$h3$	300～500	300～450	200～300
a	30～60		
b	40～60		

注:表中多年冻土、季节冻土、全年不冻土是根据《建筑地基基础设计规范》(GB 50007—2011)“中国季节性冻土标准冻深线图”中所在地的位置而定的。

表 1-9　沥青路面构造(二)尺寸表　　单位:mm

代号	承载			非承载		
	多年冻土	季节冻土	全年不冻土	多年冻土	季节冻土	全年不冻土
$h1$	150～200	150～200	150～200	150～200	150～200	150～200
$h2$	200～300	150～300	100～200	0～200	0～200	0
$h3$	300～450	300～400	200～300	200～300	200～300	100～200
a	40～60					

注:表中多年冻土、季节冻土、全年不冻土是根据《建筑地基基础设计规范》(GB 50007—2011)“中国季节性冻土标准冻深线图”中所在地的位置而定的。

5) 料石路面构造

料石路面一般是由较厚的天然石材加工而成,包括花岗岩、板石、石英石,可能出现冻害的地方一般用石灰石、砂岩、花岗岩等。其有良好的加工性能和装饰效果,面层有自然面、烧面、荔枝面、光面、镜面等,材料越大、越厚,价格越贵,属于中高档装饰材料。料石为天然或加工的石料,面层缝可用砂扫或用 1∶2 水泥砂浆勾缝。图 1-18 为料石路面的常用构造做法,其中图③和④适用于绿地内踏步。表 1-10 为料石路面构造尺寸表。

6) 砌块砖路面构造

砌块砖路面颜色柔和,组合多样,行走舒适,造价适中。其用于非车行道小广场、人行道较适合,常用的砖材有水泥砖、砌块砖、非黏土烧结砖等。

砖的单体有方形、矩形、六边形、扇形、鱼鳞形等,单体组合多样,常见的有人字形、席纹形、错缝等。也可通过砖的立铺和卧铺达到不同效果。砌块砖铺装时水泥砂浆的含水量为 30%。一般砌块砖路面构造如图 1-19 所示,尺寸见表 1-11。

7) 嵌草砖路面构造

嵌草砖多用于停车场,可采用水泥砖、非黏土砖、透水透气环保砖及塑料网格等。嵌草砖的基层多采用如级配砂石、粗砂等透水性好且能保持一定强度的材料。基层如用粗砂做垫层时,四周必须用干硬性水泥砂浆堵住,以防砂砾外移。其范围为一个车位大小,人行道按 2～3 m 为限。干旱地区,嵌草砖下应铺设吸湿性好的材料(如砂土混合料填充的级配碎石)做基层,并应有满足承载能力的厚度,基层不宜采用混凝土。

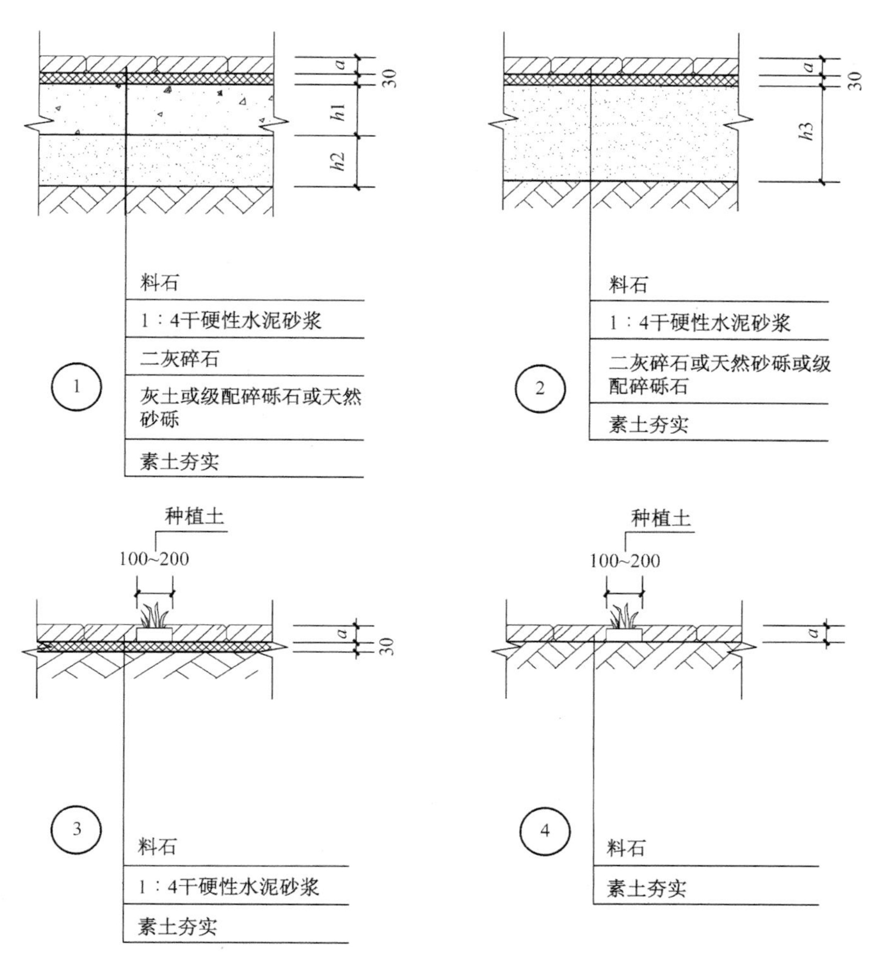

图 1-18　料石路面构造(单位:mm)

注:a、$h1$、$h2$、$h3$ 表示不同构造层厚度。

表 1-10　料石路面构造尺寸表　　单位:mm

代号	承载			非承载		
	多年冻土	季节冻土	全年不冻土	多年冻土	季节冻土	全年不冻土
$h1$	150～300	150～250	150～200	100～300	100～200	100～200
$h2$	250～400	200～350	150～300	150～300	100～200	0
$h3$	300～400	250～350	200～350	200～300	150～250	100～200
a	＞60					

注:表中多年冻土、季节冻土、全年不冻土是根据《建筑地基基础设计规范》(GB 50007—2011)“中国季节性冻土标准冻深线图”中所在地的位置而定的。

图 1-20 为嵌草砖路面构造图,尺寸见表 1-12,图中嵌草部分为示意,尺寸由设计确定。其中①适用于承载路面,②适用于非承载路面。

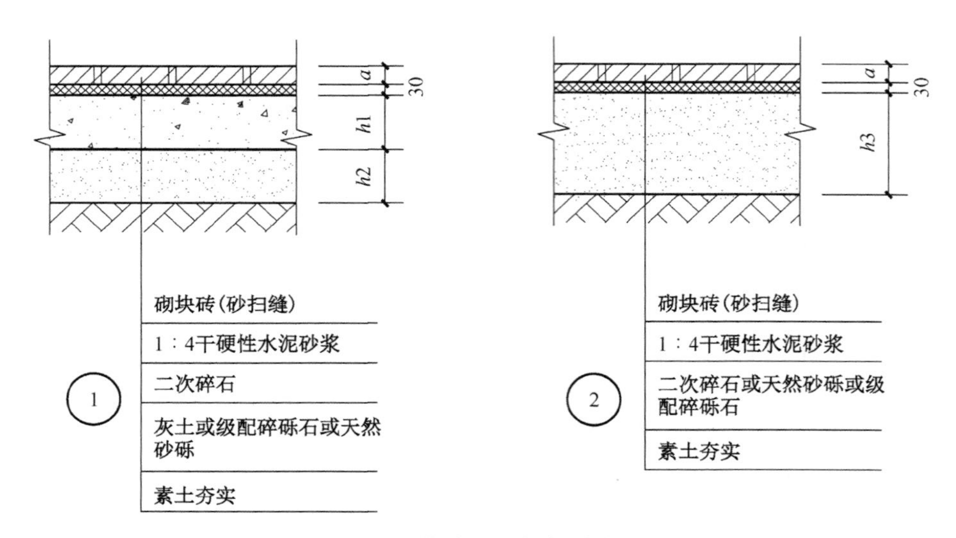

图 1-19　砌块砖路面构造(单位:mm)

注:a、$h1$、$h2$、$h3$ 表示不同构造层厚度。

表 1-11　砌块砖路面构造尺寸表　　单位:mm

代号	承载			非承载		
	多年冻土	季节冻土	全年不冻土	多年冻土	季节冻土	全年不冻土
$h1$	150～200	150～200	150～200	100～200	100～200	100～200
$h2$	250～400	200～350	150～300	150～300	100～200	0
$h3$	300～500	300～450	200～400	250～350	200～300	150～250
a	40～115					

注:表中多年冻土、季节冻土、全年不冻土是根据《建筑地基基础设计规范》(GB 50007—2011)"中国季节性冻土标准冻深线图"中所在地的位置而定的。

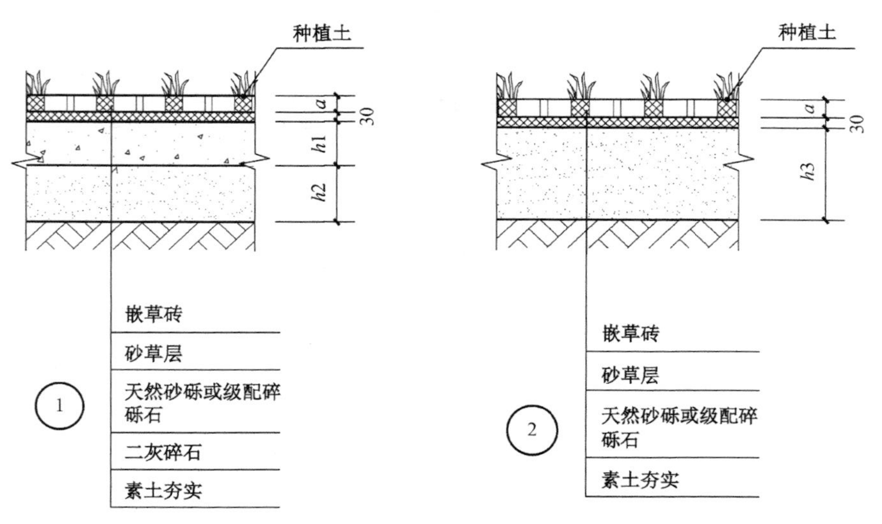

图 1-20　嵌草砖路面构造(单位:mm)

注:a、$h1$、$h2$、$h3$ 表示不同构造层厚度。

代号	承载			非承载		
	多年冻土	季节冻土	全年不冻土	多年冻土	季节冻土	全年不冻土
$h1$	150～200	150～200	150～200	100～150	100～150	100～150
$h2$	250～400	200～350	150～300	150～300	100～200	0
$h3$	300～500	300～450	250～400	250～350	200～300	150～200
a	50～80					

注:表中多年冻土、季节冻土、全年不冻土是根据《建筑地基基础设计规范》(GB 50007—2011)"中国季节性冻土标准冻深线图"中所在地的位置而定的。

8）花砖、石板路面构造

花砖指广场砖和仿石地砖,石板为各种天然石板材,一般指较薄型的人造砖或天然石材加工板,常用于承载不大的小广场、人行场所等,在行车的位置不宜铺设,也常用于垂直铺装面的地方。

花砖用 1∶1 水泥砂浆勾缝,石板用 1∶2 水泥砂浆勾缝或细砂扫缝。路宽小于 5 m 时,混凝土沿路纵向每隔 4 m 分块做缩缝;路宽大于 5 m 时,沿路中心线做纵缝;广场按 4 m×4 m 分块做缝。混凝土纵向长约 20 m 或与不同构筑物衔接时须做胀缝,混凝土强度等级不低于 C20。花砖、石板路面构造如图 1-21 所示,尺寸见表 1-13。

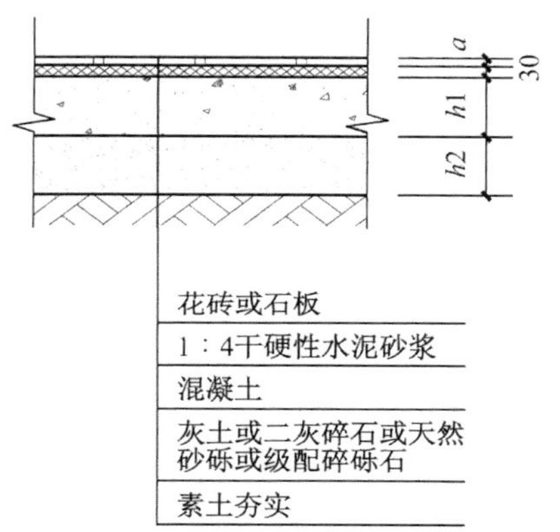

图 1-21　花砖、石板路面构造(单位:mm)

注:a 表示面层厚度;$h1$ 表示混凝土层厚度;$h2$ 表示垫层厚度。

表 1-13　花砖、石板路面构造尺寸表　　单位:mm

代号	承载			非承载		
	多年冻土	季节冻土	全年不冻土	多年冻土	季节冻土	全年不冻土
$h1$	150～200	150～200	150～200	100～150	100～150	100～150
$h2$	250～400	200～350	150～300	150～300	100～200	0
a	12～60					

注:表中多年冻土、季节冻土、全年不冻土是根据《建筑地基基础设计规范》(GB 50007—2011)"中国季节性冻土标准冻深线图"中所在地的位置而定的。

9）卵石、水洗石路面构造

因卵石的大小、高低不同,要铺出路面平坦的效果,需在整平的路基上先用 C15 混凝土找平,初凝后再用 1∶2 水泥砂浆(可加胶)嵌插卵石。水泥厚度视卵石厚度而定,一般不小于 30 mm,铺装后的路面整齐,高度一致。

水洗石面层施工同卵石，不同的是用细石子取代卵石。混凝土找平层初凝后用细石子和水泥拌和的混合料铺于其上，初凝后用水冲洗表面，使石子均匀外露。施工时园路边缘要架模板，明确铺装的范围。地面处理除用普通水泥外，可用白色或加红色、绿色着色剂的水泥。

如图 1-22 所示，构造面层为 1：2：4 的细石混凝土嵌卵石、水洗豆石、石条或瓦，混凝土强度等级不低于 C20。路宽小于 5 m 时，混凝土沿纵向每隔 4 m 分块做缩缝；路宽大于5 m 时，沿路中心线做纵缝，沿路纵向每隔 4 m 分块做缩缝；广场按 4 m×4 m 分块做缝。混凝土纵向长约 20 m 或与不同构筑物衔接时须做胀缝。表 1-14、表 1-15 为构造尺寸。

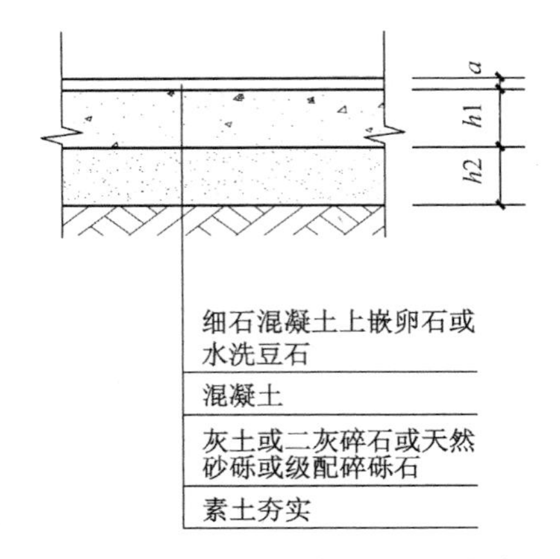

图 1-22　卵石、水洗豆石路面构造

注：a 表示面层厚度；$h1$ 表示混凝土层厚度；$h2$ 表示垫层厚度。

表 1-14　卵石、水洗豆石路面构造尺寸表　　单位：mm

代号	承载			非承载		
	多年冻土	季节冻土	全年不冻土	多年冻土	季节冻土	全年不冻土
$h1$	150～200	150～200	150～200	100～150	100～150	100～150
$h2$	250～400	200～350	150～300	150～300	100～200	0

注：表中多年冻土、季节冻土、全年不冻土是根据《建筑地基基础设计规范》(GB 50007—2011)“中国季节性冻土标准冻深线图”中所在地的位置而定的。

表 1-15　卵石、豆石粒径及面层厚　　单位：mm

卵石粒径	ϕ	20	25	30	45	60
面层厚	a	40	50	60	75	90
豆石粒径	ϕ	3～5	6～12	13～15	—	—
面层厚	a	30	35	40	—	—

注：表中多年冻土、季节冻土、全年不冻土是根据《建筑地基基础设计规范》(GB 50007—2011)“中国季节性冻土标准冻深线图”中所在地的位置而定的。

10）木板（木栈道）路面构造

用于铺装的木材有方形的木方，长方形的木板，圆形、半圆形的木桩等。在潮湿近水的场所使用时，宜选择耐湿防腐的木料。天然木材能使步行舒适，进口建材如贾拉木、红杉等木材在不使用防腐剂的通常环境条件下可 10～15 年不腐朽，还有多种普通木材可加压注入防腐剂。但一般木材在室外不易维护，易干裂、腐蚀、虫咬等，故近年常用“塑木”替代。

图 1-23 为木板（木栈道）路面构造，图中采用的木材需经过防腐、防水、防虫处理，角钢应经过防锈处理。角钢龙骨所用角钢型号及木龙骨尺寸由设计确定，间距为 0.5～1.0 m，龙骨可用螺栓或砂浆固定，木板与龙骨可用胶或木螺栓固定。路宽小于 5 m 时，

混凝土沿路纵向每隔 4 m 分块做缩缝；路宽大于 5 m 时，沿路中心线做纵缝，沿路纵轴方向每隔 4 m 分块做缩缝；广场按 4 m×4 m 分块做缝。混凝土纵向长约 20 m 或不同构筑物衔接时须做胀缝，混凝土强度等级不低于 C20。构造尺寸见表 1-16。

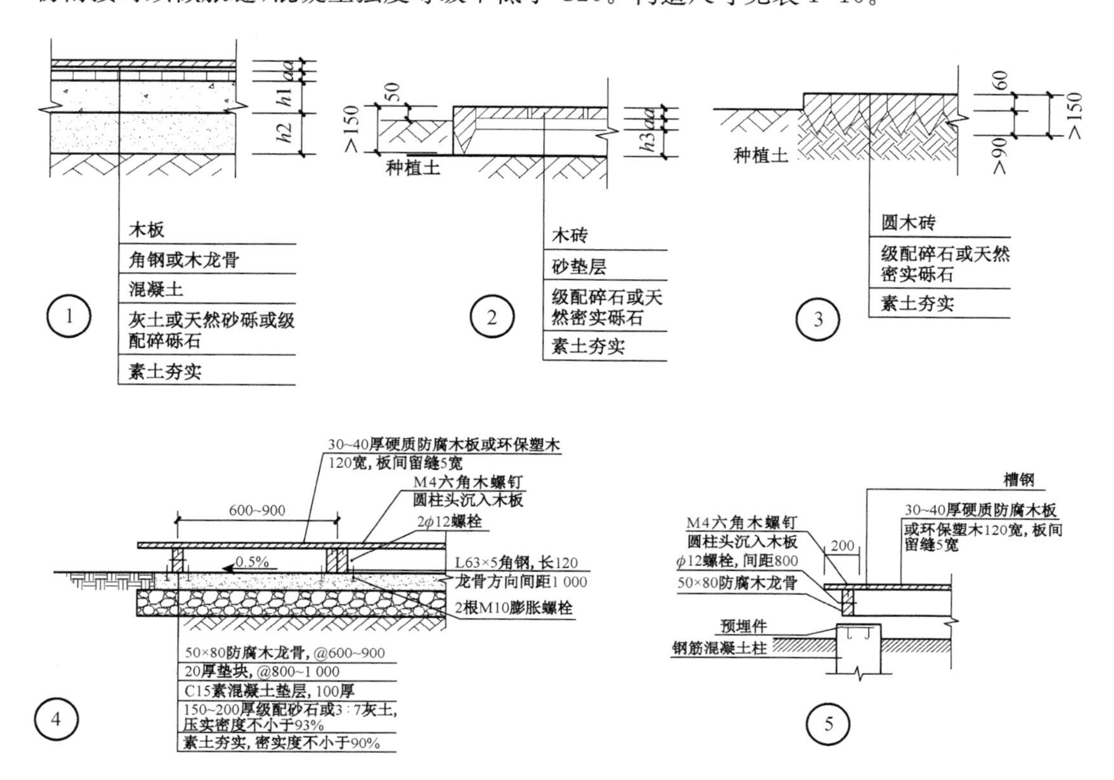

图 1-23　木板(木栈道)路面构造(单位:mm)

注:a、$h1$、$h2$、$h3$ 表示不同构造层厚度。

表 1-16　木板路面构造尺寸表　　单位:mm

代号	承载		
	多年冻土	季节冻土	全年不冻土
$h1$	100～150	100～150	100～150
$h2$	150～300	100～200	0
a	15～60		
b	40～60		

注:表中多年冻土、季节冻土、全年不冻土是根据《建筑地基基础设计规范》(GB 50007—2011)"中国季节性冻土标准冻深线图"中所在地的位置而定的。

11）合成材料路面构造

聚氨酯树脂铺装有一定的弹性，色调可自由选定，质感上可做不宜打滑的路面。面层需隔 2～3 年重新喷涂一次，常用于运动场、校园内人行道和硬景局部。施工中聚氨酯着色后，用金属抹子或刷子涂刷在基层上作为保护层，采用 3 mm 左右橡胶粒混合物，通过金属抹子或专用铺路机进行施工。

环氧树脂灰浆抹面，用无色环氧树脂及聚氨酯树脂等高分子材料作为胶黏剂与ϕ5 mm左右的细砂粒混合，用金属抹子铺设透水性面层的工艺，垫层多为 40～80 mm 厚细粒沥青混凝土或 100 mm 厚透水性混凝土。合成材料路面构造如图 1-24 所示，构造尺寸见表 1-17。

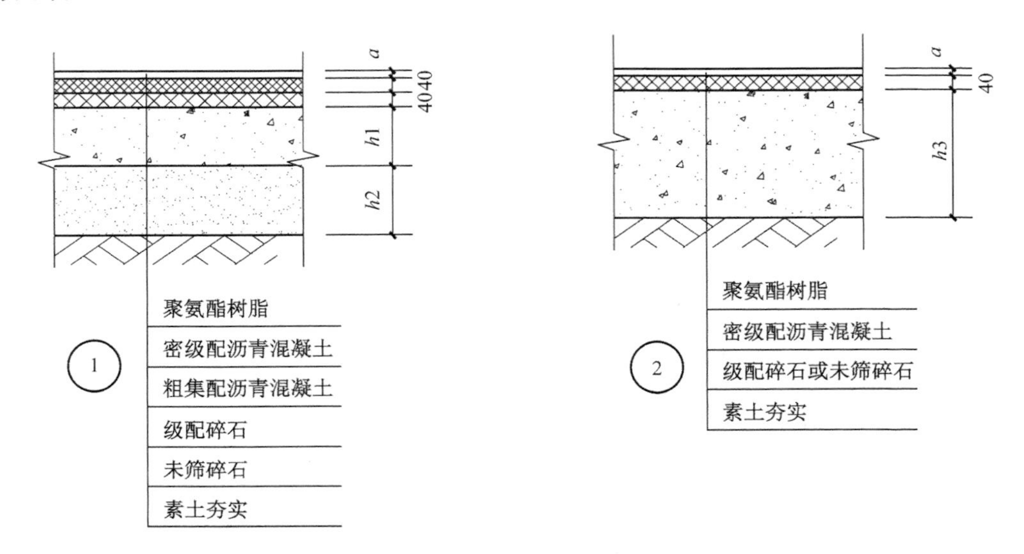

图 1-24　合成材料路面构造(单位：mm)

注：a、$h1$、$h2$、$h3$ 表示不同构造层厚度。

表 1-17　合成材料路面构造尺寸表　　单位：mm

代号	承载			非承载		
	多年冻土	季节冻土	全年不冻土	多年冻土	季节冻土	全年不冻土
$h1$	150～200	150～200	150～200	100～150	100～150	100～150
$h2$	250～400	200～350	150～300	150～300	100～200	0
$h3$	300～500	300～450	250～400	250～350	200～300	150～200
a	10～20					

注：表中多年冻土、季节冻土、全年不冻土是根据《建筑地基基础设计规范》(GB 50007—2011)“中国季节性冻土标准冻深线图”中所在地的位置而定的。

1.4.3　路缘石构造方法

路缘石的铺设起着保护路面边缘、维持各铺砌层和标志、保护边界、界定不同路面材料和装饰、形成结构缝以及集水和控制车流的作用。依据路缘石与道路路面的关系，可分为路堑型和路堤型。路堑型(街道式)为立缘石(立道牙)位于道路边缘，路面低于两侧地面，道路也起到排水作用。路堤型(公路式)为平缘石(平道牙)位于道路边缘处，路面高于两侧地面(明沟)，利用明沟排水。

缘石的构造基础宜与路基同时填挖碾压，以保证有整体的均匀密实度，结合层用1∶3的白灰砂浆20 mm。安装后为保证平稳牢固，用M10水泥砂浆勾缝，缘石背面要用灰土夯实，宽度为500 mm，厚度为150 mm，密实度为90%以上。

参考文献

1. 筑龙网. 园林施工材料、设施及其应用[M]. 北京：中国电力出版社，2009.
2. 935景观工作室. 园林细部设计与构造图集：道路与广场[M]. 北京：化学工业出版社，2011.
3. 李克俊，于艳华，崔建明. 景观设计师手册1[M]. 北京：中国林业出版社，2014.
4. 深圳市北林苑景观及建筑规划设计院. 图解园林施工图系列2：铺装设计[M]. 北京：中国建筑工业出版社，2011.
5. 中国房产信息集团，克而瑞（中国）信息技术有限公司. 园林道路设计：420个最精巧的园林道路设计[M]. 北京：化学工业出版社，2012.
6. 《园林景观设计与施工细节CAD图集》编写组. 园林景观设计与施工细节CAD图集：庭院与屋顶花园[M]. 北京：化学工业出版社，2013.
7. 田建林. 园林景观铺地与园桥工程施工细节[M]. 北京：机械工业出版社，2009.
8. 徐琰. 园林景观工程施工图文精解[M]. 南京：江苏人民出版社，2012.
9. 张柏. 园林建筑工程施工图文精解[M]. 南京：江苏人民出版社，2013.
10. 杨永胜，金涛. 现代城市景观设计与营建技术[M]. 北京：中国城市出版社，2002.
11. 孟兆祯. 风景园林工程[M]. 北京：中国林业出版社，2012.
12. 许大为. 风景园林工程[M]. 北京：中国建筑工业出版社，2014.
13. 詹旭军，吴珏. 材料与构造下（景观部分）[M]. 北京：中国建筑工业出版社，2006.
14. 中国建筑标准设计研究院. 国家建筑标准设计图集12J003：室外工程[M]. 北京：中国建筑工业出版社，2003.
15. 中国建筑标准设计研究院. 国家建筑标准设计图集（03J012—1）环境景观：室外工程细部构造[S]. 北京：中国建筑标准设计研究院，2003.

思考题

1. 如何对铺装进行分类？
2. 铺装构造主要包含哪些要素？
3. 各类铺装材料的面层处理方法有哪些？
4. 试以某一公园为例，归纳出场地中主要使用的铺装材料。
5. 选取几类常见铺装样式，绘制1∶20的铺装构造图。

2 石景构造设计

本章导读：本章主要介绍了石景构造艺术与设计相关的一些基本概念，叙述了假山与置石的艺术与发展过程，并分别从石景的分类、设计原则、材料、构造方法四个方面来进一步探讨。

2.1 石景的分类

假山按照施工方式可分为筑山、掇山、凿山和塑山。假山的概念分为广义和狭义两种：广义概念为"以造景、观赏、游览为目的，以自然物为构造材料，以自然山水景致为塑造蓝本，以艺术写意手法创造或再现自然山势及意境的人工塑造型山体"；狭义概念为"以登高览胜为目的，用土、石等材料人工构筑的模仿自然山景的构筑物"。

2.1.1 按地域文化分类

1）东方景观

中国传统石景假山文化来源于儒家"筑山为仁，仁者乐山"的文化精神与独特的风水文化，郭璞《葬书》中有描述："建筑选址应在山脉止落之处，背依山峰，面临平原，水流屈曲，入收八方之'生气'，左右护山绕抢，前有秀峰相迎。"中国这种理想人居环境的概念将山融入了城市，将其变成了不可分割的元素。另外这种以"山"为骨的风水选址模式千百年来在陵墓选址上也应用十分广泛。所以中国人这种特殊风水观对中国景观营造影响很深，大到整个城市选址改造上与"山"的和谐关系，小到造园之中"置石"与景的融合。

另外，在日本假山置石中，最具有代表性的一种形式被称为枯山水。枯山水庭园是一种缩微式园林景观，多位于小巧、静谧、深邃的禅宗寺院。在其特有的环境气氛中，细细耙制的白砂石铺地，叠放有致的几尊石组，结合植物、绿苔、褐石，就能对人的心境产生神奇的力量。它同音乐、绘画、文学一样，可表达深沉的哲理，而其中的许多理念便来自禅宗道义，这也与古代大陆文化的传入息息相关。总的来说日本假山置石的特点是微缩自然于一体，比中国园林更加简单抽象，与现代极简主义理念不谋而合，并且极其注重细节的设计，如图 2-1 中的东方石景文化。

2）西方景观

西方文化中多以置石为主，主要起源于欧洲大陆的巨石阵文明，与灵石崇拜文化现象相关。例如英国的巨石阵史前文化遗产，它象征着神秘、力量和持久。对于巨石阵建造的

最佳城镇选址

1. 祖山:基址背后的起始山。
2. 少祖山:祖山之前的山。
3. 主山:少祖山前、基址之后的山,又称来龙。
4. 青龙:基址左边的山峰。
5. 白虎:基址右边的山峰。
6. 护山:青龙及白虎外侧的山。
7. 案山:基址前隔水的近山。
8. 朝山:与案山隔水的基址的远山。
9. 水口山:水口去处的左右两山。
10. 龙脉:连接祖山、少祖山和主山的山脉。
11. 龙穴:基址的最佳选点。

(a) 中国最佳城镇选址

(b) 明十三陵选址示意图

(c) 日本枯山水置石

图 2-1　东方石景文化

最初意图,学术界一般认为是史前时代为举行重大活动而建的天文台或祭祀场所,与灵石相关。所谓灵石崇拜文化是古代先民的一种信仰、观念,石可通神,石可通天、创世、创生,是神石,是天石,是悬在天上的神石;古人也认为,灵石可以帮助亡者升入天国。在西方现代设计中往往利用石景向观赏者传达一种"史前的神秘感",吸引众多游客驻足欣赏,感受这种神秘感。例如极简主义大师彼得·沃克(Peter Walker, 1932—?)1979 年设计了哈佛大学泰纳喷泉(Tanner Fountain)。他用 159 块石头排成了一个直径为 18 m 的圆形石阵,雾状的喷泉设在石阵的中央,喷出的细水珠形成漂浮在石间的雾霭,透着史前的神秘感。尤其到了冬季,降雪覆盖了巨石,在这安静的圆形石阵中揭示了一种神秘(图 2-2)。

(a) 英国巨石阵

(b) 哈佛大学泰纳喷泉

图 2-2　西方石景文化

2.1.2　按材料分类

假山按材料可分为土山、石山和土石山(土多称土山戴石,石多称石山戴土)。

1) 土山

土山指全用堆土方式营造的假山。现在一说假山,即认为假山的发展是从土山开始,逐步发展到叠石山体的。李渔在其《闲情偶寄》中说:“用以土代石之法,既减人工,又省物力,且有天然委曲之妙,混假山于真山之中,使人不能辨者,其法莫妙于此。”土山利于植物生长,能形成自然山林的景象,极富野趣,所以在现代城市绿化中有较多的应用。但因江南多雨，易受冲刷，故而多用草坪或地被植物等护坡。在古典园林中，现存的土山则大多限于整个山体的一部分，而非全山，如苏州拙政园雪香云蔚亭的西北隅。

2）石山

石山是指全部用石堆叠而成的假山。它因用石极多，所以体量一般都比较小。李渔所说的“小山用石，大山用土”就是这个道理。小山用石，可以充分发挥叠石的技巧，使它变化多端，耐人寻味，况且在小面积范围内，聚土为山势必难成山势，所以庭院中缀景，大多用石，或当庭而立，或依墙而筑，也有兼作登楼蹬道的，如苏州留园明瑟楼的云梯假山等。

3）土石山

土石山是最常见的园林假山形式，土石相间，草木相依。尤其是大型假山，如果全用山石堆叠，容易显得琐碎，加上草木不生，即使堆得嵯岈屈曲，终觉有骨无肉，所以李渔在《闲情偶寄》中说：“掇高广之山，全用碎石，则如百衲僧衣，求一无缝处而不得，此其所以不耐观也。”如果把土与石结合在一起，使山脉石根隐于土中，泯然无迹，而且还便于植树，树石浑然一体，山林之趣顿出。土石相间的假山主要有以石为主的带（戴）土石山和以土为主的带（戴）石土山。

2.1.3 按施工方式分类

假山按施工方式可分为筑山（版筑土山）、掇山（用山石掇合成山）、凿山（开凿自然岩石成山）和塑山。

筑山多指以土为材料（一般来源于园址范围内的挖湖或建筑地基开挖所得的土方），并且栽植花木于堆山之上加固，形成较为稳定的山景。掇山是用自然山石掇叠成假山的工艺过程，包括选石、采运、相石、立基、拉底、堆叠中层、结顶等工序。凿山是指选择方正端庄、圆润浑厚、峭立挺拔、形象仿生等多种天然石材进行人工开凿雕琢成景观山体。塑山是指用石灰浆，现代是用水泥、砖、钢丝网等塑成假山。

2.2 石景的设计原则

2.2.1 体现文化性原则

假山石景设计要能体现文化，要具备一定的精神内涵，在让游人欣赏其外表美的同时还能接收到石景所传递出的文化信息。首先在配合景观设计立意上应当学习并继承中国古典园林石景设计的手法，体现综合性艺术的人文之美，即以文学、书法、绘画等艺术综合为依托，从而给人以丰富多彩的审美享受，是取意于诗、取意于画的艺术创作，可以引发人们产生丰富动情的审美联想，更重要的是具有丰富的象征美和意境美，使塑石假山作品“形神兼备”。现代园林中设计师也可用“石”来创造意境，寓意人生哲理，使人们在环境中感受到积极向上的精神动力，具有积极的人文作用。近年来的石景新形式有装饰壁画、雕塑（圆雕、浮雕、透雕），以场所环境综合表现，或以石质材料和其他材质相结合，或融入现代科学技术的其他手段（如声、光、电等）等，这也充分体现了园林“石文化”的生长性。总的来说假山石景设计中的文化上应当继承古典手法营造方式的精华，同时结合现代技术的创新，不断推陈出新，给人内涵文化的享受，所能借鉴的手法与方式比较见表2-1。

表2-1 假山置石文化性原则古今手法借鉴

借鉴方面	传统方式	现代方式
石材选用标准	皱、瘦、漏、透、丑	形、色、质、纹
题材来源	自然山水画	多艺术领域
石材的应用形态	天然石材	天然石块或经雕琢
针对文化人群	文人上层阶层	大众阶层
应用场所	中小尺度空间	大尺度空间
文化传递形式	抽象含蓄	多技术、多视角
技术与表达	视觉形态美	形态结合声、光、电、雾等

2.2.2 体现美学性原则

所谓体现美学性原则即应从假山石景本身的形态、色彩、质地、纹理及其与周围环境的协调等多方面考虑。首先，形态美好的石景能表现自然界的山水、人物、动物、物体等的形象和神态，形态具体或极其抽象皆可，应是大自然景物与哲学的浓缩。天然石的“形”之表现，在现代广为流传的有“瘦”(耸立当空、风姿特秀)、“通”(四面玲珑、婉转相通)、“丑”(以丑为美)、“拙”(大巧若拙)、“雄”(以高大为贵)、“峭”(峻中劲利)等。其次，纹理美也是重要因素之一，石材的纹理、花纹、图纹组合应当富于变化和意境。常见的石纹有胡桃纹、龟回纹、蝴蝶纹、鸡爪纹、螺旋纹、水纹等。石之肌面因成岩矿物的变质作用或物理的风化和侵蚀作用而具有差异性，凡多皱褶、多空洞、曲折多变、清晰流畅显得古雅者为上品。最后，色彩美与质地美也很重要。优质石材颜色可以表达浓烈的、柔和的、淡雅的、轻盈的、深沉的、温暖的、饱和的情感。不同石材的色彩要求各有差异，例如房山土太湖石审美标准为色纯，石头为很纯的土黄色，与南太湖石和房山太湖石有明显的区别，后两者颜色为青灰色；灵璧石主要代表品种有黑磬石，其主色为青黑色，带有光泽者为纯正。一般说石质包括硬度、密度、质感、光泽等因素，其中硬度是决定石质优劣的关键。“质”是指石头的本质、质地，奇石之质是自然之质，是奇石某些物理特性所体现的美，具有独特观赏审美价值的表象特质。另外作为人工景观，必须寻求力与美的统一，叠石的稳定性是结构美观的基础，结构被破坏、失稳，便毫无美感可言。因此，无论是孤石置立，还是山石堆叠，都是在力的稳中求得美感(图2-3)，在力的稳定性前提下，叠山才可以“稳中求险”“稳中求奇”，创造出险、奇、特的丰富景观。也只有山石相接处合乎自然、结构处于平衡的前提下，才能保证安全、抵抗破坏和变形。如古人总结出的“安、连、接、斗、挎、拼、悬、剑、卡、垂”等山石结体的“十字诀”和“挑、飘”等流云式叠山技法就是对实现叠山美与力统一的技术概括。

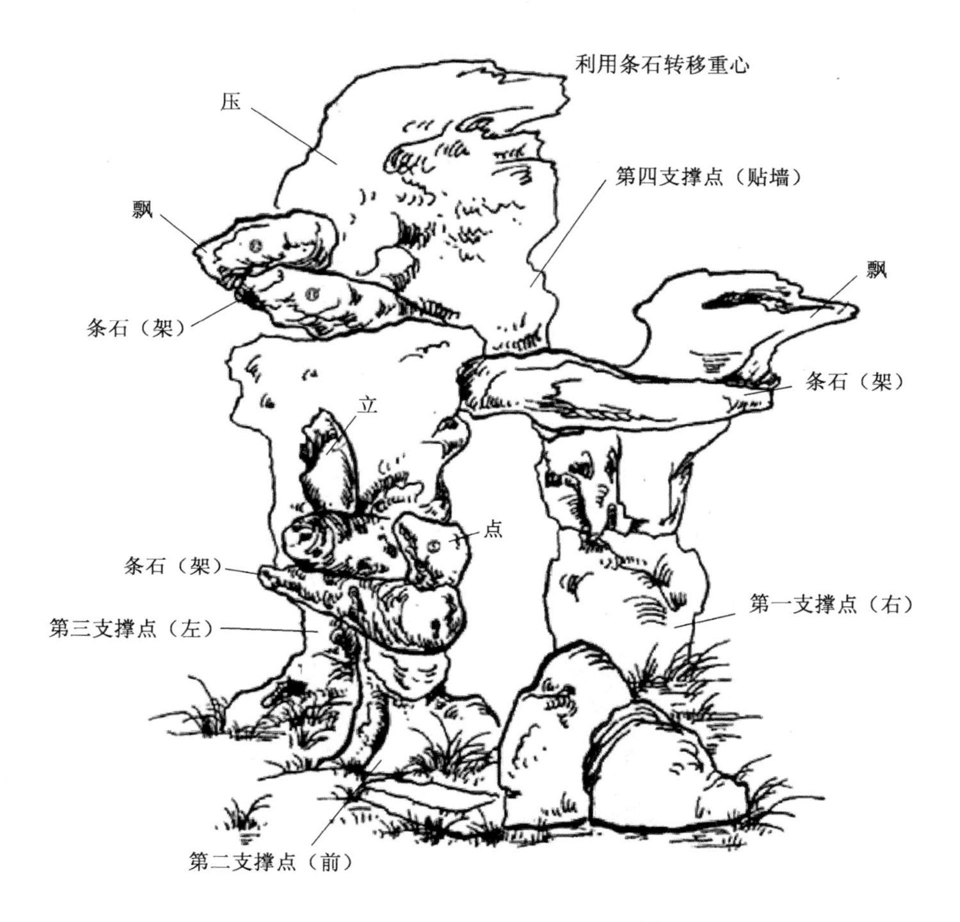

图 2-3　体现力学要素美的传统叠石技法

2.2.3　体现生态性原则

所谓生态性原则，首先应当尽量避免追求名贵石材，并应把置石与地形、建筑、植物、水体、铺地等有机结合，创造多样统一的空间。其次应就地取材，造景时尽量利用原场地地形造山，避免大量开挖和改造场地地形并运输大量外来石材。另外现代石景在材料方面多利用环保和可再生材料等，例如在现代假山石景设计建造中可利用钢筋石笼网结合各种经处理加工的材料(如建筑垃圾、石材、机械零部件、塑料、陶瓷、工业废渣、炉渣等)，以及增加场地地面的透水性、减少水泥等人工材料的用量、灵活塑造石景形态，都有利于恢复场地的生态稳定性(图 2-4)。

(a) 钢筋石笼网雕塑

(b) 卵石石笼网植物种植池

(c) 镀锌石笼网景墙

图 2-4　石笼网石景

2.3　石景的材料

假山的材料根据所在地域的不同种类有很多,但大致可分为土、石、人造石这三个大类。从历史记载来看,我国园林中的假山堆造是从秦汉开始的,由聚土为山发展为叠石为山。此后叠石为山的技巧愈来愈进步,在园林中应用愈来愈普遍,用于叠山的山石种类也愈来愈丰富,直至今日人工堆山的材料仍然是以土、石为主。近代,人们开始探索以人工建筑材料代替天然山石来叠山的技术,现已普遍应用于园林造景中。

2.3.1　"土"材料假山

1) 土壤本身性质相关要求

土壤由三部分组成,即固态(土颗粒)、液态(水)和气态(空气),其性质取决于各种形态的特性及其相对含量与相互作用。三者之间的比例关系随着周围条件的变化而变化，三者相互间的比例不同，反映出土的不同物理状态，如干燥、潮湿、松散或密实等。土壤含水量是指土壤空隙中的水重和土壤颗粒重的比值。土壤含水量小于5％的称为干土，在5％至30％之间的称为潮土，大于30％的称为湿土。土壤含水量的多少对土方施工的难易程度有直接的影响。如果土壤含水量过大，土壤泥泞不利于施工；土壤含水量过小，土质过于坚实就不易挖掘，也不利于施工，会降低人工或机械施工的工效。另外，若土壤含水量过大，土壤本身的性质就会发生很大变化，并且丧失稳定性。此时无论是填方还是挖方，土壤边坡都会显著下降。

土壤的相对密实度 D 也是决定土壤性质的关键因素，土壤的相对密实度是用来表示土壤在填筑后的密实程度，可用下列公式表示：

$$D=(\varepsilon_1-\varepsilon_2)/(\varepsilon_1-\varepsilon_3)$$

式中：D——土壤相对密实度；

ε_1——填土在最松散状况下的孔隙比；

ε_2——碾压或夯实后的土壤孔隙比；

ε_3——最密实情况下的土壤孔隙比。

在填方工程中，土壤的相对密实度是检查土填施工中密实度的重要指标。为了使土壤达到设计要求，可以采用人工夯实或机械夯实。一般情况下，采用机械夯实，其密实度可达到95％，人工夯实的密实度在87％左右。大面积填方，如堆山时可以不加以夯实，借助于土壤的自重慢慢沉落，久而久之也可达到一定的密实度。但是对于有尽快成景要求的土山，在堆筑中往往使用机械夯实，如北京奥林匹克森林公园中的主山，经机械夯实后密实度达到93％。这样可以满足堆山后立即在其上修筑建筑、栽植植物的山体稳定性要求，但却非常不利于植物的生长。

2）土壤的工程要求

土壤的自然倾斜角（安息角）是指土壤自然堆积，经沉落稳定后的表面与地平所成的夹角，以 α 表示。在工程设计时为了使工程稳定，边坡坡度数值应参考相应土填的自然倾斜角的数值。另外，土填的自然倾斜角还受含水量的影响，具体数值可参考表2-2与图2-5。

表2-2　土壤的自然倾斜角

土壤	土壤的自然倾斜角			土壤颗粒尺寸（mm）
	干土	潮土	湿土	
砾石	40°	40°	35°	2～20
卵石	35°	45°	25°	20～200
粗砂	30°	32°	27°	1～2
中砂	28°	35°	25°	0.5～1.0

续表 2-2

土壤	土壤的自然倾斜角			土壤颗粒尺寸
	干土	潮土	湿土	
细砂	25°	30°	20°	0.05～0.50
黏土	45°	35°	15°	0.001～0.005
壤土	50°	40°	30°	—
腐殖土	40°	35°	25°	—

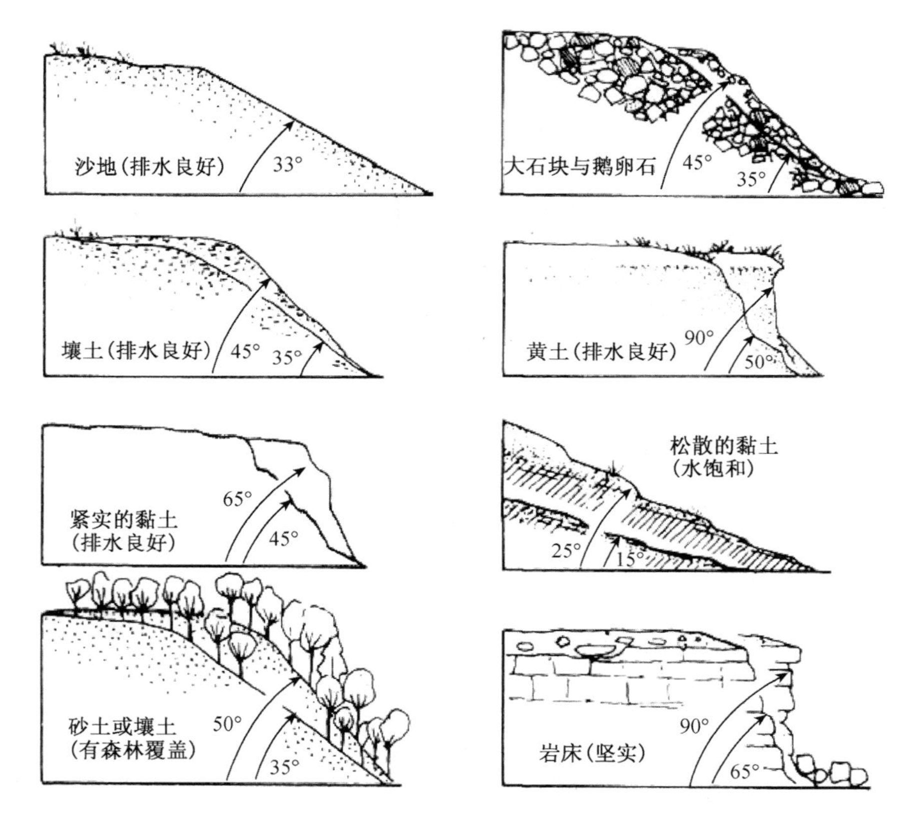

图 2-5　不同土壤种类边坡的安息角

2.3.2 “石”材料假山

1) 太湖石

太湖石因主产于太湖而得名，色泽以白为多，少有青灰，黄色更为稀少。质坚而脆，扣之有微声。米芾在其《论石》中将太湖石的特点归纳为“瘦”“漏”“透”“皱”四字。

“瘦”，指嶙峋兀立，独立高标，有野鹤之情，无羸弱柔腻之态，多指石纵向伸展的纤细修长，即高与宽的比例要大，才显出清峙和秀挺。“漏”，指石上洞穴上下穿通。按《闲情偶寄》解释为“石上有眼，四面玲珑，所谓‘漏’也”。“漏”和“透”都表现为孔窍穿通、玲珑剔透，不过“漏”多为上下穿通的特点，这与“透”相区别。“漏”和窒塞相对，石体贵通，通则有灵气，通则有往来回旋。计成在《园冶・掇山》中说“瘦漏生奇，玲成安巧”，这是因为太湖石的“嵌空转眼，宛转险怪”打破了石头“团块”的顽笨，生奇而巧。“透”，指石上洞穴横向贯通，细腻温润，光影穿过，影影绰绰，微妙而灵动。《云林石谱》把“透”说成“嵌空洞穴，宛转相通”。“透”以横向孔洞为主，表现为孔窍通达，玲珑剔透之美。“透”是太湖石区别于其他同类景石的主要特点，也是以太湖石为代表的奇石的重要美学特征。上海豫园之玉玲珑可谓太湖石之“透”“漏”的代表。“皱”字最得石之风骨。“皱”在于体现石的内在节奏感，与中国古代山水画的皴法有关。宋徽宗时，为建“艮岳”搜集奇峰异石而兴起的“花石纲”，使太湖石身价倍增。太湖石的天然形态使人产生丰富的联想，契合了抽象置石掇山的审美需求，使得高度写意的掇山风格成为可能。

2）房山石

北京皇家园林所用北太湖石，产于北京房山大灰厂一带，又称房山石。北方其他地区，如河北易县，河南张郭，山东泰山、崂山及沿太行山往东一带都有产出。与南太湖石一样，房山石也属石灰岩一类，但多产土中，新出土之石呈土黄色、黄白色，日久经露后，表面带有灰黑色。房山石质地不如太湖石清脆光莹，扣之有声，形态也少有太湖石的宛转玲珑，北太湖石体态圆浑，孔穴密布而不穿透，更有一种浑厚古拙之气。

房山石是清代中期以后皇家园林的主要山石品种。用房山石叠山往往层层叠叠，气势连贯，如蹲狮伏虎，能叠成所谓“堆云”的样式。清代主要房山石叠山作品集中于北海、南海瀛台、静谷以及紫禁城等处。清代皇家园林中，房山石不仅被用来叠山，甚至还被用来作为特置赏石。如明代米万钟的“青芝岫”，以及清代中期以后陆续进入御苑的玲峰、文峰、青云片等。房山石的大量开采和应用是在清代中后期，尤其是乾隆一朝对此石开发尤多，为清代皇家园林中用量最大的一类叠山用石。

3）青石与黄石

黄石与青石皆墩状，形体顽夯，见棱见角，节理面近乎垂直。色橙黄者称黄石，色青灰者称青石，系砂岩或变质岩等。与湖石相比，黄石堆成的假山浑厚挺括、雄奇壮观、棱角分明、粗狂而富有力感[图 2-6(c)]。清代皇家园林叠山所用青石，为北京郊区所产，有方形节理，棱角分明如黄石者；亦有极薄的片状节理，称为“青云片”。北方青石多横纹堆叠，状如堆云，气势连贯。青云片也有少量竖拼作劈峰者，但不能太多，否则极易零乱。

4）象皮石

象皮石属石灰岩，在我国南北广为分布。石块为青灰色，常夹杂着白色细纹。其表面有细细的粗糙皱纹，像大象的皮肤，因而得名[如图 2-7(h)]。一般没有什么透、漏、环窝，但整体有变化。

(a) 太湖石

(b) 房山石

(c) 黄石

(d) 青石

图 2-6　石材料(一)

5) 英石

英石亦为四大名石之一,因产于广东省英德县英德山一带而得名,广泛应用于岭南园林的置石掇山之中[如图 2-7(a)]。英石主要成分是方解石,分为水石、旱石两种,色泽有淡青、灰黑、浅绿、黝黑、白色等数种,以黑者为贵。由于凿、锯而得,正反面区别较明显,正面凹凸多变,背面往往平坦无变化,若是选取得当,正反皆有可观,则愈益可贵。英石一般为中小形块,但多具峰峦壁立、层峦叠嶂、纹皱奇崛之态,古人有"英石无坡"之说。由于当地岩溶地貌发育较好、雨水充沛,山石极易被溶蚀风化,故石表多深密褶皱,有蔗渣、巢状、大皱、小皱等状,精巧多姿,质坚而脆,扣之有共鸣声者为贵。

6) 灵璧石

灵璧石,也称磬石、八音石,是一种产于安徽省灵璧县的奇石。灵璧石的开采使用历史悠久,中国最早的地理著作《尚书・禹贡》中就有取灵璧石制作特磬的记载。灵璧石曾被清朝乾隆皇帝御封为"天下第一石"。它漆黑如墨,也有灰黑、浅灰、赭绿等色,石质坚硬素雅,色泽美观。灵璧石的主要特征概括为"三奇、五怪",三奇即色奇、声奇、质奇,五怪即瘦、透、漏、皱、丑[如图 2-7(d)]。

(a) 英石　(b) 白果笋(左)和慧剑(右)　(c) 火山岩

(d) 灵璧石　(e) 黄蜡石　(f) 千层石

(g) 钟乳石笋　(h) 象皮石　(i) 木化石

图 2-7　石材料(二)

7) 石笋和剑石

笋石为外形修长如竹笋一类山石的总称,主要以沉积岩为主。这类山石产地颇广,出土时石皆卧于山土中,采出后直立地上。由于石笋的形态与其他山石差异很大,一般不与其他石材混堆,多用于特置或布置独立小景[如图 2-7(b)]。

(1) 白果笋

白果笋是一种角砾岩。在青色的细砂岩中,沉积了一些白色的角砾石,犹如银杏所产白果嵌于石中,由此得名。北方称之为子母石或子母剑。这种山石在我国各地园林中均有所见。

(2) 慧剑

慧剑指色成灰青色、片状、形似宝剑的一种石笋。一般慧剑形体很高,可达数米。北京颐和园"瞩新亭"附近至今保留的慧剑高达 3～4 m。

（3）钟乳石笋

石灰岩经溶融形成的钟乳石常被用作石笋，以点缀园景。北京故宫御花园中有用这种石笋做的特置小品[如图 2-7(g)]。

（4）乌炭笋

顾名思义，乌炭笋是一种乌黑色的石笋，比煤炭的颜色稍浅而少光泽。如用浅色景物作为背景，乌炭笋的轮廓就更加清晰，可形成较好的对比效果。

8）黄蜡石

黄蜡石又名龙王玉、黄龙玉，因石表层内蜡状质感、色感而得名（另一说此石原产真腊国，故称腊石）。其属矽化安山岩或砂岩，主要成分为石英，油状蜡质的表层为低温熔物，韧性强，硬度为 6.5～7.5。黄蜡石目前是稀有资源，广东园林中多用于特置观赏[如图 2-7(e)]。

9）木化石

地质学上将木化石称为硅化木（Petrified Wood）。木化石是古代树木的化石，亿万年前被火山灰包埋，因隔绝空气未及燃烧而整株、整段地保留下来，再由含有硅质、钙质的地下水淋滤、渗透，矿物取代了植物体内的有机物，木头便变成了石头[如图 2-7(i)]。

10）千层石

千层石，也称积层岩，产于河北省遵化市石峪村一带。千层石属于海相沉积的结晶白云岩，石质坚硬致密，外表有很薄的风化层，比较软；石材纹理清晰，多呈凹凸、平直状，具有一定的韵律，线条流畅，时有波折、起伏；颜色呈灰黑、灰白、灰、棕相间，其棕色稍显突，色泽与纹理比较协调，显得自然、光洁；造型奇特，变化多端，多有山形、台洞形等自然景观，亦有宝塔形、立柱形及人物、动物等形象，既有具象又有抽象，神韵秀丽静美、淡雅端庄；小者 2～3 cm，大者高 1 m 以上[如图 2-7(f)]。

11）火山岩

火山岩在黑龙江省西部及内蒙古东北部的公共绿化和庭院绿化假山工程中作为小品应用越来越多。火山岩体大浑厚，石质比较锋利；主要以红褐色、黑紫色为多且颜色有过渡，石材纹理丰富且一般有暗色条纹；硬度一般，有韧性，具有很多蜂窝孔隙，吸水性能较好，是东北做假山的良好材料[如图 2-7(c)]。

12）泥质灰岩

泥质灰岩（俗称“山皮石”）是石灰岩和黏土岩之间的一种过渡类型岩石，方解石含量为 50%～75%；黏土矿物含量为 25%～50%的石灰石。在北方叠山中十分典型。其水平纹理层层叠叠，缜密细腻，近代以来北京园林多用此石。今清华大学“水木清华”、北京大学未名湖以及紫竹院玉渊潭等园林的叠山、驳岸大多用此石横堆。此石兼具水纹与土性，于山脚水际堆叠层压，类似“折带”皴法，适于表现坡岸高柳、水际平阔之景[如图 2-8(a)]。

13）斧劈石

斧劈石[图 2-8(b)]因其石质纹理与中国山水画中的斧劈皴相似而得名，是著名的园林假山和盆山用石之一。斧劈石为板岩、千枚状板岩，属于浅变质岩。其主要成分为铝硅酸盐类，厚岩多为泥质岩、粉沙质岩，经过区域动力变质，沿着压力的方向形成层状结构岩体。凡浅变质岩地区均有可能分布，尤以江苏武进所产为上乘，安徽潜山、宁国、皖西等地亦有出产。斧劈石假山的堆叠、陈列场所和管理应有所趋避。斧劈石假山的衔接黏合，要尽量做到不露痕迹。室外堆叠大型斧劈石假山，石块不宜过分琐碎，层间也不能过于单薄，恰如明代文震亨《长物志》所称："斧劈以大而顽者为雅，若直立一片亦最可厌。"

(a) 泥质灰岩

(b) 斧劈石

图 2-8　石材料(三)

2.3.3 "人造石"材料假山

最初的人造石是用灰土塑山，现在的人工塑石、塑山是以砖石砌结或以钢筋混凝土成形，外表用水泥砂浆抹面，手工处理纹理。塑石时结合使用点色、雕凿等手段来体现仿佛天然山岩的面层质感。人工塑石有时是塑造单独成"块"的"石"，但大部分是塑造具有高山岩特色的整体岩面的造型。塑山工艺中存在的主要问题：一是由于山的造型、皴纹等的表现要靠塑山者的手上功夫，因此对师傅的个人修养和技术的要求较高；二是水泥砂浆表面易发生皴裂，影响强度和观瞻；三是易退色。

1）实心塑山技术

塑山实施程序与其结构有着一定关系，"实心塑山"技术施工程序为砌骨架、山体造型、饰面、装饰性绿化四个步骤。骨架成形阶段：骨架的主要材料为青石条、毛块石、泡沫砖、砖、土及其填充物等，砌筑材料为水泥砂浆、水泥石粉浆及其他高强度黏合剂等。砌筑要领为叠砖(石)安稳、满浆做实、预留花槽、水口找平、纹理随形、错纹自然、景象工艺、打刹有致。山体造型阶段尤为重要，可分为石基补料、手抓摔浆、压按适度、纹理扣捏、巧妙补灰、刷浆成型六个部分(图 2-9)。

塑山饰面即在塑山石表面上色，通常分为塑红石假山、塑黄石假山、塑青石假山、塑白石假山四种仿真技法。基本饰面程序类型有三种，其一为色粉[图 2-10(a)]＋107 胶水＋水泥→三道抹面→勾勒纹理→刷聚氨酯；其二为水泥砂浆(或纯浆)罩面三道→通刷环氧树脂胶→洒红砂＋石英砂[图 2-10(b)]；其三为水泥砂浆(或纯浆)罩面三道→赭石色丙烯颜料＋水泥→逐层高压泵喷染[图 2-10(b)]。

2）空心塑山技术

空心塑山，又名薄壳假山，即采取空腹技术构成的假山[如钢网架薄壳假山、GRC(玻

(a) 石基补料　(b) 手抓摔浆　(c) 压按适度

(d) 纹理扣捏　(e) 巧妙补灰　(f) 刷浆成型

图 2-9　塑山造型技法步骤

(a) 各种塑山色粉　(b) 红砂与石英砂、丙烯颜料与高压泵

图 2-10　塑山饰面材料

璃纤维增强水泥)假山等]。因其造型任意、重量轻、附属功能强等特点，广泛应用于现代园林之中。“空心塑山技术”的工序可分为取样、脱模、焊接骨架、挂钢筋网、成型、饰面、装饰性绿化七个主要部分(图 2-11)。此钢网架薄壳技术假山成型手法要领主要有压灰、甩灰、撑灰、捏灰、卡灰、抹灰等，这一系列手法逐一将水泥石粉浆涂抹至硬质骨架表面，然后再按骨架成型、表面肌理成型、塑山景象成型等措施进行假山艺术造型。

现阶段国内外用于制作“石块”构件以用于园林内假山远景工程的材料主要有：玻璃纤维增强塑料(FRP)、玻璃纤维增强水泥(GRC)和碳纤维增强混凝土(CFRC)。

GRC 是玻璃纤维增强水泥(Glass Fiber Reinforced Cement)的缩写。GRC 塑石是将抗破玻璃纤维加入到低碱水泥砂浆中硬化后脱模所产生的高强度复合“石块”(图 2-12)。GRC 石块的造型、皴纹逼真，比 FRP 石块更具有“石”的质感。

(a) 压灰　(b) 甩灰　(c) 撑灰

(d) 捏灰　(e) 卡灰　(f) 抹灰

图 2-11　钢网架薄壳假山的成型手法

图 2-12　GRC 假山及其内部

FRP 是玻璃纤维增强塑料(Fiber Glass Reinforced Plastics)的缩写，是由不饱和聚酯树脂与玻璃纤维结合而成的一种重量轻、质地韧的复合材料，俗称玻璃钢。

CFRC 是碳纤维增强混凝土(Carbon Fiber Reinforced Cement or Concrete)的缩写。CFRC 人工岩是把碳纤维搅拌在水泥中制成的碳纤维增强混凝土，常用于造景工程。

以上这些新工艺制造的山石，其质感和纹理都很逼真，重要的是这些山石重量轻、强度高、造型能力强，为假山艺术创作提供了更广阔的空间和可靠的物质保证，为假山技艺开创了一条新路，使其达到“虽由人作，宛自天开”的艺术境界。

2.4　石景的构造方法

2.4.1　置石方法

置石用的山石材料较少，结构比较简单，对施工技术也没有很专门的要求，因此容易实现，可以说置石的特点是以少胜多、以简胜繁，量虽少但对质的要求更高。依布置形式不同，置石可以分为特置、对置、列置、散置等。

1）特置

特置是指将体量较大、形态奇特、具有较高观赏价值的峰石单独布置成景的一种置石方式，又称孤置山石或孤赏山石。特置的要求主要包含以下四个方面：

（1）特置石应选择体量大、造型轮廓突出、色彩纹理奇特、颇有动势的山石。

（2）特置石一般置于相对封闭的小空间，成为局部构图的中心。

（3）石高与观赏距离一般介于 1∶2～1∶3。例如石高 3～6.5 m，观赏距离为 8～18 m。在这个距离内才能较好地品玩石的体态、质感、线条、纹理等。为使视线集中、造景突出，可使用框景等造景手法；或立石于空间中心，使石位于各视线的交点上或石后有背景衬托。

（4）特置山石可采用整形的基座，也可以坐落于自然的山石面上，这种自然的基座称为"磐"。带有整形基座的山石也称台景石。台景石一般是石纹奇异，有很高欣赏价值的天然石。有的台景石基座、植物、山石相组合，仿佛大盆景，展示整体之美。

特置峰石的结构要求峰石要稳定、耐久，关键在于结构合理。传统立峰一般用石榫头固定，《园冶》有"峰石一块者，相形何状，选合峰纹石，令匠凿笋眼为座……"指的就是这种做法。石榫头必须正好在峰石的重心线上，并且榫头周边与基磐接触以受力，榫头只定位并不受力。安装峰石时，在榫眼中浇灌少量黏合材料即可[图 2-13(a)]。

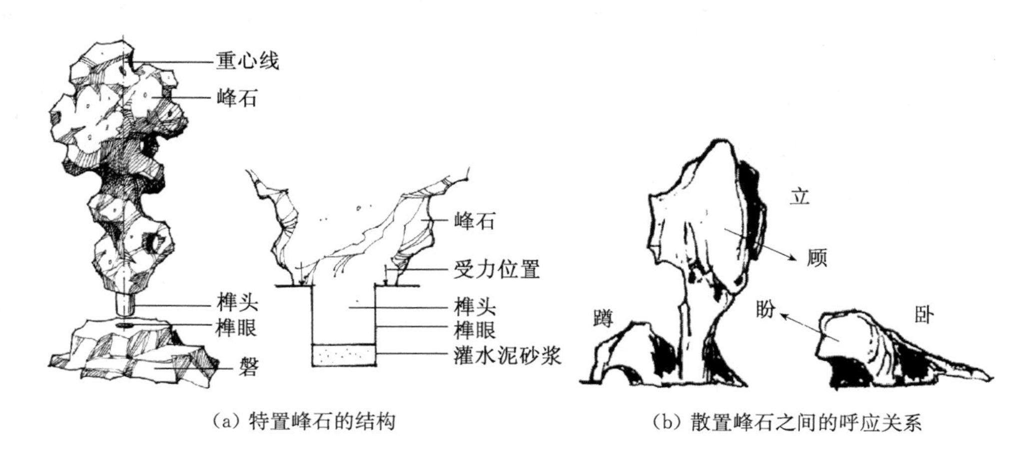

(a) 特置峰石的结构　　(b) 散置峰石之间的呼应关系

图 2-13　特置峰石的结构与散置峰石之间的呼应关系

2）对置

以两块山石为组合，相互呼应，立于建筑门前两侧或立于道路出入口两侧，称对置，讲求"呼应有致，顾盼生情"。其在数量、体量、形态上无需整齐划一，形态应各异，但要求相互呼应，并注意在构图上应讲求均衡。

3）列置

多个独立观赏石成行排列，称为列置。古典园林中山石列置布置的情况很少，颐和园有十二生肖石列置于佛香阁前，也称"排衙石"。

4）散置

散置，也称散点，是仿照岩石自然分布和形状而进行点置的一种方法，即所谓“攒三聚五、散漫理之、有聚有散、若断若续、一脉既毕、余脉又起飞”。这类置石对石材的要求不像特置那样高，但更侧重多块山石的组合效果与呼应关系[图 2-13(b)]。据北京“山子张”传人张蔚庭先生讲，散置有大散点与小散点之分。小散点指多块山石的分散布置，基本不掇合；而大散点又称“群置”，是掇石成组，以组为单位做散状布置。散置要求空间比较大，材料堆叠量也较大，而且组数也较多，但就其布置的特征而言仍属散置。

5）山石器设

山石器设即以山石作为家具或陈设，常见的有石门、石榻、石桌凳、石几、石栏、石水钵、石屏风、花台、石室、石牌、踏跺等。山石器设可以随意独立布置，也可结合挡土墙、花台、驳岸等统一安排。宏观是山石景，走到近处便自然入座，最可贵之处在于不经意间满足了造景及实际功能，虽有桌、几、凳等之分，但在布置上却不一定按一般家具那样对称摆放。理想的山石器设应是一种无形的、附属于其他景物的置石。不仅要实用，同时要成景，要打破人工化家具陈设的规则形体而代之以自然山石景物的形象。

6）山石与建筑

以山石来陪衬建筑，目的是减弱建筑的人工气息，增添环境的自然氛围。“抱角和镶隅依托自然，若自山起。”由于建筑的墙面多成直角转折，而转折的外角和内角都比较单调、平滞，所以在古代园林中常以山石来点缀建筑的墙角。在外墙角，山石成环抱之势紧包基角墙面，称为抱角。在墙内角则以山石填镶其中，称为镶隅。经过这样处理，原本只是在建筑角隅处包了一些山石，却使建筑仿佛坐落在自然的山岩上。抱角和镶隅的设计要点在于山石的体量均必须与墙体以及墙体所在的空间取得协调，且山石必须与墙体密切吻合，并且要注意留出山石的最佳观赏面。

踏跺和蹲配强调入口，丰富立面。由于中国古代园林建筑多建于台基上，出入口处需要有台阶衔接，常用自然山石做成踏跺，用以强调建筑出入口，并丰富建筑立面，它不仅有台阶的功能，而且有助于处理从人工建筑到自然环境之间的过渡。每级在 100～300 cm，有的还可以更高一些，每级的高度和宽度不一定完全一样，应随形就式、灵活多变。每一级山石都向下坡方向有 2%的倾斜坡度以便排水(图 2-14)。

(a) 石级错列：简洁、自然

(b) 石级平列：直入

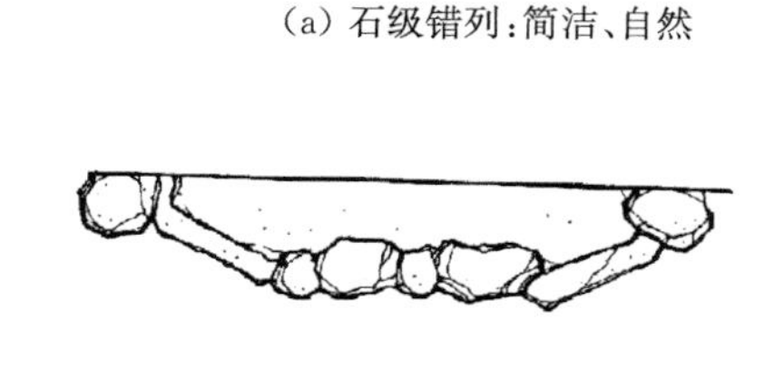

(c) 与蹲配相结合：分道而上

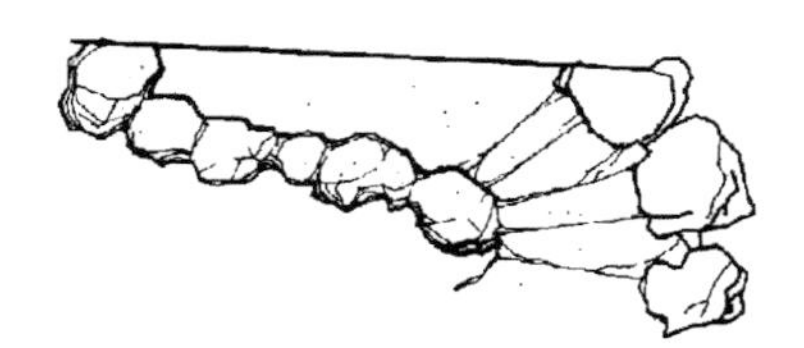

(d) 偏径斜上

图 2-14　石踏跺及布置

壁山，粉壁为纸，以石为绘。壁山实为粉壁置石，即以墙作为背景，在面对建筑的墙面、建筑山墙或相当于建筑墙面前基础种植的部位做石景或山景布置，因此也称“粉壁理石”。壁山体量可大可小，大的壁山可由多块石料掇合而成，较小的则类似于置石，但比置石的层次要多。《园冶》中说道：“峭壁山者，靠壁理也，藉以粉壁为纸，以石为绘也。理者相石皴纹，仿古人笔意，植黄山松柏，古梅美竹，收之园窗，宛然镜游也。”在江南园林的庭院中，这种布置随处可见，有的结合花台，特置和各种植物布置，式样多变(图 2-15)。

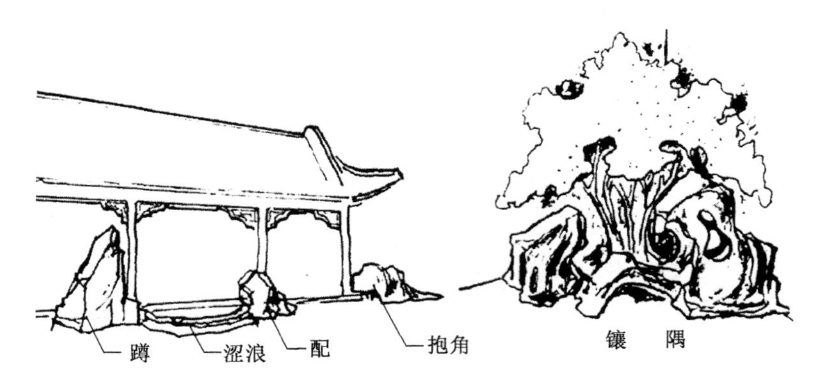

图 2-15　山石与建筑的结合

7）山石与水体

山石驳岸，求曲忌平，疏密有致。在中国古代园林中，各种造园要素都力求自然、宛若天成，所以人工砌筑的水池驳岸，也会用山石错落相叠，好像是园中自然涌出的一泓清水。园中水池，一般都取不规则的形式，池岸处理也求曲折而忌平直，所以多以山石做成驳岸，在水陆之间形成自然的过渡，或将池与山相结合形成山池。山石驳岸讲求用石或石与石的组合大小错落、纹理一致、凹凸相间，呈现出出入起伏的变化与韵律(图 2-16)，并适当的间以泥土，便于种植花木藤萝。

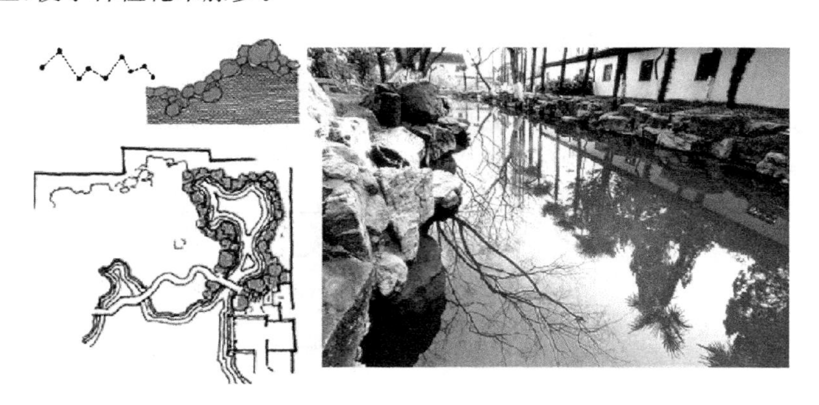

图 2-16　置石与驳岸

8）置石形态与文化

传统的基本五行石如图 2-17 所示，五行指金、木、水、火、土五种物质，古代思想家企图用这五种物质来说明世界万物的起源和多样性的统一。基本五行石常见的有一块、两块一组、三块一组、五块一组或数块一组，用来点缀庭园。一块——选具有景趣的石块，单独欣赏；两块组合——通常是由“立石”与“伏石”相配合，石组间主次明确，用以烘托一种清新、淡雅的气氛，其组合形式如图 2-18 所示；三块组合——有两种组合形式，按五行石的组合，亦可以是天、地、人石组，“天”最高，“地”最低，“人”居中，其布置如图 2-19 所示；五块组合——常用来表现瀑布或宝船等，在布置时除注意平面、立面关系外，对各石的朝向、气势也很讲究，所谓气势是表现石块所具有的力的方向，它是由石的体态、重量感、纹理等表现出来的。

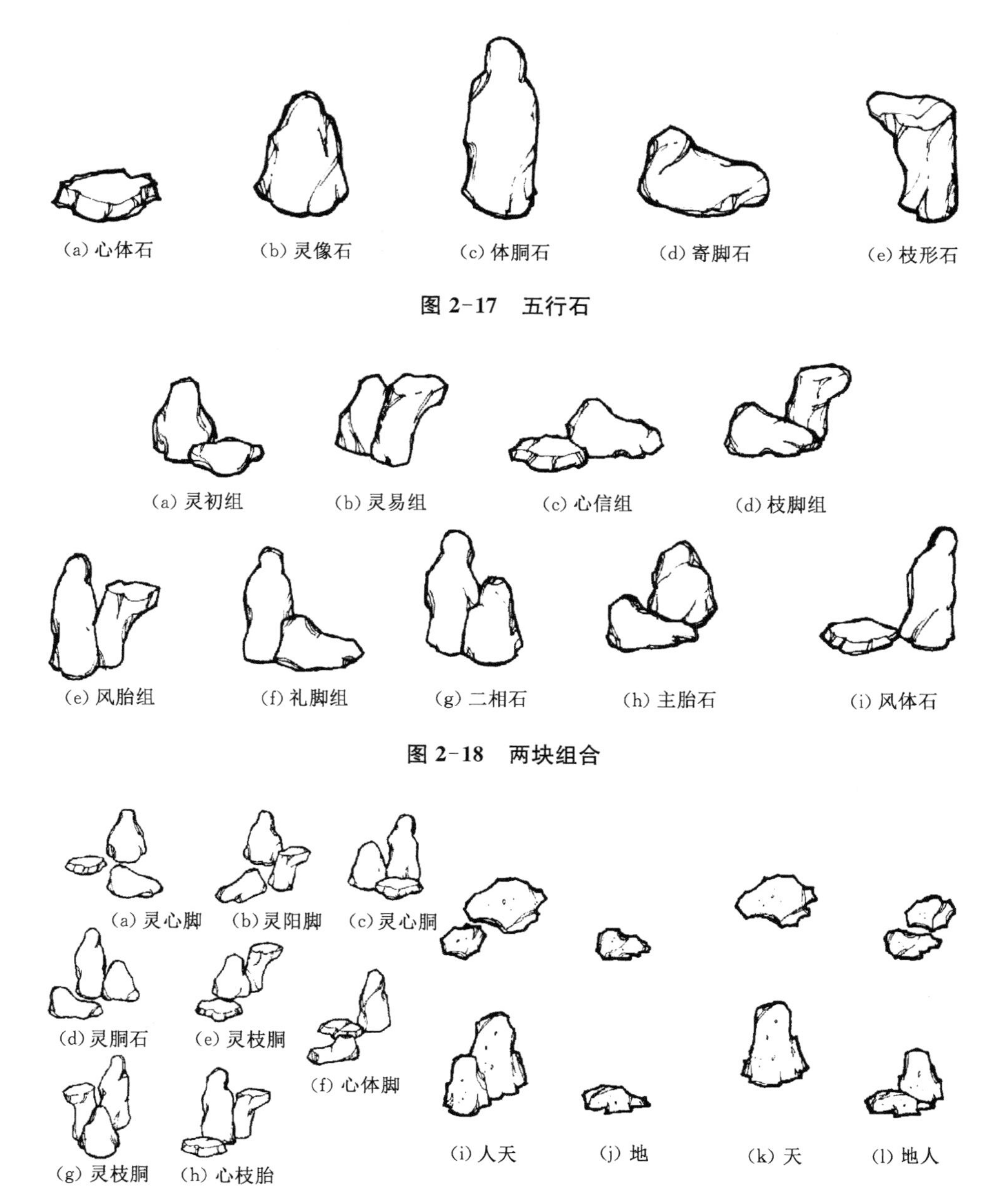

图 2-17　五行石

图 2-18　两块组合

图 2-19　三块组合与天、地、人组合

2.4.2 天然石假山构造

1）选石

自古选石多注重奇峰孤赏，追求“透、漏、瘦、皱、丑”。选石除了可就地取材之外，还可选择方正端庄、圆润浑厚、峭立挺拔、纹理奇特、形象仿生等的天然石材，或者利用废旧园林的古石，这样既减少山石资源和资金的浪费，又可避免千篇一律的弊病。

用于堆山的材料有大有小，一般根据假山体量的大小、设计效果和假山所处的环境来决定所用石料的大小。相对狭小空间中的假山在追求大型的情况下，力求突出细节的变化。这类假山一般选用的石块相对较小，长、宽、高单边尺寸为 0.5～1 m。而有些现代园林空间中的假山造型追求简洁、大气，与大尺度空间相协调，一般这类假山选石的体块较大，单边尺寸为 1～2 m。同一座山的边石还应尽量避免石料的大小过于均等，更有利于创作丰富多彩的造型，另外需要准备的各种物料详见表 2-3。

表 2-3　选石主要材料表

名称	规格	用途
假山石	通货石：大小搭配，但石材的质地、颜色应力求统一。峰石：质地、体态、纹样等均力求出类拔萃	用于堆叠山体，用于置石、峰顶及其他重要部分
填充料	砂石、卵石、毛石、块石、碎砖石	配制各种砂浆、混凝土及其填充物用于基础衬垫、填充基础
胶结料	桐油、水泥、白灰、糯米浆、纸筋	古时用料（现已不用）
着色料	青灰、煤黑、各色细石粉	—

2）采运

（1）手工工具

传统假山施工常用的手工工具如下：

动土工具：铣、镐、夯、硪（6～8 人操作）。拌灰工具：筛子、筐、手推车、水桶、灰桶、拌灰板。抬石工具：扛（直扛、架扛）。扎系工具：绳、链。挪移工具：撬。碎石工具：锤子。

（2）机械设备

有条件的地方除了使用混凝土搅拌机、用铲车做短距离运输外，再备一套使用简便、操作灵活的机械吊装设备更加理想。特别是一些大型的叠石造山工程，一套称心如意的吊装设备尤显重要，有条件的工程可使用机械吊车。另外，脚手架与跳板也是堆叠大型假山所必需的辅助设施。

3）立基

立基就是奠定基础，基础深度取决于山石高度和土基状况，一般基础表面高度应在土表或常水位线以下 0.3～0.5 m。基础常见的形式有三种：桩基[图 2-20(a)]，主要用于湖泥沙地；石基[图 2-20(b)]，多用于较好的土基；灰土基，用于干燥地区。此外还有拉底，又称“起脚”，主要为了使假山的底层稳固和控制其平面轮廓，一般在周边及主峰下安底石，中心填土以节约材料。

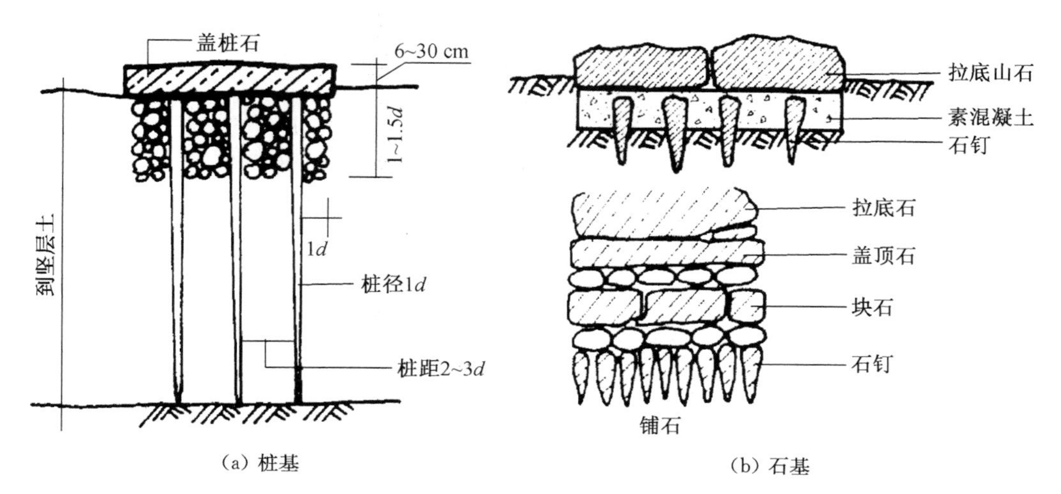

图 2-20　桩基和石基

注：d 表示桩直径。

4）掇山

掇山名家“山子张”所传假山设计施工技法为“十字诀”，即“安、连、接、斗、挎、拼、悬、剑、卡、垂”(图 2-21)。

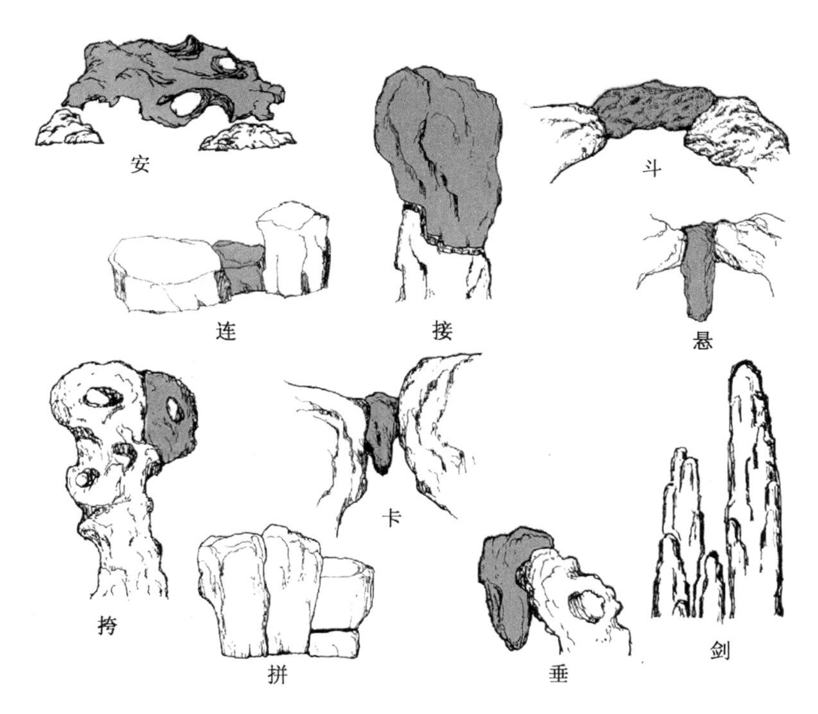

图 2-21　掇山“十字诀”

“安”即安置山石的意思，在苏州方言中习惯称之为“搁”或“盖”。安石有单安、双安、三安之分，双安即在两块不相连的山石上安置一块山石，以在竖向的立面上形成洞岫；三安即在三块山石上安置一块山石，使之连成一体。所以安石主要是通过对山石的架空来突出“巧”和“形”，以达到假山立面（观赏面）上的空灵虚隙，这就是《园冶·掇山》中所说的“玲珑安巧”。

“连”即山石与山石之间水平方向的相互搭接。连石要根据山石的自然轮廓、纹理、凹凸、棱角等自然相连，并注意连石之间的大小不同、高低错落、横竖结合，连缝或紧密或疏隙，以形成岩石自然风化后的节理。同时应注意石与石之间的折搭转连。

“接”即山石与山石之间的竖向搭接。“接”要善于利用山石之间的断面或茬口，在对接中形成自然的层状节理，这就是设计中所说的横向（水平）层状结构及竖向层状结构的石块叠置。层状节理既要有统一，又要富有变化，看上去好像自然风化的岩石一样，具有天然之趣。若在上下拼接时，山石的茬口不在一个平面上，这就需要用镶石的方法进行拼补，使上下山石的茬口相互咬合，宛如一石。

“斗”，叠石成拱状、腾空而立为“斗”，它是模仿自然岩石经流水的冲蚀而形成洞穴的一种造型式样。叠置时，在两侧造型不同的竖石上，用一块上凸下凹的山石压顶，并使两头衔接咬合而无隙，来作为假山上部的收顶，以形成对顶架空状的造型，就像两头羊用头角对顶相斗一样。这是古代叠山匠师们的一种形象说法。

“挎”是指位于主要观赏面的山石，因其侧面平淡或形态不佳时，便在其侧面茬口用另一山石进行拼接悬挂作为补救，以增强叠石的立体观。挎石可利用山石的茬口咬合，再在上面用叠压等方法来固定，如果山石的侧面茬口比较平滑，则可用水泥等进行黏合。

“拼”即把若干块较小的山石，按照假山的造型要求，拼合成较大的体形。不过小石过多，容易显得琐碎，而且不易坚固，所以拼石必须间以大石，并注意山石的纹理、色泽等，使之脉络相通，轮廓吻合，过渡自然。

“悬”与“垂”均为垂直向下凌空悬挂的挂石，正挂为“悬”，侧挂为“垂”。“悬”是仿照自然溶洞中垂挂的钟乳石的结顶形式。悬石常位于洞顶的中部，其两侧靠结顶的发券石夹持；也有靠近内壁的洞顶的。而南京瞻园南山则在临水处采用倒挂悬石，情趣别具。“垂”则常用于诸如峰石的收头补救，或壁山作悬等，以造成奇险的观赏效果。垂石一般体量不宜过大，以确保安全。石倒悬则为“挂”，挂与悬相同，只是南北称谓不同。

“卡”即在两块山石的空隙之间卡住一块小型悬石。这种做法必须是左右两边的山石形成上大下小的楔口，再在楔口中放入卡石。这只是一种辅助陪衬的点景手法，一般常应用于小型假山中，而大型山石年久风化后，卡石易坠落而造成危险，所以较少使用。

“剑”是指将竖向取胜的山石直立如剑的一种做法。山石剑立，竖而为峰，可构成剑拔弩张之势，但必须因地制宜、布局自然，避免过单或过密。拔地而起的剑峰，如配以古松修竹，常能成为耐人寻味的园林小景。

5）山石加固设施

必须在山石本身重心稳定的前提下进行加固，常用熟铁或钢筋。铁活要求用而不露，因此不易发现。古典园林中常用的有以下几种：

（1）银锭扣

银锭扣为生铁铸成，有大、中、小三种规格，主要用于加固山石间的水平联系。先将石头水平向接缝作为中心线，再按银锭扣大小画线凿槽打下去。古典石作中有“见缝打卡”的说法，其上再接山石就不外露了。北海静心斋翻修山石驳岸时曾见有这种做法[图 2-22(a)]。

(2) 铁爬钉

铁爬钉或称“铁锔子”，用熟铁制成，用以加固山石水平向及竖向的衔接。南京明代瞻园北山之山洞中尚可发现用小型铁爬钉做水平向加固的结构；北京圆明园西北角之“紫碧山房”假山坍倒后，山石上可见约 100 cm 长、6 cm 宽、5 cm 厚的石槽，槽中都有铁锈痕迹，也似同一类做法；北京乾隆花园内所见铁爬钉尺寸较大，长约 80 cm、宽 10 cm 左右、厚 7 cm，两端各打入石内 9 cm；也有向假山外侧下弯头而铁爬钉内侧平压于石下的做法；避暑山庄则在烟雨楼峭壁上有用于竖向联系的做法[图 2-22(b)]。

(3) 铁扁担

铁扁担多用于加固山洞，作为石梁下面的垫梁。铁扁担之两端成直角上翘，翘头略高于所支承石梁两端。北海静心斋沁泉廊东北，有巨石象征“蛇”出挑悬岩，选用了长约 2 m、宽16 cm、厚 6 cm 的铁扁担镶嵌于山石底部。如果不下到池底仰望，是看不出来的[图 2-22(c)]。

(4) 马蹄形吊架和叉形吊架

马蹄形吊架和叉形吊架见于江南一带。扬州清代宅园“寄啸山庄”的假山洞底，由于用花岗石做石梁只能解决结构问题，外观极不自然。用这种吊架从条石上挂下来，架上再安放山石便可裹在条石外面，更接近自然山石的外貌[图 2-22(d)]。

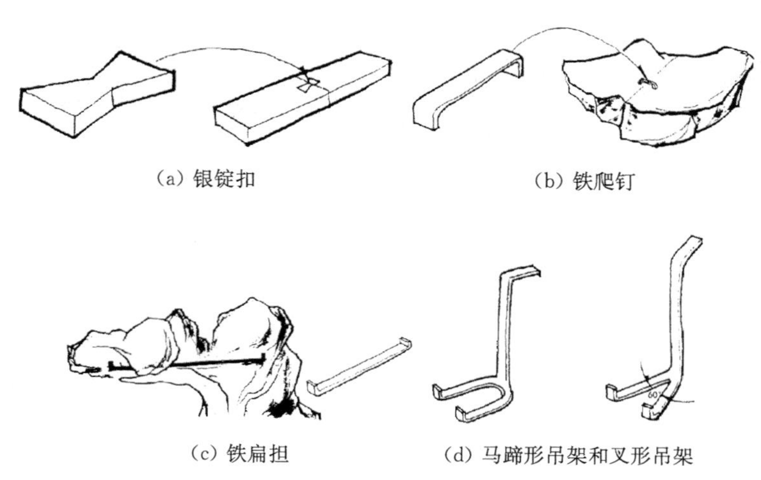

(a) 银锭扣　(b) 铁爬钉

(c) 铁扁担　(d) 马蹄形吊架和叉形吊架

图 2-22　山石加固设施

2.4.3　人造石假山构造

1) 基础资料的收集和分析设计

首先收集设计范围内的地形及周边环境资料，一般由甲方提供 1∶500 的地形图。在此基础上，摸清原地形与周围环境之间的相互关系，为假山设计做好准备，并计算荷载对周边环境带来的影响；收集水文、地质、气象资料，了解水质、地下水位高低、土壤的物理化学性质和光照、降雨、温度、风等环境因素的具体参数以及地面原有建筑物、道路、水体及植物种植情况；收集地下管线资料，主要包括给水、排水、电力、电信、热力和燃气等。

2）模型制作

用制作模型的方法进行假山设计，其优点是直观形象，而且在制作模型的过程中可根据具体形态不断分析调整，以达到最佳的景观效果，特别适用于复杂的大型假山的设计。一般制作模型的材料有黏土、橡皮泥、泡沫板、塑料板、纸板或纸浆等，过程为选择性取土→绘制设计图纸→按图粗制模型→模型缠纱涂石膏→面层着色处理（图2-23）。

图2-23 假山模型制作过程

3）人工塑石的构造

人工塑造的山石，其内部构造有钢筋铁丝网结构和砖石填充物结构两种形式。

（1）钢筋铁丝网塑石

如图2-24(a)所示，钢筋铁丝网塑石先要按照设计的岩石或假山形体，用直径为12 mm左右的钢筋编扎成山石的模胚形状，作为其结构骨架。钢筋的交叉点最好用电焊焊牢，然后再用铁丝网蒙在钢筋骨架外面，并用细铁丝紧紧地扎牢。接着，用粗砂配制的1∶2水泥砂浆，从石内、石外两面进行抹面。一般要抹面2～3遍，使塑石的石面壳体总厚度达到4～6 cm。采用这种结构形式的塑石作品，石内一般是空的，以后不能受到猛烈撞击，否则山石容易遭到破坏。

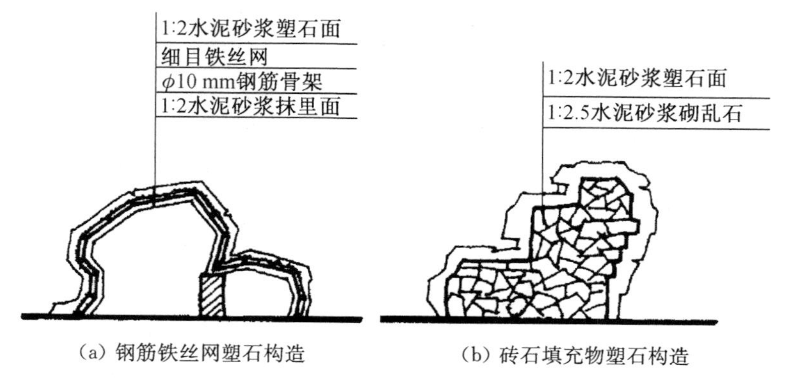

(a) 钢筋铁丝网塑石构造　　(b) 砖石填充物塑石构造

图 2-24　钢筋铁丝网塑石构造与砖石填充物塑石构造

施工过程为放样开线→挖土方→浇混凝土垫层→焊接钢骨架→做分块钢架、铺设钢丝网→双面混凝土打底→造型→面层批荡及上色修饰→成形。

(2) 砖石填充物塑石

砖石填充物塑石构造如图 2-24(b)所示，先按照设计的山石形体，用废旧砖石材料砌筑起来，砌体的形状与设计石形大致相同。为了节省材料，可在砌体内砌出内空的石室，然后用钢筋混凝土板盖顶，留出门洞和通气口。当砌体胚形完全砌筑好后，用 1∶2 或 1∶2.5 的水泥砂浆仿照自然山石石面进行抹面。以这种结构形式做成的人工塑石，有实心的，也有空心的。

施工过程为放样开线→挖土方→浇混凝土垫层→砖骨架→打底→造型→面层批荡及上色修饰→成形。

(3) 塑石的抹面处理

人工塑石能不能够仿真，关键在于石面抹面层的材料、颜色和施工工艺水平。要仿真，就要尽可能采用相同的颜色，并通过精心的抹面和石面裂纹、棱角的精心塑造，使石面具有逼真的质感，才能达到做假如真的效果。用于抹面的水泥砂浆，应当根据所仿造山石种类的固有颜色，加进一些颜料调制成有色的水泥砂浆。例如，要仿造灰黑色的岩石，可以在普通灰色水泥砂浆中加炭黑，以灰黑色的水泥砂浆抹面；要仿造紫色砂岩，就要用氧化铁红将水泥砂浆调制成紫色；要仿造黄色砂岩，则应在水泥砂浆中加入柠檬铬黄；而氧化铬绿和钴蓝，则可在仿造青石的水泥砂浆中加进。水泥砂浆配制时的颜色应比设计的颜色稍深一些，待塑成山石后其色度会稍稍变得浅淡。石面不能用铁抹子抹成光滑的表面，而应该用木制的砂板作为抹面工具，将石面抹成稍稍粗糙的磨砂表面，才能更加接近天然的石质。石面的皴纹、裂缝、棱角应按所仿造岩石的固有棱缝来塑造。如模仿的是水平的砂岩岩层，那么石面的皴裂及棱纹中，在横的方向上就多为比较平行的横向线纹或水平层理；而在竖向上，则一般是仿岩层自然纵裂形状，裂缝有垂直的也有倾斜的，变化就多一些；如果是模仿不规则的块状巨石，那么石面的水平或垂直皱纹裂缝就应比较少，更多的则是不太规则的斜线、曲线、交叉线形状。

总之，石面形状的仿造是一项需要精心施工的工作，它对施工操作者仿造水平的要求很高，对水泥砂浆材料及颜色的配制要求也是比较高的。

(4) CFRC 人工塑石

20 世纪 70 年代，英国首先制作了聚丙烯腈基(PAN)碳素纤维增强水泥基材料的板材，并应用于建筑，开创了 CFRC 研究和应用的先例。在所有元素中，碳元素在构成不同结构的能力方面几乎是独一无二的。这使碳纤维具有极高的强度，高阻燃，耐高温，具有非常高的拉伸模量。CFRC 人工岩就是把碳纤维搅拌在水泥中制成的碳纤维增强混凝土。CFRC 人工岩与 GRC 人工岩相比较，其抗盐浸蚀、抗水、抗光照等能力方面均明显优于 GRC，并具抗高温、抗冻融干湿变化等优点。因此其长期强度保持力高，是耐久性优异的水泥基材料，适用于建造河流、港湾等各种自然环境的护岸、护坡。由于其具有电磁屏蔽功能和可塑性，因此亦可用于隐蔽工程等，更适用于园林假山造景、彩色路石、浮雕、广告牌等各种景观的再创造。

参考文献

1. 张松尔. 园林塑石假山设计 100 例[M]. 天津：天津大学出版社，2012.
2. 毛培琳，朱志红. 中国园林假山[M]. 北京：中国建筑工业出版社，2004.
3. 计成. 园冶图说[M]. 赵农，注释. 太原：山东画报出版社，2003.
4. 彭一刚. 中国古典园林分析[M]. 北京：中国建筑工业出版社，1986.
5. 余树勋. 园中石[M]. 北京：中国建筑工业出版社，2004.
6. 陈远吉，李娜. 园林工程施工技术[M]. 北京：化学工业出版社，2012.
7. [美]简・布朗・吉勒特. 彼得・沃克[M]. 姚香泓，等译. 大连：大连理工大学出版社，2006.
8. 刘滨谊.《图解人类景观——环境塑造史论》译者序[J]. 同济大学学报(社会科学版)，2007(3)：2.
9. Young D E，Young M，Simmons B，et al. The art of the Japanese garden[M]. North Clarendon：Tuttle Publishing，2005.
10. [美]尼古拉斯・丹尼斯，凯尔・布朗. 景观设计师便携手册[M]. 刘玉杰，等译. 北京：中国建筑工业出版社，2002.
11. [美]里尔・莱威，彼得・沃克. 彼得・沃克：极简主义庭园[M]. 南京：东南大学出版社，2003.

思考题

1. 石景的作用与类型有哪些?
2. 石景设计该遵循什么原则?
3. 石景的材料有哪些?
4. 请列举传统与现代石景构造设计上各存在什么特点?
5. 传统石景施工分为哪几部分? 施工时应注意哪些问题?
6. 请举一二例人工塑山的做法。
7. 石景设计施工图实训——假山设计与模型制作。

目的：

(1) 通过实训，使学生基本了解假山造型的基本原理。

(2) 掌握假山模型制作要点。

(3) 熟悉某一类石材的基本特性。

内容：

(1) 熟悉假山环境对假山或置石造型的影响。

(2) 假山或置石设计图的绘制。

(3) 将设计图转化成立体的假山或置石模型。

(4) 假山或置石模型制作的一般步骤和模型的装饰。

要求：

每人独立进行假山或置石设计和模型制作。绘制 1∶50 或 1∶100 假山平面图、立面图，并附设计说明。制作 1∶50 或 1∶100 假山模型一份。

3 水景构造设计

本章导读：本章主要介绍了水景的类型、设计原则，以及材料与构造设计。水景按照水体的形态，可以划分为自然式水景和规则式水景；按照水流的状态，可以分为静态水景和动态水景。水景设计应遵从生态原则、心态原则、文态原则以及形态原则四大原则。重点掌握静水(湖泊、水池)、溪流、落水、喷水以及水岸(驳岸、护坡)设计的要点和构造。

3.1 水景的分类

水体的存在是多样的，“举之如柱，喷之如雾，挂之如布，旋之如涡”都是用来形容水在自然界存在的形式。园林景观水景的主要类型有湖、池、潭、沼、汀、溪、涧、洲、渚、港、湾、瀑布、跌水等，按照水体的形态，可以分为自然式水景和规则式水景；按照水流的状态，可以分为静态水景和动态水景。

3.1.1 按平面形式划分

1) 自然式水景

自然式水景是园林景观中保持天然或仿造天然形态的河、湖、溪、涧、泉、浦等，其平面形状自然曲折、轮廓柔美(图 3-1)。这种形式的水体因形就势，水体随地形变化而变化，讲究“疏源之去由，察水之来历”，有聚有散，有直有曲，有动有静。自然水岸为自然曲线的

图 3-1 自然式水景

倾斜坡度，驳岸主要采用自然山石驳岸、石矶等形式，在建筑附近或根据造景需要也可以部分用条石砌成直线或折线驳岸。

2）规则式水景

规则式的水景平面多为几何形，多由人为因素形成（图 3-2），如运河、水渠、方潭、园池、水井以及几何形体的喷泉、叠水、瀑布等，不宜单独成景，但运用较为灵活，不受空间局限，常与山石、雕塑、花坛、花架等园林小品组合成景。

图 3-2　规则式水景

3.1.2　按表现状态划分

1）静态水景

静态水景通常是指不流动、水面相对静止，或流动相对缓慢、水面相对平静的水体，包括湖泊、水池、湿地、潭、塘、井等（图 3-3）。静态水景尤其是大面积的静水水体，具有光效应，能反映出倒影、粼粼的微波和水光，丰富了景观层次，扩大了景观视觉空间，增添了虚与实、明与暗的对比，增强了空间的韵味，给人以明洁、恬静、平和、开朗、舒缓、清幽等感受。

图 3-3　静态水景

2）动态水景

动态水景是水体在高低落差或压力作用下产生流动、跌落、喷出的运动状态，常见的动态水体有三种：流动水体，如河流、小溪；跌落水体，如瀑布、水幕；喷出水体，如喷泉、涌泉、喷雾等。动态水景可以使环境显现出活跃的气氛和生机勃勃的景象，同时由于水体流动、跌落、喷出能够产生音响效果，具有水声效应，给人以声形兼备的视觉与听觉感受。

（1）流水

流水是由于地势、地形高低落差，使水体产生一定的势能，沿地表斜面流动而形成的景观（图 3-4）。其动态效果受地势、地形、水量等的影响。自然界中最常见的流水形式是河流、溪流。园林景观设计中常以溪流为主，辅以滨水植物和置石等造景元素。流水舒缓亲切，景致幽静深邃，自然郊野气息浓厚。

图 3-4　流水

（2）落水

落水是水体从高地势垂直流落下来形成的水体景观，多以瀑布和跌水的形式存在，或气势磅礴，或柔顺洒脱。水体的坠落还具有较好的声乐效果，如同一章美妙的交响乐。跌水是落水的另一种常见形式，其水流沿阶梯或斜面滑落，多依于人工构筑物（图 3-5）。

图 3-5　落水

（3）喷水（压力水）

喷水是水体因受到压力而喷出，形成喷泉、涌泉、喷雾、水幕等景观效果，又称压力水。随着技术的进步，喷水也越发多样，给人以不同的视听体验感受（图 3-6）。

喷水按池体分为普通喷水和旱池喷水两种类型。普通喷水是比较常见的形态，一般有水池喷水、浅池喷水、自然喷水、舞台喷水等表现形式，其特点是喷水置于水池容器中；旱池喷水是将喷头等设备隐藏于地面以下，工作时可形成水体景观，不工作时可作为活动场地使用。与普通喷水相比，旱喷的灵活性和亲水性更佳。

图 3-6　喷水

喷水按控制形式分为光控喷水、电控喷水、电脑自动控制喷水三种类型。它们都有共同的特征，就是可以在不同的时间配合灯光或音乐的变换，以不同的水景形态出现，除了本身的动感之外，更添加了千姿百态的变化情趣。

3.2　水景的设计原则

总体而言，水景设计是以遵循自然生态平衡、合理把握场地环境和人性需求功能为前提，利用水体各种形态特征与环境景观有机结合，通过视觉、听觉、触觉等感官刺激，给人们以心理和生理上的多重满足。

3.2.1　生态原则

充分尊重场地自然资源禀赋和立地条件，因势利导，顺应自然，以最小干预为准则，保留场地原有水体特征，将原生生态破坏降至最低；水系应尽量保持流动，确保水质；对景观中人工水体的规模应把握适度，驳岸与水底处理应尽量采用自然元素和生态手段，避免采用污染水体物质；景观用水应优先考虑循环用水与中水、雨水利用，以节约用水为准则，并融入海绵城市生态理念(图 3-7)。

图 3-7　海绵城市生态理念(旱溪)

3.2.2　心态原则

现代人需求的多样性、心理的不定性和行为的复杂性决定了水景形式的多样化(图 3-8)。在符合场地景观环境特征和氛围的同时，水景设计还应通过形态变化、使用材料、表达形式、设计风格等的多样性满足不同人群和不同使用功能的需求；注重公共参与，人性化的创造近水、观水、亲水、戏水等亲密体验空间，突出观赏性和娱乐性；必须特别重视水景的安全问题，尤其是儿童爱好嬉水，对嬉水区的水深、材料防滑性、踏步高低、水体洁净度以及护栏、驳岸等都必须充分考虑。

图 3-8　水景的多样性

3.2.3　文态原则

水是文化传承的载体，传统园林中的景观设计和语言表达都以自然为始终，水景以表现自然水景形态为主体，其设计建造充分展示了人对自然的认知和审美情趣。在现代园林景观中，时常采取“隐喻”的设计手法，通过符号与空间形式等元素，体现丰富的人文内涵和设计感悟。具有地域特色或是传统文化特征的水景对“原住居民”具有亲和力与向心力，同时也可以增强外来游客的环境可识别性和城市印象(图 3-9)。

图 3-9　城市标志性水景

3.2.4　形态原则

在景观中，往往以水作为整体空间秩序中的景观主脉，或作为加强空间秩序的轴线。线形水景具有很强的引导性，经常被用来组织空间、引导人流的活动。水景的丰富形态、体现的内涵很容易使之成为视觉焦点和主题内容，结合雕塑、小品等要素，适当的引导和铺垫还能形成空间的高潮(图 3-10)。水有平静、流动、跌落和喷涌四种基本形式,反映了水从源头(喷涌状)到过渡的形式(流动状),再到终结(平静状)的一般趋势。即使是同一种形式的水景,因配置不同的动力水泵或各式喷头,又会形成大小、高低、急缓不同的水势或喷水效果。因而在设计中,要先研究环境的要素,从而确定水景的形式、形态、平面及立体尺度,形成和谐的量、度关系,构成主景、辅景、近景、远景的丰富变化。

图 3-10　水景的空间组织

此外,水景设计还要考虑技术保障的可靠性、运行的经济性等原则。水景最终的效果必须依靠专业的工程技术来综合保障,包括土建结构(池体及表面装饰)、给排水(管道阀门、喷头水泵)、电气(灯光、水泵控制)、环境(水质的控制)等,各专业都要注意实施技术的可靠性。此外,不同的景观水体、不同的造型、不同的水势,所需的能量供应是不一样的,需要通过优化组合与搭配、动与静结合、按功能分组等措施,确保系统运行的经济性。

3.3　水景的材料与构造设计

3.3.1　静水(湖、池)

1)静水设计要点

湖泊与水池是静水的两种主要类型,其设计要点主要包括形态、水质、水深、水岸、水底、溢流和设备等内容,见表 3-1。

表 3-1　湖泊与水池设计要点

设计内容	设计要点
形态	分为几何规则式和自然式两类,自然式又可分为肾形、葫芦形、兽皮形、钥匙形等多种形态(图 3-11)
水质	根据功能控制水质标准和应对措施,可依据水体的不同功能根据《景观娱乐用水水质标准》(GB 12941—91)确定
水深	湖泊与水池的水深主要根据其功能、造景效果、安全要求等确定,如戏水应低于 30 cm,以确保安全;养鱼水深应大于 30 cm;行船则应满足通行船只的吃水深度。在同一湖泊与水池也可划分不同区域以满足不同的功能,或利用不同水深的组合形成不同的功能区域

续表 3-1

设计内容	设计要点
水岸	规则式水池可根据周边环境处理成不同的形式，自然湖泊水岸有时需要考虑防渗处理，详见本章第 3.3.5 节“水岸（驳岸、护坡）”内容
水底	自然湖泊的池底设计一般应考虑防渗，采用在防水材料上覆土（柔性防水）或混凝土（刚性防水）的方法，详见本节“水底材料与构造”；当地下水位高于池底或者基层不透水（基层渗透力小于 0.09 m/s）时，可不进行防渗处理
溢流	自然式湖泊一般通过水闸等进行水位控制，规则式水池则需要考虑设置溢流口或溢流壁进行溢流，一般溢流口可分为堰口式、连通管式、漏斗式等（图 3-12）
设备	人工水池一般需要包括水体供给设备、循环设备、排放清污设备、照明与供电设备、过滤与增氧设备等的配给与布置（图 3-13）

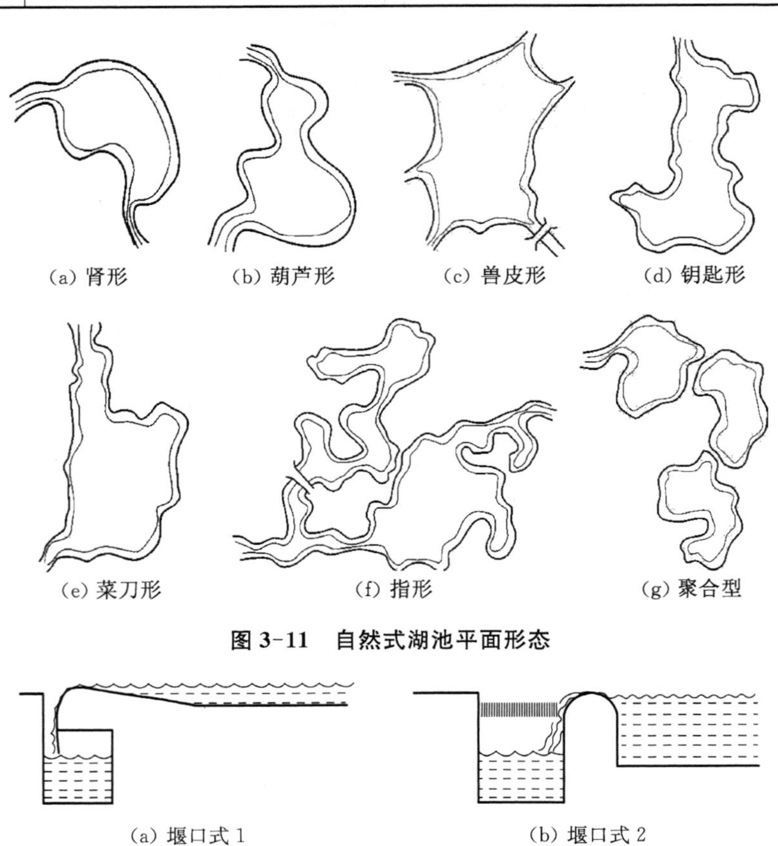

(a) 肾形　(b) 葫芦形　(c) 兽皮形　(d) 钥匙形

(e) 菜刀形　(f) 指形　(g) 聚合型

图 3-11　自然式湖池平面形态

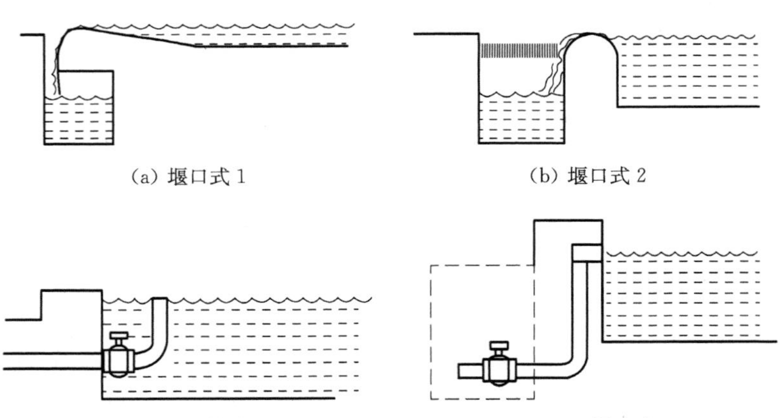

(a) 堰口式 1　(b) 堰口式 2

(c) 连通管式　(d) 漏斗式

图 3-12　规则式水池溢流口

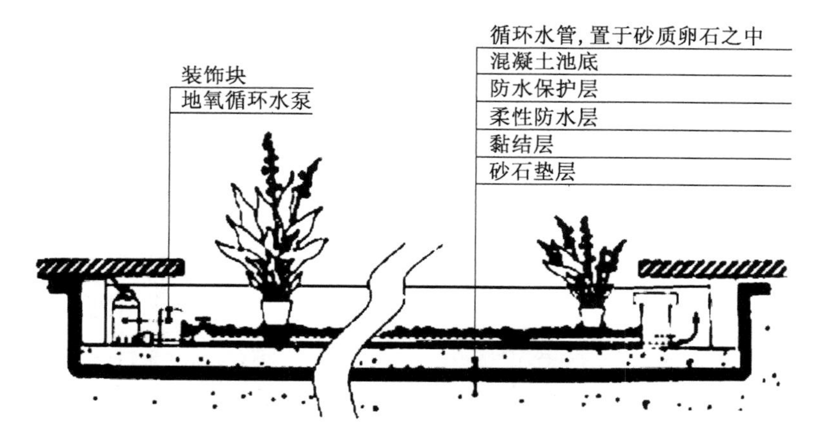

图 3-13　人工水池的循环给氧设备

2）水底材料与构造

(1) 柔性池底

由下而上,柔性池底结构一般包括基层、防水层、保护层、覆盖层四个部分(图 3-14)。

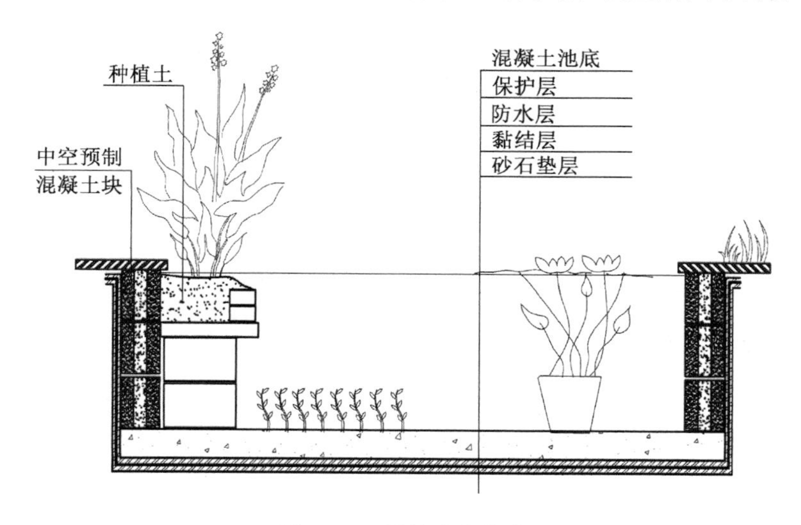

图 3-14　柔性池底构造

基层:采用的材料一般有素土、砂砾和卵石。一般土层经碾压平整即可(素土夯实),砂砾或卵石基层经过碾压平整,必须再铺 15 cm 细土层。

防水层:主要有聚乙烯防水毯、聚氯乙烯(PVC)防水毯、三元乙丙橡胶(EPDM)、膨润土防水毯、赛柏斯掺和剂、土壤固化剂等材料。

保护层:在防水层上平铺 15 cm 过筛细土,以保护防水层不被破坏。

覆盖层:在保护层上覆盖 50 cm 回填土,防止防水层被撬动。

(2) 刚性池底

刚性池底一般采用钢筋混凝土做结构层,表面采用卵石、面砖、大理石等装饰材料(图 3-15)。

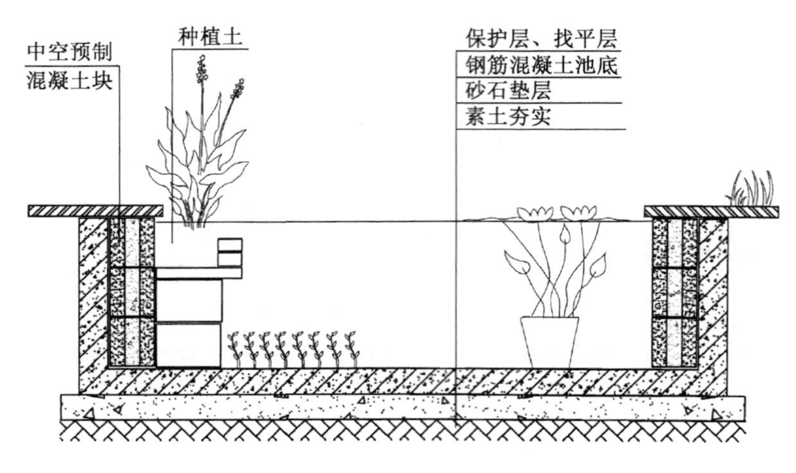

图 3-15 刚性池底构造

(3) 常见水景工程池底构造

常见水景工程根据其规模、工艺等，分为小型水池、大中型水池、防止地基下沉水池、屋顶上水池、黏土底水池等类型。池底构造见图 3-16。

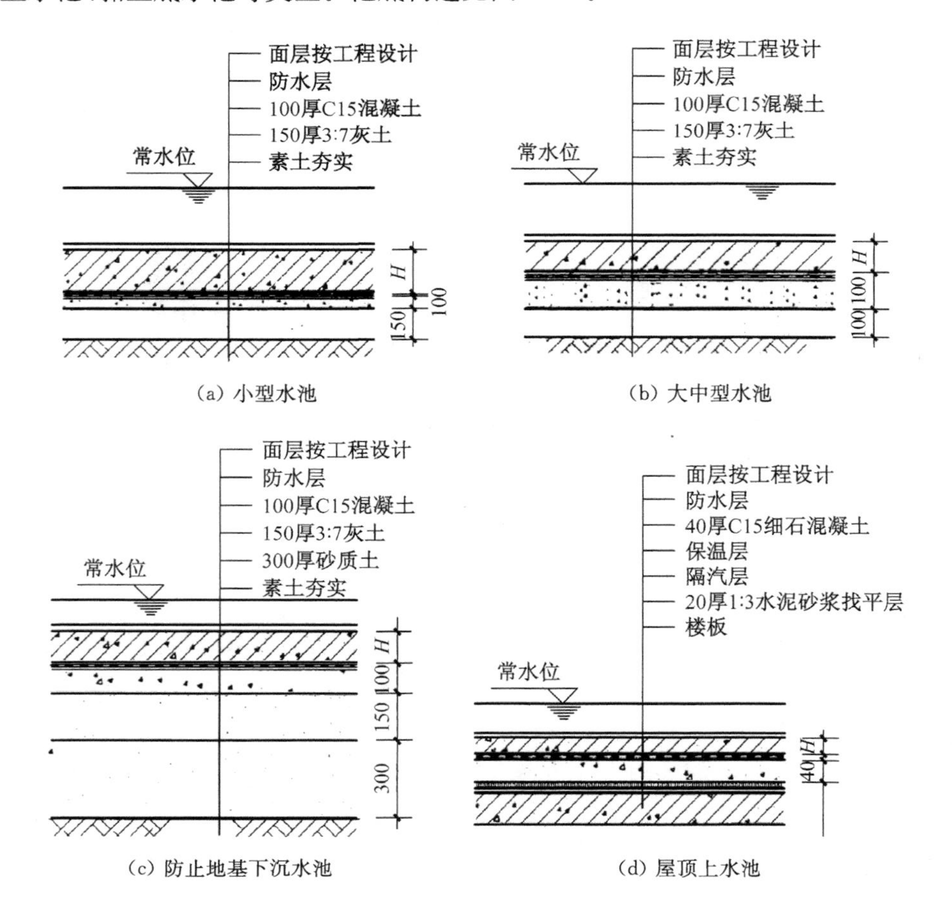

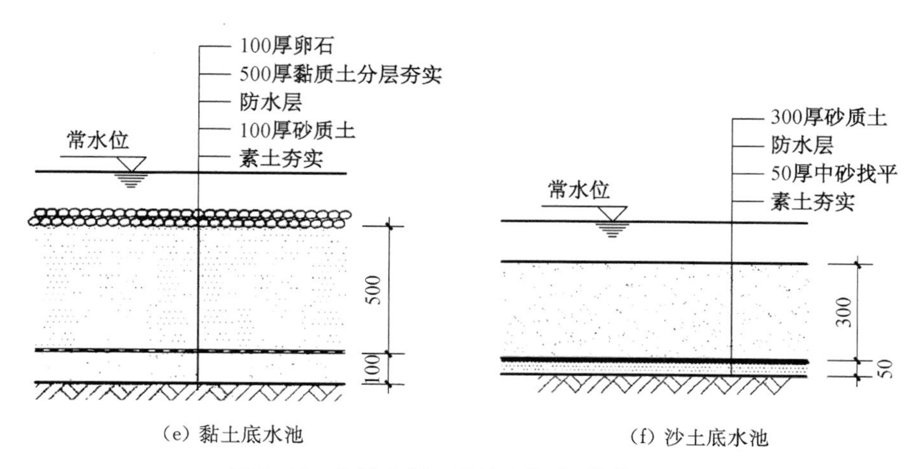

(e) 黏土底水池　　　　　　(f) 沙土底水池

图 3-16　常见水景工程池底构造(单位:mm)

注:H 表示面层厚度,按设计值定。

(4) 人工湖防水要点

① 根据地域不同采用不同的防水材料,通常采用聚乙烯(PE)膜、复合膜防水毯或膨润土防水毯。严寒地区推荐使用膨润土防水毯。

② 防水材料铺设:

防水材料下方铺设 80～100 mm 厚缓冲层,基础必须做夯实处理。

防水材料上方铺 50 mm 厚缓冲层,再用薄膜覆盖后浇筑 100 mm 厚素混凝土。

PE 膜、复合膜防水毯上下方缓冲层使用沙,膨润土防水毯上下方缓冲层使用黏土。

施工时注意每层材料要铺设平整,要去除尖刺物,不产生折、弯。

③ 人工湖基础的稳定层必须做好,可采用打桩、加凝固物等方式并结合当地经验进行加强处理。

④ 地下水位高的地区,为保证人工湖基础的稳定性,要考虑排气泄压及疏水处理,可在人工湖结构层以下区域布置排气、疏水管网配套。盐碱地区人工湖底应加设排盐碱管网措施。管网布置密度可根据实际情况确定,并就近排入市政管网。

⑤ 湿陷性黄土地区水景采用钢筋混凝土整体结构。

⑥ 严寒地区人工湖驳岸的基础需下挖至冻土层以下,并注意驳岸内外侧工作面的回填处理,其中驳岸人工湖内侧回填需掺入 6%～8%的石粉混凝土。

⑦ 人工湖驳岸侧壁与底部防水材料转角位的处理要注意,侧壁增加单砖墙保护,防水材料高于侧壁并翻转反压固定。

⑧ 同一人工湖体如设置在不同结构层上,湖底做法必须分开并结合缩缝、胀缝措施处理好交接缝。

⑨ 人工湖漏水判断依据:

非干旱区:日均蒸发量约为 0.5 cm。

干旱区:日均蒸发量不超过 1 cm。

严重干旱区:日均蒸发量约为 1.5 cm。

以上数据为连续 7 天监测的平均值，如遇降雨，需重新测量。各项目具体数值依据区域及季节的不同进行调整。

3.3.2 溪流

1）溪流设计要点

园林景观设计中的流水常以溪流为主，水体依靠重力从高处流向低处。溪流分为可涉入式和不可涉入式两种。在狭长形的园林用地中，一般采用溪流的理水方式比较合适。通常根据竖向高差、水量、流速、水体循环、道路和设施的布局等确定溪流的形态与走向以及溪流的宽度、水深、河床坡度、水岸、节点（表 3-2）。

表 3-2 溪流设计要点

设计内容	设计要点
水质	根据功能控制水质标准和应对措施，可依据水体的不同功能根据《景观娱乐用水水质标准》(GB 12941—91)确定
宽度/水深	根据水量、形态、长度等确定溪流的宽度/水深，溪流宽度宜在 1～2 m，水深一般为 0.3～1 m，出于安全因素考虑，可涉入式溪流的水深应小于 0.3 m，同时水底应做防滑处理。一般流段的水深为 5～10 cm，为了增加流水的气势，水深可增加至15～20 cm；主要节点处形成的水潭、池塘等则根据其功能具体确定。溪流的形态应根据环境条件、水量、流速、水深、水面宽和所用材料进行合理的设计
水岸	在统一规划的基础上，根据造景及功能需求进行局部变化和材料选择，建议采用自然材料。岸边栽植湿生和水生植物。溪流水岸宜采用散石和块石，并与水生或湿生植物的配置相结合，以减少人工造景的痕迹
水底	可选用卵石、砾石、石料等铺砌处理，在减少清扫次数的同时展现溪流的自然风格
坡度	普通溪流的坡度宜为 0.5%，急流处为 3%左右，缓流处不超过 1%。水深超过 0.4 m 时，应在溪流边设立防护措施（如石栏、木栏、矮墙等）。一般园林工程建设中地面排水的坡度为 0.5%～0.6%，能明显感觉到水流动的坡度最小为 3%，一般设计坡度为 1%～2%，在无护坡的情况下，坡度不宜超过 3%。有工程措施处理的溪流坡度超过 10%时，在床底设置一定数量的石头等阻挡，可激起水花，产生激悦的声响，形成声景相容的特别效果
防渗	人工溪流的水滴与水岸一般应设防水层，防止溪流渗漏
设备	根据水源、水体功能等配给与布置供给设备、循环设备、排放清污设备、照明与供电设备、过滤与增氧设备等。可供儿童嬉水的溪流，应安装水循环和过滤装置。不可涉入式溪流宜种养适应当地气候条件的水生动植物，以增强观赏性和趣味性

溪流是提取山水园林中溪涧景色精华，再现于城市园林之中的一种水流形式。园林中的溪流两岸常点缀以疏密有致的大小石块；在两岸土石之间，栽植一些耐水湿的植物，构成极具自然野趣的景象。

居住区里的溪涧是回归自然的真实写照。小径曲折，溪水忽隐忽明，因落差而造成的流水声音叮咚作响，令人仿佛亲临自然。为了使居住区内环境景观在视觉上更为开阔，可适当增大宽度或使溪流蜿蜒曲折。而溪流的坡度应根据地理条件及排水要求而定。

2）溪流材料与构造

溪流建造材料一般建议采用卵石、砾石、石块等自然材料，展现自然流水之美，如采用人工材料也宜通过水岸栽植等进行柔化（图 3-17）。

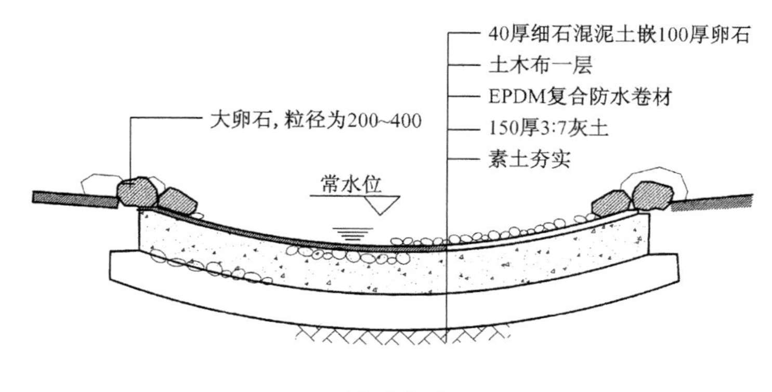

(a) 自然型

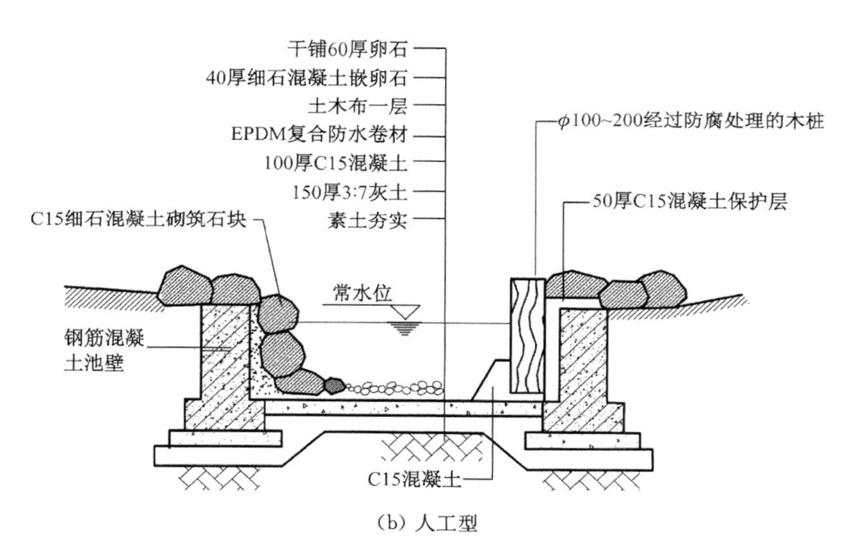

(b) 人工型

图 3-17　常见溪流构造（单位：mm）

3.3.3　落水

1）落水设计要点

落水又称瀑布或跌水，因地势高低和蓄水能力的影响，水流从高处向低处下落，形成线落、布落、跌落、层落、壁落等形态。落水从高处向低处垂直或较大角度落下的形态，可作为视线的焦点或景点观赏的引导，赋予园林以生命，从而产生独特的艺术感染力。

落水可分为自由落式、跌落式、滑落式三种形式。其设计要点主要包括落水形式、水量、落水口、瀑身、承瀑台、补水口和设备等内容（表 3-3）。

2）落水材料与构造

常见落水主要有瀑布、跌水等类型，其构造分别如图 3-18、图 3-19 所示。

表 3-3　落水设计要点

设计内容	设计要点
落水形式	自由落式、跌落式、滑落式
水量	落水量与落差成正比，即落差越大，所需水量越多。通常布落瀑布、滑落瀑布水厚一般为 3～5 mm；普通瀑布水厚 8～10 mm；气势恢宏的瀑布水厚 15～20 mm；泪落、线落瀑布水量可适当减少
落水口	可能通过平面与空间形态、材料、质地等形成多种类型的落水口形式
瀑身	对瀑身竖向空间的设计
承瀑台	可为水潭或池塘直接承瀑，也可设置如台阶式、自然式等多种类型的承瀑台进行承瀑，以消减落水的势能对落水池的破坏
补水口	为了减小补水对瀑布形态的冲击影响，可采用连通管、多孔管等进行补水
循环	人工落水一般需通过水泵来实现落水的循环和调节水循环速度，可单独设置泵房，亦可结合承瀑水池设置水下泵井
水质	根据功能控制水质标准和应对措施
防渗	落水池周边一般应设防水层，防止落水渗漏
设备	水体的供给设备、排放清污与增氧设备、溢流设备、照明与供电设备、过滤设备等

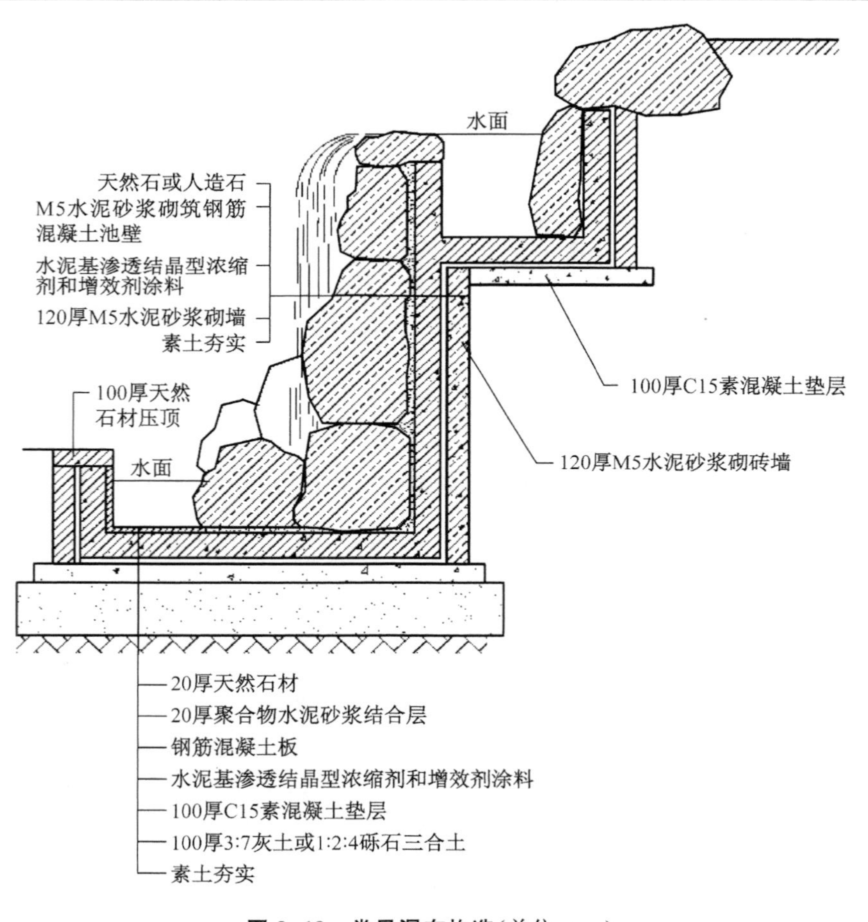

图 3-18　常见瀑布构造（单位：mm）

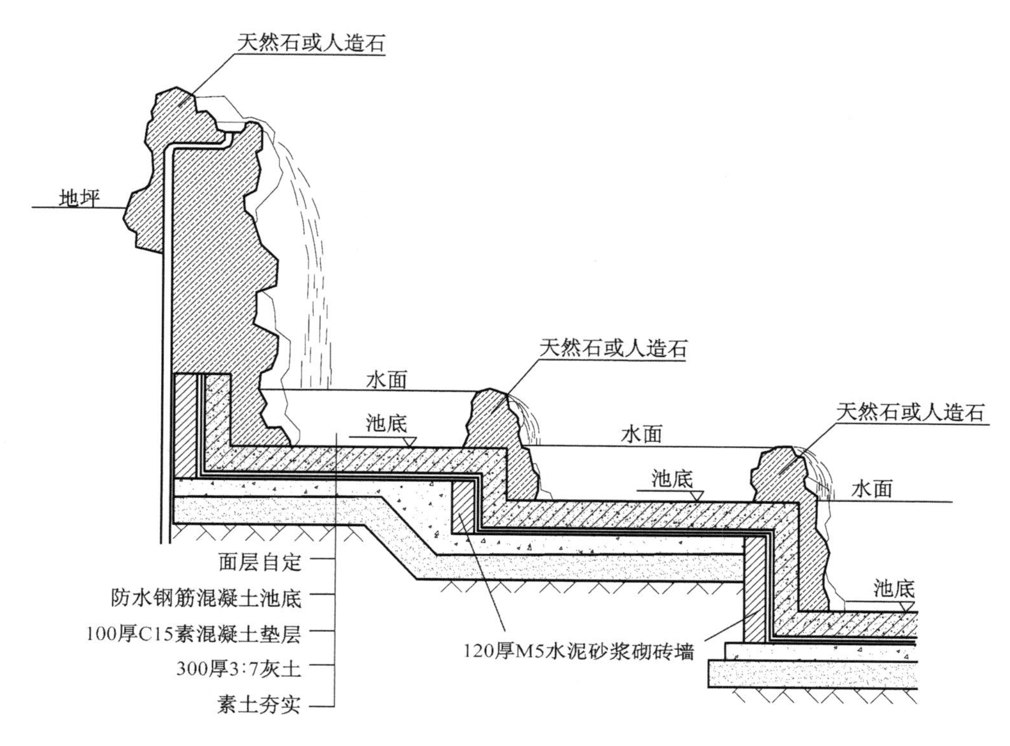

图 3-19　多级式跌水构造(单位:mm)

3.3.4　喷水

1) 喷水设计要点

自然景观中的喷水是地下承压水向地面喷射而形成的。而人工喷水是通过压力水喷涌后形成的一种造园水景工程,具有一定的工艺流程,目前被大量应用于园林景观、城市广场以及住宅小区等项目中。喷水通过其动态的造型,在丰富城市景观的同时可以改善一定范围内的环境质量,增加空气湿度,减少尘埃,降低温度,从而有益于改善城市面貌和人民的身心健康。

喷水的设计要点主要包括形式、水池、水压、循环、补水、溢流、过滤与清污、灯光照明及其他设备方面(表 3-4)。

表 3-4　喷水设计要点

设计内容	设计要点
形式	确定喷泉的平面与立面形态,选择不同的喷泉形式。由于喷水易受风吹影响而飞散,设计时应谨慎选择位置及喷水高度
水池	水池的平面尺寸需满足喷泉的全套设施,即喷头、管道、水泵、进水口、泄水口、溢水口、吸水口等;另还应考虑喷泉水柱下落、飞溅等,因而设计时水池尺寸需大于计算尺寸 500～1 000 mm,水池深度应保证其吸水口的淹没深度不小于 500 mm

续表 3-4

设计内容	设计要点
水压	根据水质和喷高选择合适的工作水压
循环	循环水泵数量、规格、布置及管道连接设备等
补水	可进行人工或自动补水
溢流	通过设置溢流口、泄水口来控制最高水位与水面排污。较大型的水池可均匀布置多个溢流口
过滤与清污	喷泉池需设置滤网等过滤设施，以防吸入尘沙等堵塞喷头；同时需设置清污泵、清污池等设施，以便定期清洗，小型喷泉清污泵可与循环泵合用，以节约造价
灯光照明	为了突出喷泉的姿态，可设置灯光照明设施，按水下彩灯的结构可分为全封闭式、半封闭式和高密封式，水下彩灯多采用 LED(发光二极管)灯
其他设备	音乐、给排水、供电等设备

2）喷水材料与构造

（1）喷头

喷头是喷水设计的一个重要组成部分，它通过喷嘴的造型设计，对压力水进行处理，从而形成不同造型的水花。由于受到水流摩擦的影响，喷头一般选用耐磨、耐锈蚀、强度较高的黄铜或青铜等材料。为了节约铜材料，也常使用耐磨和自润滑性好、加工较易且方便的铸造尼龙(己内酰胺)。但此材料目前尚存在易老化、使用寿命短等问题，因此主要用于低压喷头。

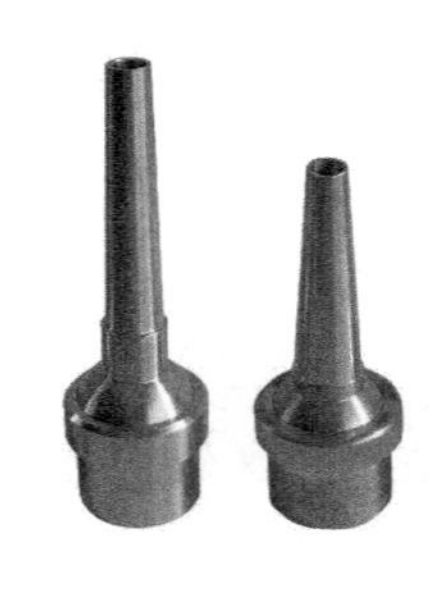

图 3-20　可调直流喷头

喷头类型主要包括直流喷头、水膜式喷头、雾化式喷头和吸气喷头四种。只有掌握足够多的喷头类型及其构造特点，才能设计出千姿百态又富有创意的喷泉形式。

① 可调直流喷头

可调直流喷头在各种场合的喷水池中应用广泛，且是音乐喷泉的必备喷头。这种喷头装有球形接头，可沿垂直方向 15°进行调节。可调直流喷头可组合各种不同形状的喷射效果，射流的高低和角度的变化可根据水池形状大小决定。喷头材质主要有铸铜、不锈钢等(图 3-20)。

② 加气玉柱喷头

玉柱喷头也被称为加气喷头、掺气喷头、吸水喷头等。这种喷头系列利用射流泵的原理，喷水时将空气吸入，以少量的水产生丰满的射流，喷出的水柱呈白色不透明状，反光效果好(图 3-21)。调节外套的高度可以改变吸入的空气量，吸入的空气越多，水柱的颜色越白、泡沫越细。喷头有球形接头，可绕中心线轴向 15°转动。喷头材质一般为铸铜、不锈钢。

图 3-21　加气玉柱喷头

③ 鼓泡喷头(涌泉)

涌泉喷头也是加气喷头的一种，又称鼓泡喷头、珍珠喷头。喷

水时能将气吸入，使水姿形成充满空气的白色水丘，水沫轻溅，古朴灵动(图 3-22)。涌泉喷头材质多为铸铜、不锈钢。

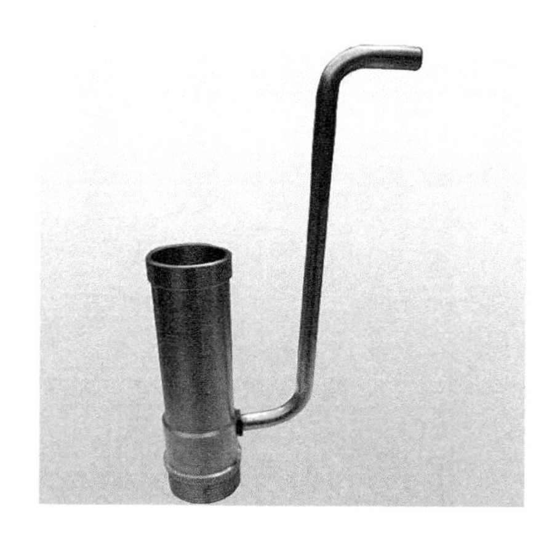

图 3-22　涌泉喷头

(2) 喷泉结构与构造

简单组合式喷泉结构如图 3-23 所示。喷泉一般和灯光设置结合，形成良好的夜景效果。水下灯式喷泉结构如图 3-24 所示。旱喷是目前很流行的一种特殊式喷泉，其结构如图 3-25、图 3-26 所示。

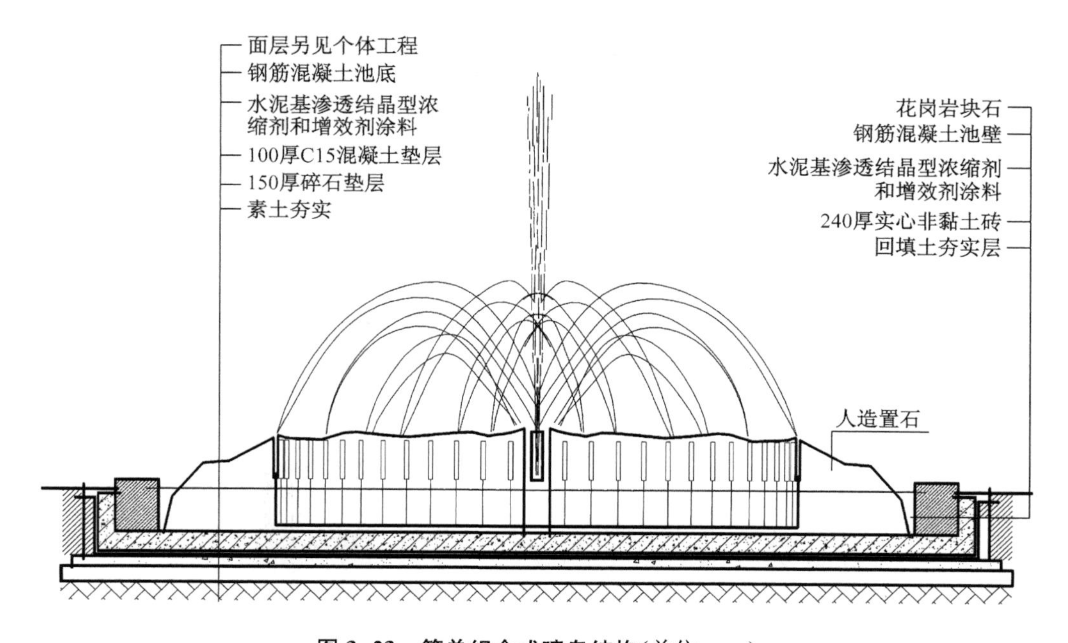

图 3-23　简单组合式喷泉结构(单位：mm)

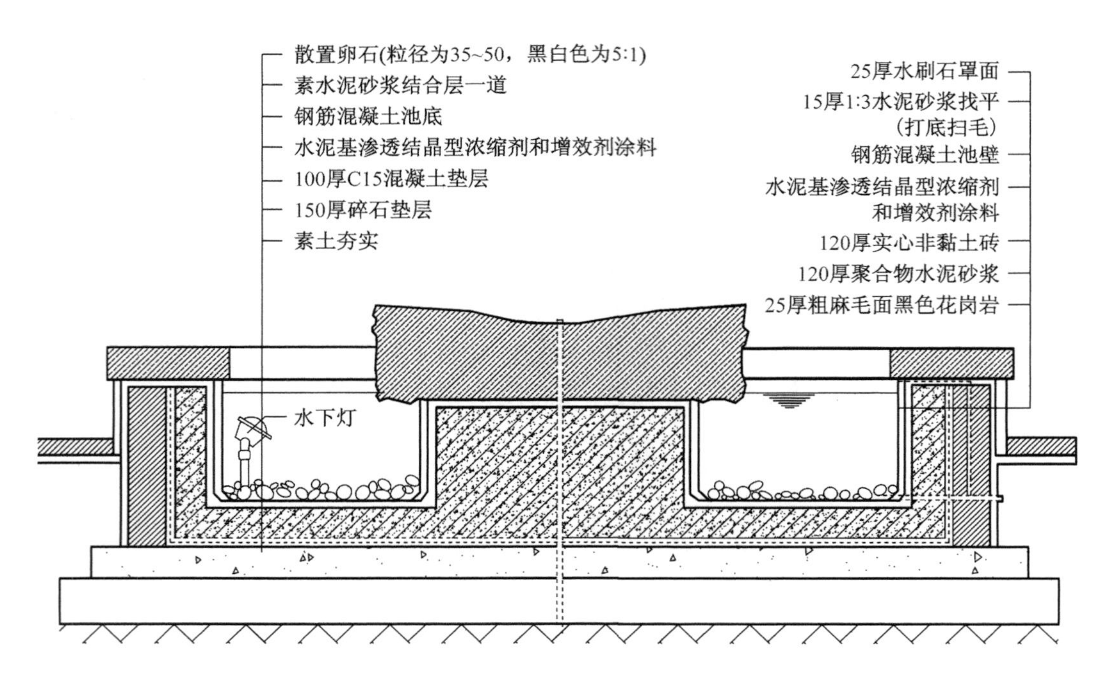

图 3-24　水下灯式喷泉结构(单位:mm)

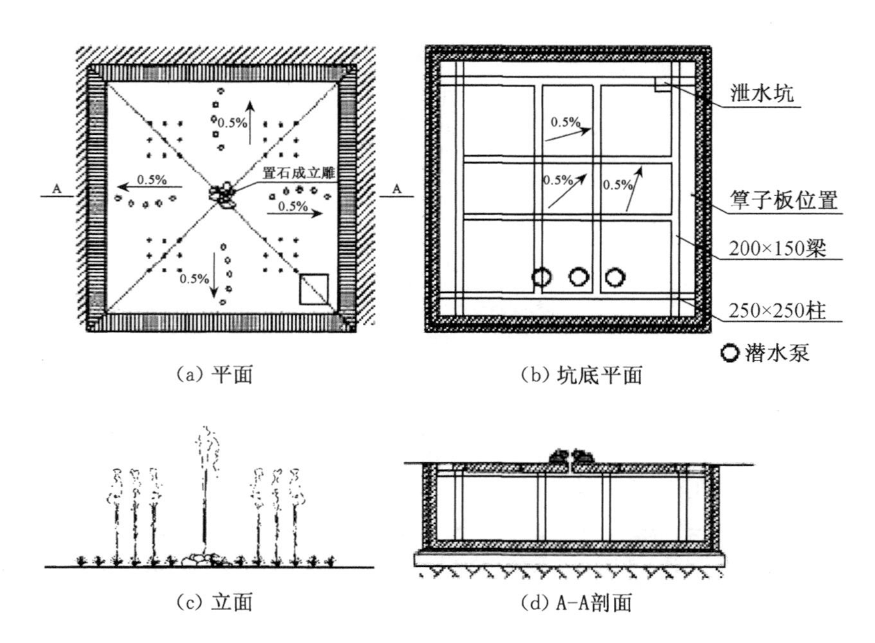

(a) 平面　(b) 坑底平面

(c) 立面　(d) A-A剖面

图 3-25　旱喷结构示例(一)(单位:mm)

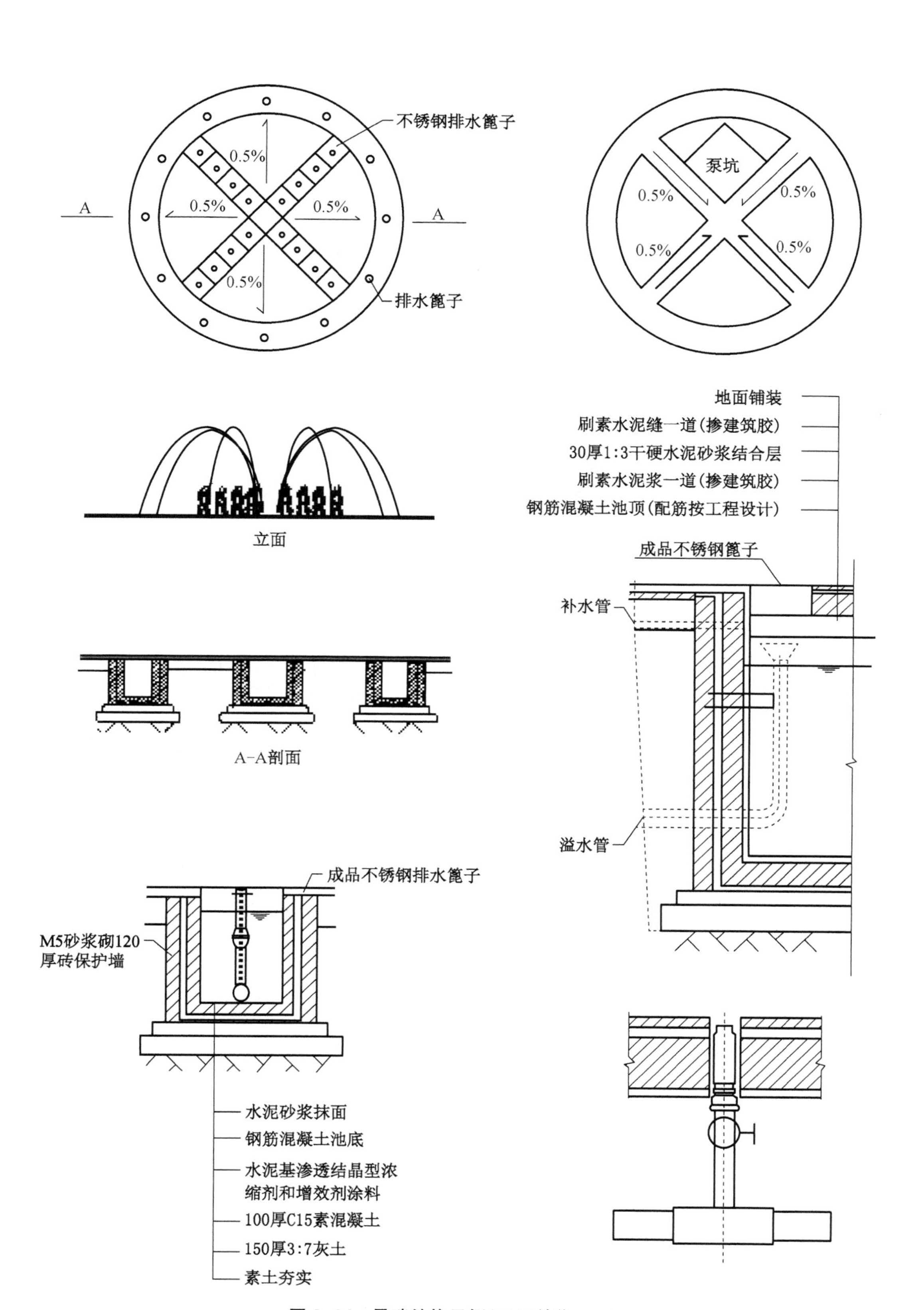

图 3-26 旱喷结构示例(二)(单位:mm)

3.3.5 水岸(驳岸、护坡)

1) 水岸设计要点

为了控制陆地与水体的范围,防止它们之间因水岸塌陷等原因造成比例失衡,以及保持景观水体岸线稳定而美观的必要,因此需要进行水岸设计。水岸设计的要点由多种要素决定,如水体功能、近岸水深、生态性、水岸形式、驳岸类型及护坡做法等(表 3-5)。其中,驳岸与护坡工程是水岸设计的重点。

表 3-5 水岸设计要点

设计内容	设计要点
功能	不同的水体具有不同的功能,如通航、净化、戏水、养殖。一切设计以保证功能为前提
近岸水深	无护栏的水体近岸 2 m 内水深不超过 0.7 m
生态	整个水岸形成一个有良好生态结构的生态交错区,主要是通过植物种植设计、水岸设计、生态驳岸设计等
岸形	主要是水岸的平面设计,需考虑防洪、游览视觉感受、景观效果等因素,同时满足功能、生态要求
驳岸	可分为硬驳岸、软驳岸和混合驳岸三大类。硬驳岸主要依靠墙自身的质量来保持岸壁稳定,抵抗墙后土壤的压力,其又分为条石驳岸、块石驳岸、混凝土驳岸、山石驳岸、卵石驳岸、塑木驳岸。软驳岸是指非硬性材料砌筑的驳岸,其又分为竹木驳岸、自然生态驳岸、台阶式人工自然驳岸。混合驳岸是使用刚性材料结合植物种植所形成的既生态又具有较高强度的驳岸
护坡	护坡是保护坡面、防止雨水径流冲刷及风浪击排的水工措施,可在临水坡岸的土壤斜坡上铺各种材料护坡,以保证岸坡稳定

2) 水岸材料与构造

(1) 驳岸材料与构造

根据材料与构造的区别,驳岸可分为条石驳岸、块石驳岸、混凝土驳岸、卵石驳岸、塑木驳岸、竹木驳岸、自然型驳岸类型,详见表 3-6,驳岸构造如图 3-27 所示。

表 3-6 驳岸的材料与构造

驳岸类型	材料与构造
条石驳岸	以条石为基础,用水泥砂浆砌大于 400 mm 厚的毛石,并用花岗岩条石做盖顶
块石驳岸	以块石为基础,用水泥砂浆砌块石,混凝土做垫层
混凝土驳岸	以混凝土或钢筋混凝土为墙体与基础,级配砂石为垫层
卵石驳岸	以钢筋混凝土为基础,水泥砂浆与防水层为中间层,最上层铺砂卵石
塑木驳岸	在钢筋混凝土驳岸的原胚上进行塑木加工而成
竹木驳岸	以毛竹竿为桩,以毛竹板材为板墙,构成竹篱挡墙
自然型驳岸	在坡脚采用石笼、木桩或浆砌石块等护岸,其上筑有一定坡度的土堤,斜坡种植植被

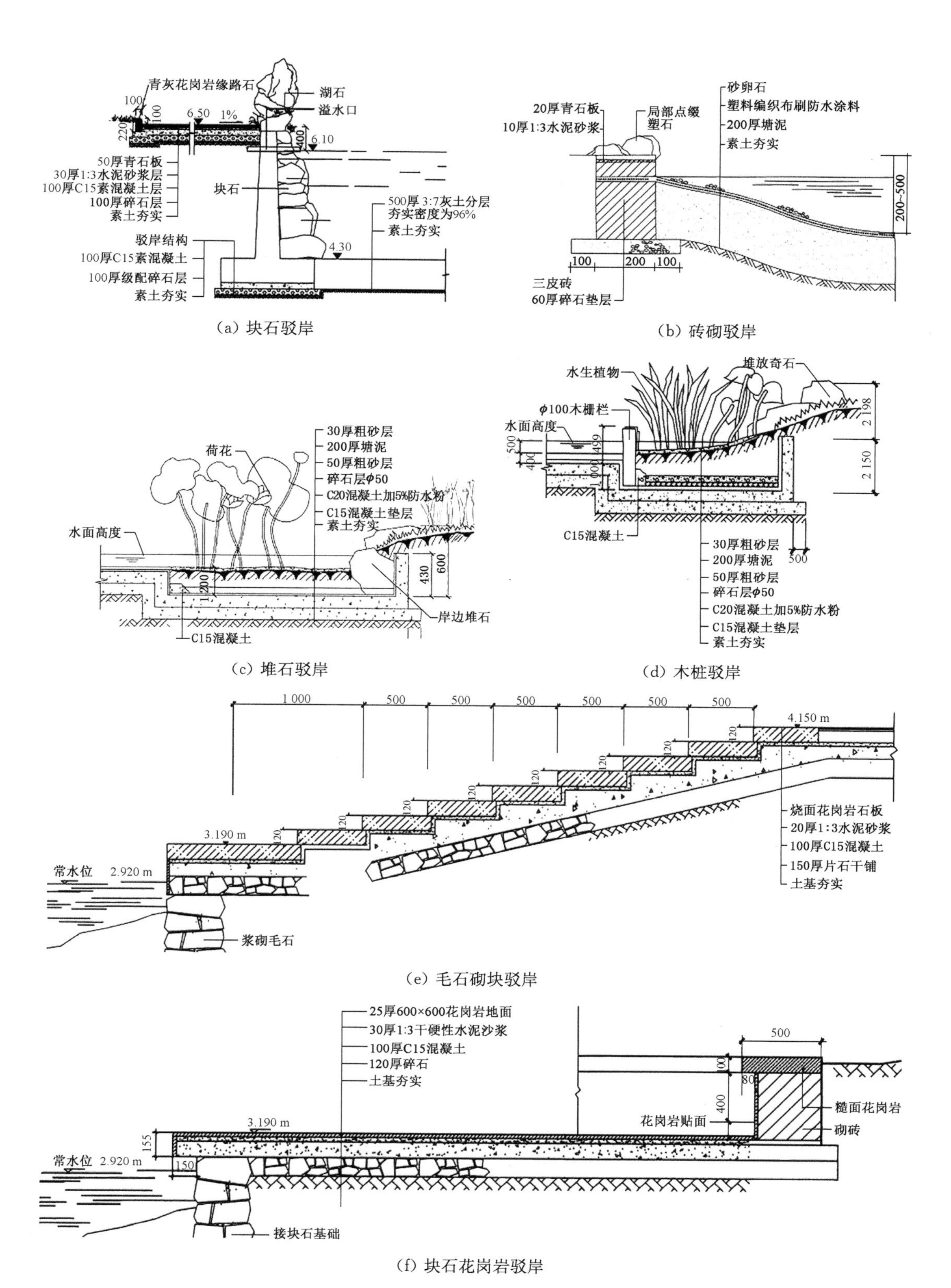

图 3-27　常见驳岸结构(单位:mm)

（2）护坡材料与构造

根据材料与构造的区别，护坡可分为抛石护坡、干砌石护坡、预制框格护坡、植被护坡、生态型护坡等类型（表 3-7）。

表 3-7　护坡的材料与构造

护坡类型	材料与构造
抛石护坡	石料应就地取材，最好选用石灰岩、砂岩、花岗岩等块石，也可用大卵石。将级配石块倾倒在坝坡垫层上，不加人工铺砌，厚度为 0.5～0.9 m。该护坡能适应坝体较大的不均匀沉陷，但护面高最好小于 2 m
干砌石护坡	选择坚固不易风化的石块，人工铺砌在碎石或砾石垫层上。由于抗冲刷能力强、经久耐用，该护坡是园林工程中常用的护坡形式
预制框格护坡	一般用预制的混凝土、塑料、铁件、金属网等材料制作框格，覆盖、固定在陡坡面上，框格内还可以植草种树，从而固定、保护坡面。该护坡适用于较高的道路、水坝、河堤边坡等的陡坡
植被护坡	一般采用草皮、灌丛或花径护坡的方式，利用植被密布土中的根系来固土。一般而言，坡面构造的顺序为（从下到上）底土层、坡面根系表土层、植被层
生态型护坡	较为常用的材料与技术包括：无砂混凝土护坡、三维土工网护坡及格宾网护坡等。一般在常水位至坡顶的区域铺设卵石并种植湿生植物；在常水位至坡脚的第二区域则散铺卵石，加强了整个坡面的整体性、景观性和生态性

参考文献

1. 深圳市北林苑景观及建筑规划设计院. 图解园林施工图系列 2：铺装设计[M]. 北京：中国建筑工业出版社，2011.
2. 孟兆祯. 风景园林工程[M]. 北京：中国林业出版社，2012.
3. 李瑞冬. 景观工程设计[M]. 北京：中国建筑工业出版社，2013.
4. 赵兵，徐振，邱冰，等. 园林工程[M]. 南京：东南大学出版社，2011.
5. [英]阿伦・布兰克. 园林景观构造及细部设计[M]. 罗福午，黎钟，译. 北京：中国建筑工业出版社，2002.
6. 郭爱云. 园林工程施工技术[M]. 武汉：华中科技大学出版社，2012.
7. 王晓俊. 风景园林设计[M]. 南京：江苏科学技术出版社，2009.
8. 高颖. 景观材料与构造[M]. 天津：天津大学出版社，2011.
9. 詹旭军，吴珏. 材料与构造下（景观部分）[M]. 北京：中国建筑工业出版社，2006.
10. 935 景观工作室. 园林细部设计与构造图集 1：地形与水景[M]. 北京：化学工业出版社，2011.
11. 吴为廉. 园林建筑工程与设计[M]. 上海：同济大学出版社，1991.
12. 赵晨洋. 景园建筑材料与构造设计[M]. 北京：机械工业出版社，2012.
13. 中国建筑标准设计研究院，上海市园林设计院. 国家建筑标准设计图集（10J012—4）：环境景观：滨水工程[S]. 北京：中国建筑标准设计研究院，2011.
14. 中国建筑标准设计研究院. 国家建筑标准设计图集（03J012—1）：环境景观：室外工程细部构造[S]. 北京：中国建筑标准设计研究院，2003.

思考题

1. 论述水景与风景园林工程其他造景元素之间的关系以及水景在人居环境建设中的作用。
2. 试比较四种水景基本类型的各自特征以及相互之间的联系与区别。
3. 试论述现代水景的时代精神和设计原则。
4. 在海绵城市建设的背景下，水景设计应该如何进行创新？
5. 试比较不同驳岸类型的构造特征以及设计适用范围。

4　亭、廊、花架构造设计

本章导读： 本章主要介绍了典型景观构筑物亭、廊、花架的构造类型、使用材料及构造方法，详细叙述了亭、廊、花架的不同分类，概述其在设计时应该遵循的设计原则，重点阐述了亭、廊、花架的构造要素、材料及构造方法。

4.1　亭、廊、花架的分类

所谓景观构筑物，指的是在园林风景中，既有使用功能，又能与环境组成景色供观赏游览的各种建筑物或构筑物、园林小品等。其中较为典型的就是亭、廊、花架。随着园林现代化设施水平的不断提高，景观构筑物的内容也越来越丰富多样，在园林中的地位也日益重要。

4.1.1　亭

亭是中国园林中应用数量最多、形式变化最为丰富的一种建筑形式，是园林造景中最重要的素材之一。无论是我国传统的古典园林，还是现代的城市园林及风景游览区中，都可以看到许多造型各异的亭子。亭子体形小巧多姿、玲珑剔透，是供人们休憩、观景的园林建筑。亭子又可以和园林中的地形、建筑、水体、植物等其他造园要素巧妙地结合，构成园林中丰富的景观，起到点景的作用。

1) 传统亭的形式

在中国景观园林中，传统亭的造型最为绚丽多姿，它的种类繁多，琳琅满目，亭亭玉立，既是园林中的重要点缀，也是供人休憩、纳凉、赏景的好去处(图 4-1)。

图 4-1　传统亭(南京甘熙故居)

(1) 按平面分

① 正多边形

正多边形(图 4-2)尤以正方形平面是几何形中最规整、最严谨、轴线布局最明确的图形。常见多为三角形亭、四角形亭、五角形亭、六角形亭、八角形亭。平面长阔比为 1∶1,面阔一般为 3～4 m。两个正方形可组成菱形。

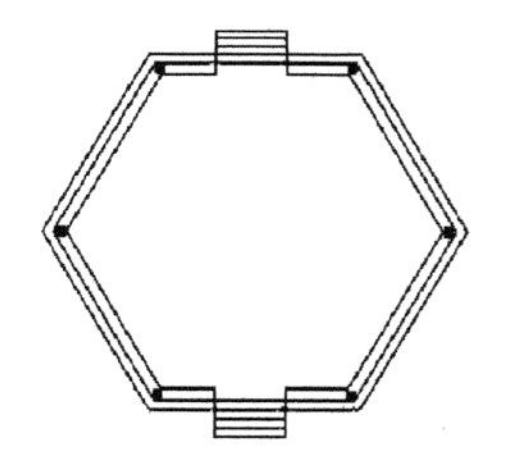
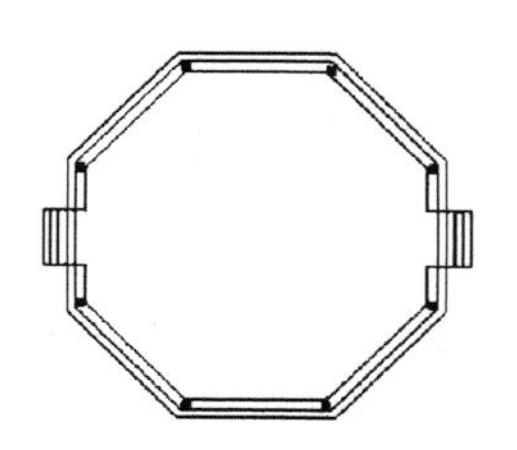
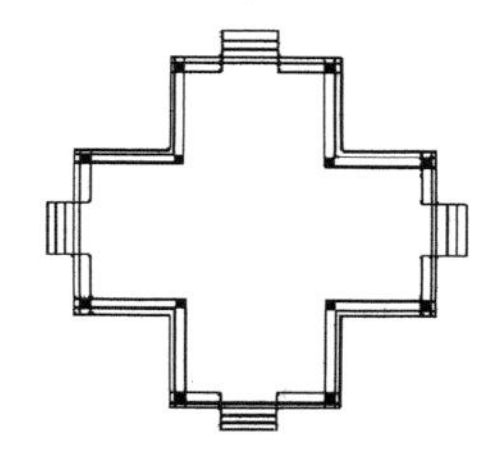

图 4-2　正多边形式

② 长方形

长方形亭的平面长阔比多接近黄金分割,即 1∶1.6。由于亭同殿、阁、厅堂不同,其体量小巧,常可见其全貌,比例若过于狭长就不具有美感的基本条件了(图 4-3)。

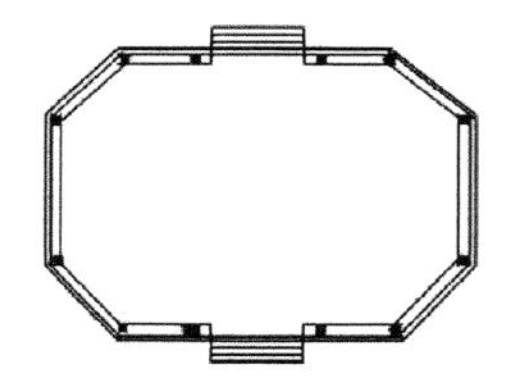
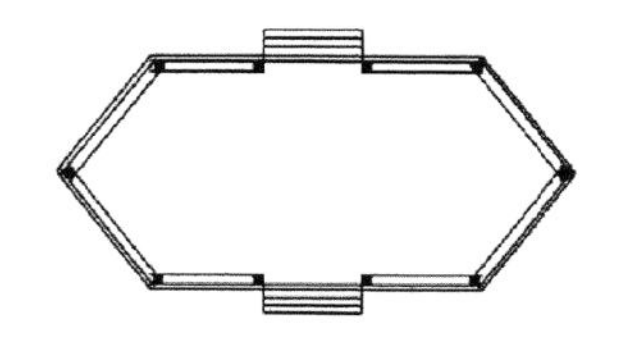
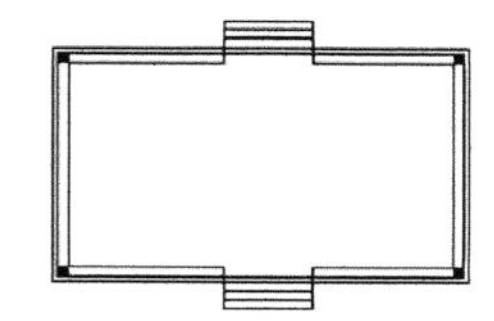

图 4-3　长方形式

较成功的工程实例如下:

苏州拙政园绣绮亭,平面长阔比为 1∶1.61;

苏州狮子林真趣亭,平面长阔比为 1∶1.732($\sqrt{3}$);

苏州拙政园雪香云蔚亭,平面长阔比为 1∶1.64。

同时平面为长方形的亭多用面阔为三间、三间四步架。

江南路亭常用二间面阔。

水榭常用进深三间、四步架或六步架。

柱细长比:1∶10～1∶20(自北向南)。

檐柱细长比:1∶8～1∶9(唐、辽、宋、金),1∶9～1∶11(元、明),1∶10(清)。

梁架布局:亭尤以歇山亭榭,与殿、阁、厅堂异曲同工,然更自由,江南多遵古制。

山花:明代及明代以前是做悬山,清代则出现硬山山花。

③ 半亭

半亭是园林中富有个性的小品,又常作为厅屋入口,貌似垂花门状。半亭并非半座亭,视觉形象上必须给人一种完整亭子的感受。半亭的体量有时往往大于 2/3 或小于 1/2 座亭，常贴墙而建（图 4-4）。

半亭有两种：一种与廊相连，如苏州拙政园倚虹亭。半亭左右与廊相连。另一种无廊而单独贴于墙上，如苏州网师园冷泉亭。

④ 仿生形亭

睡莲形舒展、大方，扇形优美、华丽，十字形对称、稳定，圆形中心明确、向心感强，梅花形秀丽、雅致（图 4-5）。

图 4-4　半亭(苏州曲园)

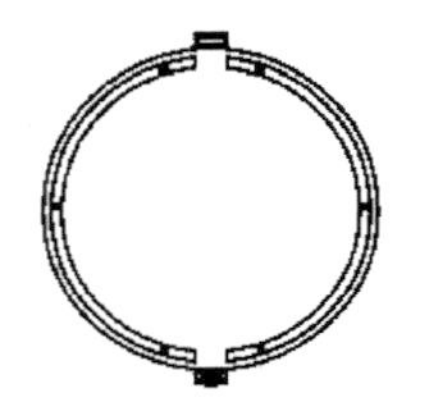
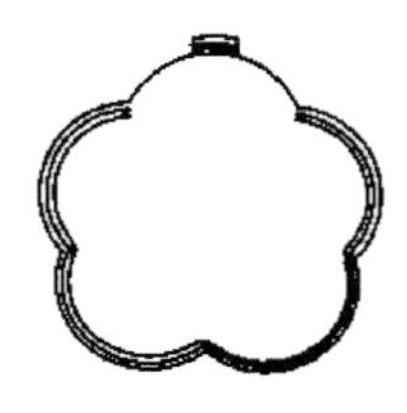
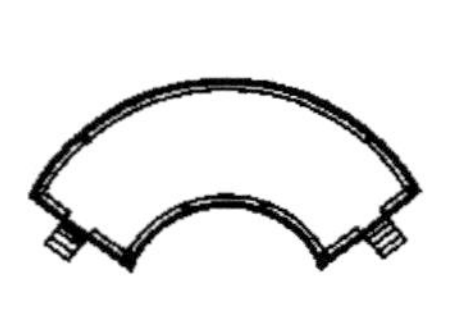
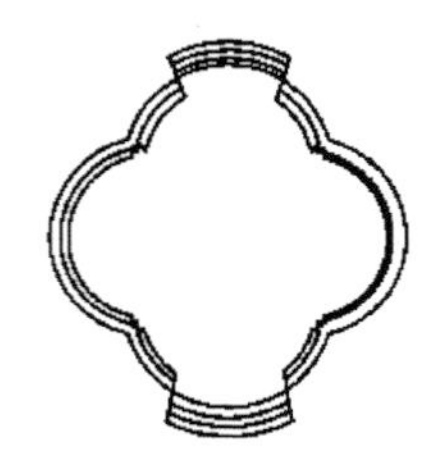

图 4-5　仿生形式

⑤ 复合多功能亭

复合多功能亭的平面形式复杂多变，常见两个以上方形亭连接在一起，使用空间更为宽阔（图 4-6）。

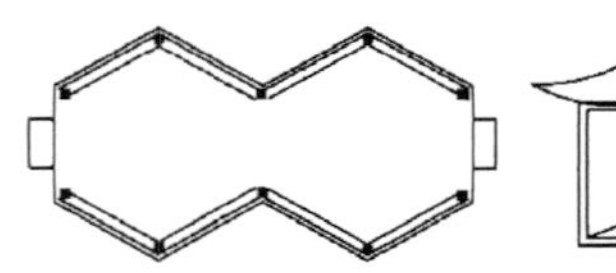
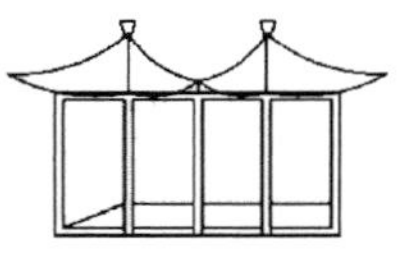
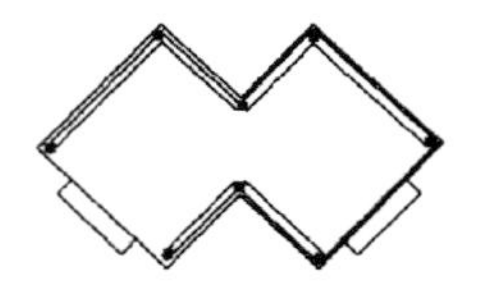
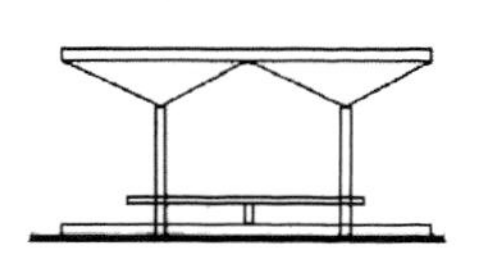

图 4-6　复合形式

(2) 按立面分

古典形式亭的造型，由于亭的平面形状的不同，开间与柱高之间有着不同的比例关系。亭立面不同的阔高比能给人带来不同的造型感觉（表 4-1）。

表 4-1 古典亭不同阔高比的造型感觉对比表

立面阔高比	造型感觉
正方形 1∶1	端正、浑厚、稳重、敦实
长方形	素雅、大方、轻巧、玲珑
黄金比长方形 1∶1.618	丰满、稳健、有气魄
长方形 1∶1.414($\sqrt{2}$)； 长方形 1∶1.732($\sqrt{3}$)； 长方形 1∶2.000($\sqrt{4}$)	古朴、别致、灵巧

(3) 按亭顶分

① 攒尖顶：圆攒，宜表达向上之中兼有灵活、轻巧之感(图 4-7)。角攒，宜表达向上、高峻、收聚交汇的意境(图 4-8)。

② 歇山顶：宜表现强化水平趋势的环境(图 4-9)。

③ 卷棚顶：这类具有卷棚顶的亭榭，宜用于表现平远的气势(图 4-10)。

④ 盝顶：宜表达繁复多变、玲珑别致之感(图 4-11)。

⑤ 重檐顶：宜表现稳健、恢宏的气势(图 4-12)。

图 4-7 圆攒(北京太和殿)

图 4-8 角攒(南京瞻园)

图 4-9 歇山顶(苏州拙政园)

图 4-10 卷棚顶(济南趵突泉)

图 4-11　盝顶(北京塘花坞)

图 4-12　重檐顶(苏州拙政园)

(4) 按材料分

① 地方材料亭:木亭(图 4-13)、竹亭、石亭、茅草亭。

② 混合材料(结构)亭:复合亭(图 4-14)。

③ 轻钢亭(图 4-15)。

④ 钢筋混凝土亭(图 4-16):仿传统亭、仿竹亭、树皮亭、茅草塑亭。

⑤ 特种材料(结构)亭:玻璃钢亭、薄壳充气软结构亭、波折板亭、网架亭、膜结构亭(图 4-17)。

(5) 按功能分

① 休憩遮阳避雨:传统亭、现代亭。

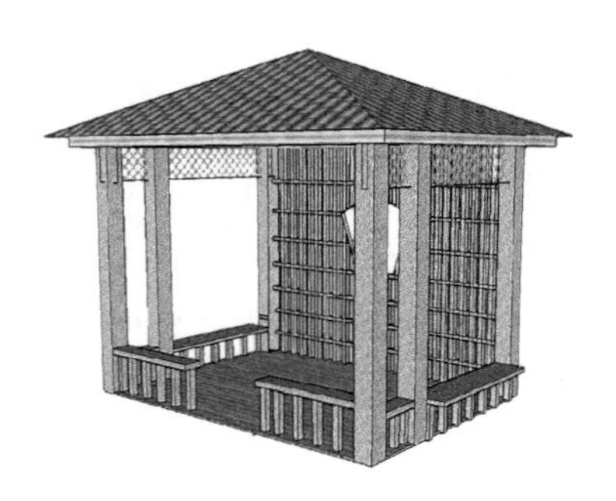

图 4-13　木亭

图 4-15　轻钢亭

图 4-14　复合亭(济南趵突泉)

图 4-16　钢筋混凝土亭(武汉搁笔亭)

图 4-17　膜结构亭(大连金石滩)

② 观赏游览:传统亭、现代亭。

③ 纪念、文物古迹:纪念亭、碑亭。

④ 交通、集散组织人流:站亭、路亭。

⑤ 骑水:廊亭、桥亭。

⑥ 倚水:楼台水亭。

⑦ 综合:多功能组合亭。

2) 现代亭的形式

现代亭是指那些无翼角起翘、造型新颖别致的各种类型的亭。由于钢筋混凝土材料的运用,现代亭的设计无论从平面上还是立面上都更加灵活自由、无固定模式,因而产生了大量造型独特的亭的类型。常见的形式有板亭、野菌亭、波折亭、软结构亭等。

(1) 板亭

板亭包括伞亭、荷叶亭等,还有由八角形板、环形板、镂空板多角形组成的平板亭,或是在平板亭基础上发展而来的涂有鲜艳美丽色彩的丙烯酸酯涂料的蘑菇亭(图 4-18)。板亭造型简洁清新、组合灵活,尤以钢筋混凝土作为材料者居多,并可兼作售货亭、茶水亭以及路亭。

图 4-18　板亭

伞亭因为只有一根中心支柱，最为轻巧。伞亭也有做成钢筋混凝土预制结构的，即杯形基础，柱身中预埋落水管道，屋顶面积较大时周边向上反折。独立或成组的伞亭在四周加上玻璃幕墙，在园林中和城市绿地中可作为小卖部、书亭、茶室、冷饮店等使用。把伞亭拼和在一起可组成任意的灵活平面，这一做法在国外也得到广泛运用。

(2) 野菌亭

野菌亭粗看如厚边平板亭，实际上檐口深而下垂，有时还要在亭顶底板下做出菌脉，造型活泼。

(3) 波折板亭

波折板亭常可呈韵律组合，表达一定的节奏感，材料多为钢筋混凝土，并配合花架、廊等连成廊亭。

(4) 软结构亭

软结构亭用气承薄膜结构为亭顶或用彩色油(帆)布覆盖成顶。

4.1.2 廊

廊，又称游廊、走廊，是我国园林建筑群中的重要组成部分，是起到联系交通、连接景点的一种狭长的棚式建筑，以“间”为单元有规律地重复、有组织地变化(图4-19)。廊是亭的延伸，亭等建筑物在整个园林中作为“点”，廊可视为“线”，以线连接不同的点，在划分整个园林空间的同时引导视角多变的交通路线，丰富空间层次，增加景深。廊的类型丰富多样，分类方法也较多。

1) 按平面形式分

(1) 直廊：平面为一条直线的廊。

(2) 曲廊：依墙又离墙，因而在廊与墙之间组成各式小院，空间交错，穿插流动，曲折有法或在其间栽花置石，或略添小景而成曲廊。曲廊亦可曲如“之”字，或形成回廊，或盘山腰，或穷水际，通花渡壑，蜿蜒无尽，大大丰富了空间层次，其构架以顺地势高低起伏，以功能造型依山就势为胜。

(3) 回廊：曲折环绕的廊(图 4-20)。

图 4-19　传统廊(南京牛首山佛顶寺)

图 4-20　回廊(南京牛首山佛顶寺)

2）按横剖面形式分

（1）双面空廊

双面空廊的廊子有柱无墙，开敞通透，适用于景色层次丰富的环境，使廊的两面皆有景可赏（图 4-21）。

（2）单面空廊

单面空廊的一边为空廊面向主要景色，另一边沿墙或附属于其他建筑，形成半封闭的效果。其相邻空间有时需完全隔离，则做实墙处理；有时宜添次要景色，则墙上设各色漏窗门洞或宣传柜窗，隔中有透，似隔非隔，有时虽几竿修篁、数叶芭蕉、三二石笋作为衬景，亦饶有风趣（图 4-22）。

图 4-21　双面空廊

图 4-22　单面空廊

（3）双层廊

双层廊又称复道阁廊，有上、下两层，便于联系不同高程上的建筑和景物，便于组织人流，增加廊的气势和观景层次。由于它富于层次上的变化，也有助于丰富园林建筑的体型轮廓。园林中常以假山阁道上下联系，作为假山进入楼厅的过渡段（图 4-23）。

（4）暖廊

暖廊指用玻璃或窗户封闭起来的走廊，带有槅扇或槛墙半窗，可防风保暖（图 4-24）。

图 4-23　双层廊

图 4-24　暖廊

（5）复廊

复廊在双面空廊的中间隔一道墙，形成两侧单面空廊的形式。廊中间有墙，犹如两廊复合而成，两面都可以通行，从廊子的这一边可以透过空窗或漏窗看到那一边的景色。这种复廊，一般在廊的两边都安排有景物，而景物的特征又有各不相同的地方，通过复廊把这两个不同景色的空间联系起来。此外，利用墙的划分与廊子的曲折变化，亦可延长游览线和增加游廊观赏的趣味，达到小中见大的目的(图 4-25)。

(6) 单支柱廊

单支柱廊只在中间设一排列柱的廊子，这种形式的廊子轻巧空灵(图 4-26)。

图 4-25 复廊

图 4-26 单支柱廊

3) 按其位置分

(1) 爬山廊

廊顺地势起伏蜿蜒曲折，犹如伏地游龙而成爬山廊。常见的形式有屋顶呈跌落形和屋顶呈折形。

(2) 桥廊

与桥一起搭建而成桥廊(图 4-27)。

图 4-27 桥廊(贵州侗寨)

(3) 水廊

廊隔水飞架，即水廊(图 4-28)。

图 4-28　水廊(苏州拙政园)

4.1.3　花架

花架，是在园林中进行植物造景时，用以支撑攀缘植物藤蔓的一种棚架式建筑小品，相当于用植物材料做顶的亭和廊。花架的造型更为灵活，结构更加通透，使园林中的自然美与人工美能完美结合起来，再搭配上鲜嫩的叶子和娇美的花朵，或缠绕或悬挂，别有一番风味。花架一般仅由基础、柱、梁、椽四种构件组成(图 4-29)。

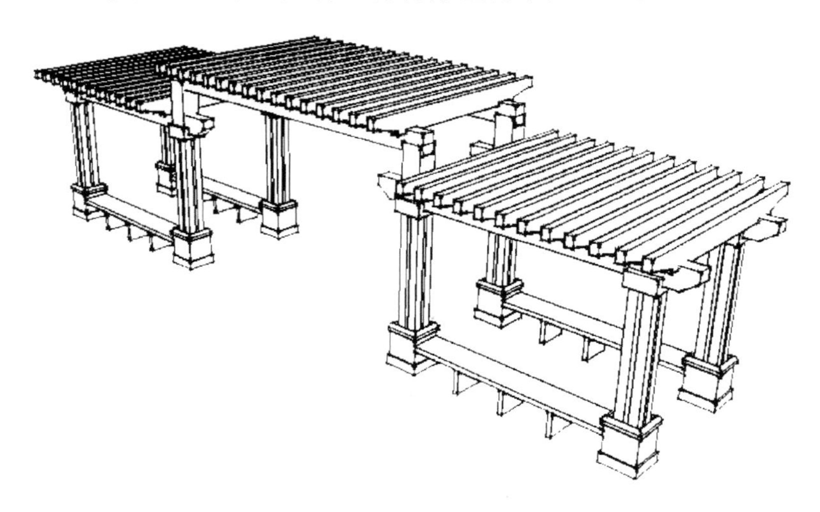

图 4-29　花架

1）按平面形状分

花架的平面形式很多，主要有直线形、曲线形、三边形、四边形、五边形、六边形、八边形、圆形、扇形以及它们的变形图案。

2）按上部结构受力分

（1）简支式

简支式花架由两根支柱、一根横梁组成。这种花架尽可能不用台阶，设在片状角隅之地，可用其组景，以增加空间层次，小中见大。

（2）悬臂式

悬臂式花架又分单挑花架（图 4-30）和双挑花架。为突出构图中心，可环绕花坛、水池、湖面等布置成圆环形的花架。悬臂式不但可以做成悬梁条式，也可以做成板式和于板上部分开孔洞做成镂空板式，以利空间光影变化和植物攀缘生长获得雨水阳光。

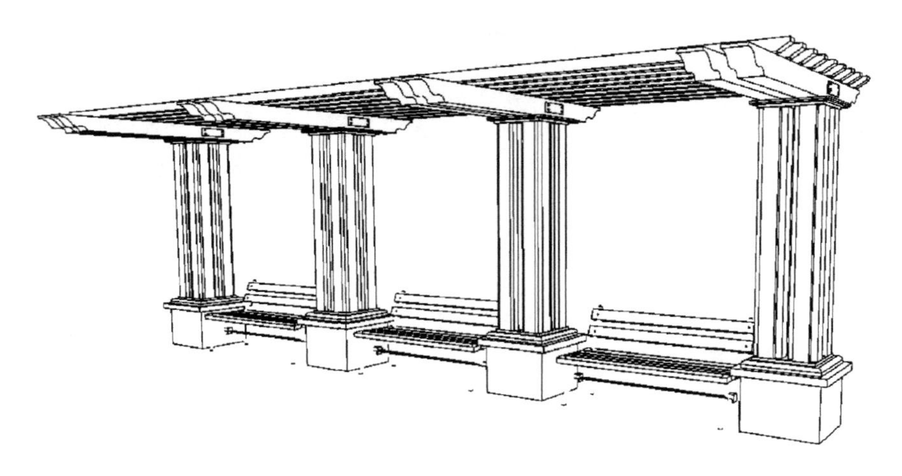

图 4-30　单挑花架

（3）拱门钢架式

在花廊、通道上多采用半圆拱顶或门式钢架式。人行其中，陶醉其间。材料多用钢筋、轻钢或混凝土。

临水的花架，不但平面可设计成流畅曲线，立面也可与水波相应设计成连续的拱形或波折式，部分有顶，部分化顶为棚，投影于地的效果甚佳。

（4）组合单体花架

与亭、廊、建筑入口、小卖部结合具有使用功能的花架，为取得既有对比又统一的构图效果，常以亭、榭等建筑为实，而以花架平立面为虚，突出虚实变化中的协调。

在独立配置主体花架上，用常绿藤蔓花木攀缠其上，组成花瓶、花屏、动物等仿生绿化软雕塑形象，也是一趣。

3）按垂直支撑分

（1）立柱式：独立的方形，长方形，小八角形，海棠形截面柱。

（2）复柱式：平行柱，V 形柱。

(3) 花墙式：清水花墙，天然红石板墙，水刷石或白墙。

4）按造型特点划分

(1) 廊式花架：最常见的形式，片板支承于左右梁柱上，游人可入内休息。

(2) 片式花架：片板嵌固于单向梁柱上，两边或一边悬挑，形体轻盈活泼。

(3) 独立式花架：以各种材料做空格，构成墙垣、花瓶、伞亭等形状，用藤本植物缠绕成型，供观赏用。

(4) 组合式花架：花架可与亭、廊等有顶建筑组合，其造型丰富，并为雨天使用提供活动场所。

4.2　亭、廊、花架的设计原则

4.2.1　位置的选择

亭、廊、花架这三种开敞性的外向园林建筑空间最常出现在自然风景园林和结合真山、真水的大型园林中，在一些范围较小的私家园林中较少应用。

亭、廊、花架位置的选择，一方面是为了便于游人观景及供游人驻足休息；另一方面也是为了点景，即点缀风景。

1）亭、廊的位置选择

(1) 山上

山巅、山脊上眺览的范围大、方向多，将亭和廊建造在山上宜于远眺，供游人游山观景，同时也为登山者在登山过程中提供了一个休憩的环境。在山上建造的亭和廊，起到联系山坡上下不同标高建筑物的作用，不仅丰富了山地建筑的空间构图，增加建筑群的宏伟感，也令山的立体轮廓更加饱满，使山色更有生气。

(2) 临水

临水建造亭和廊，一方面是为了观赏水面的景色，另一方面也可丰富水景效果，形成以水景为主的空间。临水建造的亭、廊有位于岸边和完全凌驾于水上的两种形式。建造在水面的亭，一般应尽量贴近水面，宜低不宜高，突出水中，为三面或四面水面环绕(图 4-31)。

(3) 平地

平地建造的亭或位于道路的交叉口，或在路侧的林荫之间，或被一片花圃、草坪、湖石所围绕，或处在厅、堂、廊、室与建筑之一侧，供户外活动之用。有的自然风景区在进入主要景点之前，在路边或路中筑亭，作为一种标志和点缀。而在园林的小空间或小型园林中建廊，常沿界墙及附属建筑物以“占边”的形式布置，有时还作为动观的导游路线设计，连接于各风景点之间。

2）花架的位置选择

(1) 依附建筑

花架可附属于建筑的一部分，属于建筑在空间形式上的延续，供植物攀缘装饰景点并形成阴凉之处，也可设置桌凳供游人休憩。

图 4-31 临水建亭(扬州五亭桥)

(2) 独立布置

花架独立布置时常形成观赏点,位于花丛中或草坪边,使庭院空间有起有伏,增加平坦空间的层次;有时亦可傍山临池随势弯曲,起到如同廊道联系景点的作用。

4.2.2 造型的确定

亭、廊、花架造型,应充分考虑整个规划设计,因地制宜;若与园林建筑中各组成部分有一定程度的相似性或一致性,给人以统一感,可产生整齐、庄严、肃穆的感觉。与此同时,为了克服呆板、单调之感,应力求在统一之中有变化。

周围环境平淡、单一时,亭、廊、花架的造型可丰富些;周围环境丰富、变化多时,其造型宜简洁。较小的庭园,亭、廊、花架的体量不宜过大,反之在大型园林中要有足够的尺寸以突出特定氛围。同等的体量难以突出主体,利用差异作为衬托才能强调主体,可利用体量大小和高低的差异来衬托主体,由三段体的组合可以看出利用衬托以突出主体的效果。在空间的组织上,也同样可以用大小空间的差异作为衬托来突出主体。通常,以高大的体量突出主体,是一种极有成效的手法,尤其在复杂的局部组成中,只有高大的主体才能统一全局,如颐和园的佛香阁。

花架还要考虑尺寸与植物生长能力的统一,不可刻意求奇,否则反倒喧宾夺主,冲淡了花架的植物造景作用。

4.2.3 色彩与装饰

古典风格的亭、廊、花架构建的细部细致精巧,并有南北之分。北方装饰多用红、黄、绿、蓝等明艳色彩,配以蓝、绿冷色为基础的彩画,顶部装饰为黄色、蓝色、橙色琉璃瓦,与环境对比强烈，突显庄重和富贵的感觉。而南方的古典风格园林建筑则多用灰色、棕褐色、黑色为主要色调，配合苏氏彩画的山水人物来丰富装饰的内容，顶部用小青瓦，简朴素雅，给人以亲切灵秀之感。

现代风格的园林建筑则大胆使用各种色彩和装饰造型来达到其设计宗旨。其色彩多以轻快、明朗为主，力求表现园林建筑轻巧、活泼、简洁、明快的性格。在装饰方面，不论古今园林建筑都以精巧的装饰取胜，建筑上善于应用各种门洞、漏窗、花格、隔断、空廊等，构成精巧的装饰，尤其将山石、植物等引入建筑，使装饰更为生动，成为建筑上得景的画面。因此，通过建筑的装饰增加园林建筑本身的美，更主要的是通过装饰手段使建筑与景致取得更密切的联系。

在中国古典园林中，无论是北方的皇家园林还是江南的私园以及其他风格的建筑，其色彩都极鲜明。北方皇家园林建筑色彩多鲜艳，如琉璃瓦、红柱、彩绘。江南园林建筑则多用大片粉墙为基调，配以黑灰色的小瓦，黑赭色的梁柱、栏杆、挂落，内部装修也多用淡褐色，衬以白墙，与青灰砖所制成的灰色门框，形成素净、明快的色彩。

4.3 亭、廊、花架的常用材料

4.3.1 竹木、茅草材料

中国传统园林建筑中的亭、廊、花架在建造过程中注重就地取材，通常为木构架，朴实、自然、价廉、易于加工，但耐久性差。竹材，多用绑扎辅以钉、铆的方法建造。有些用竹做的亭廊花架，梁柱等结构构件仍用木材，外包竹片，以仿竹形，既坚固，又便于维护。此类亭多用原木稍事加工成为梁柱，或覆茅草，或盖树皮，一派天然情趣(图 4-32)。由于它保留着自然木色，颇具山野林泉之意，所以备受清高风雅之士赏识。如成都杜甫草堂中的茅草亭，选材自然，亭式简朴。

4.3.2 砖石材料

砖石材料厚实耐用，但运输不便，常用块料做亭、廊、花架的柱子，造型质朴、厚重，出檐平短，细部简单。有些石亭，甚至简单到只用四根石柱顶起一个石质的亭盖。这种石块砌筑的亭，简洁古朴，表现了一种坚实、粗犷的风貌，砖墙只不过是用以保护梁、柱及碑身，并借以产生一种庄重、肃穆的气氛，而不起结构承重作用。真正以砖做结构材料的亭，都是采用拱券和叠涩技术建造的。北海团城的玉瓮亭和安徽滁县琅琊山的怡亭，就是全部用砖建造起来的砖亭，与木构亭相比，造型别致，颇具特色。

4.3.3 钢筋混凝土材料

用钢筋混凝土建亭主要有三种方式：一是现场用混凝土浇筑，结构比较坚固，但制作细部比较浪费模具；二是用预制混凝土构件焊接装配；三是使用轻型结构，顶部用钢板网，上覆混凝土进行表面处理。用钢筋混凝土建亭，可根据设计要求浇灌成各种形状，也可制作预制构件，现场安装，灵活多样，经久耐用，使用最为广泛。

图 4-32　茅草亭(远安洋坪镇)

4.3.4　金属材料

用金属材料建亭，其造型活泼多变，轻巧易制，构件断面及自重均小，采用时要注意使用地区和选择攀缘植物种类，以免炙伤嫩枝叶，并应经常用油漆养护，以防脱漆腐蚀，且阳光直晒下温度较高。

4.3.5　特种材料

如塑料树脂、玻璃钢、薄壳充气软结构、波折板、网架等建造的现代亭、廊，给人以耳目一新的感觉，为亭的发展创新开辟了新的道路，使历史悠远的亭、廊建筑不仅从形式上，更从本质上适应了现代园林的气质。

4.4　亭、廊、花架的构造设计

4.4.1　亭的构造设计

1) 尺度设计要求

(1) 开间

开间指的是相邻两个横向定位轴线间的距离(即柱中—中)。柱间距一般取 3 m 左右。

(2) 檐口标高

檐口高度一般取 2.6～4.2 m，可视亭体量而定。实践中取 2.6～3.6 m 还不失亲切感，再高就欠缺了。重檐檐口标高：下檐口标高为 3.3～3.6 m；上檐口标高为 5.1～

5.8 m。

(3) 主要受力构件的截面要求

主要受力构件的截面要求详见表 4-2。

表 4-2　亭子主要受力构件的截面要求表　　单位:mm

主要受力构件	截面
柱	150～200 见方或 ϕ50～200 圆径 石柱:截面可略大,300～400 见方,多用海棠截面
梁	抹角与搭角梁:ϕ120～160 对角交叉梁:ϕ180 廊桁:ϕ150～200 桁条:ϕ150～160@850～900、ϕ100～140@700～800 梓桁:100×120 木椽:40×50@230, 50×65@250 连机:100×50, 60×60 枋子:70×(70～280), 75×250, 70×250
板(厚)	平顶板:15 藻井板:18 封檐板:20×200 夹堂板:15×110
椽材	@200～300 出檐椽:50×60,50×65,ϕ70@230,ϕ80@250,或圆木 ϕ60～80 对开@200～250 飞椽:50×35,50×45,70×70@220,40×50@220

2) 传统亭的构造

(1) 亭顶构架做法

① 伞法(图 4-33)。伞法为攒尖顶构造做法。其模拟伞的结构模式,不用梁而用斜戗及枋组成亭的攒顶架子,边缘靠柱支撑,即由老戗支撑灯芯木,而亭顶自重形成了向四周作用的横向推力,它将由檐口处一圈檐梁和柱组成的排架来承担。但这种结构整体刚度毕竟较差,一般多用于亭顶较小、自重较轻的小亭、草亭或单檐攒尖顶亭,或者在亭顶内上部增加一圈拉结圈梁,以减小推力,增加亭的刚度。

② 大梁法(图 4-34)。一般亭顶构架可用对穿的一字梁,上架立灯芯木即可。较大的亭顶则可用两根平行大梁或相交的十字梁来共同分担荷载。

③ 搭角梁法(图 4-35)。在亭的檐梁上首先设置抹角梁,与脊(角)梁垂直,与檐成45°,再在其上交点处立童柱,童柱上再架设搭角梁重复交替,直至最后搭角梁与最外圈的檐梁平行即可,以便安装架设角梁戗脊。

④ 扒梁法。扒梁有长短之分,长扒梁两头一般搁于柱子上,而短扒梁则搭在长扒梁上。扒梁叠合交替,有时再辅以必要的抹角梁即可。长扒梁过长则选材困难,也不经济,长短扒梁结合,则取长补短,圆形攒尖、多角攒尖都可采用。

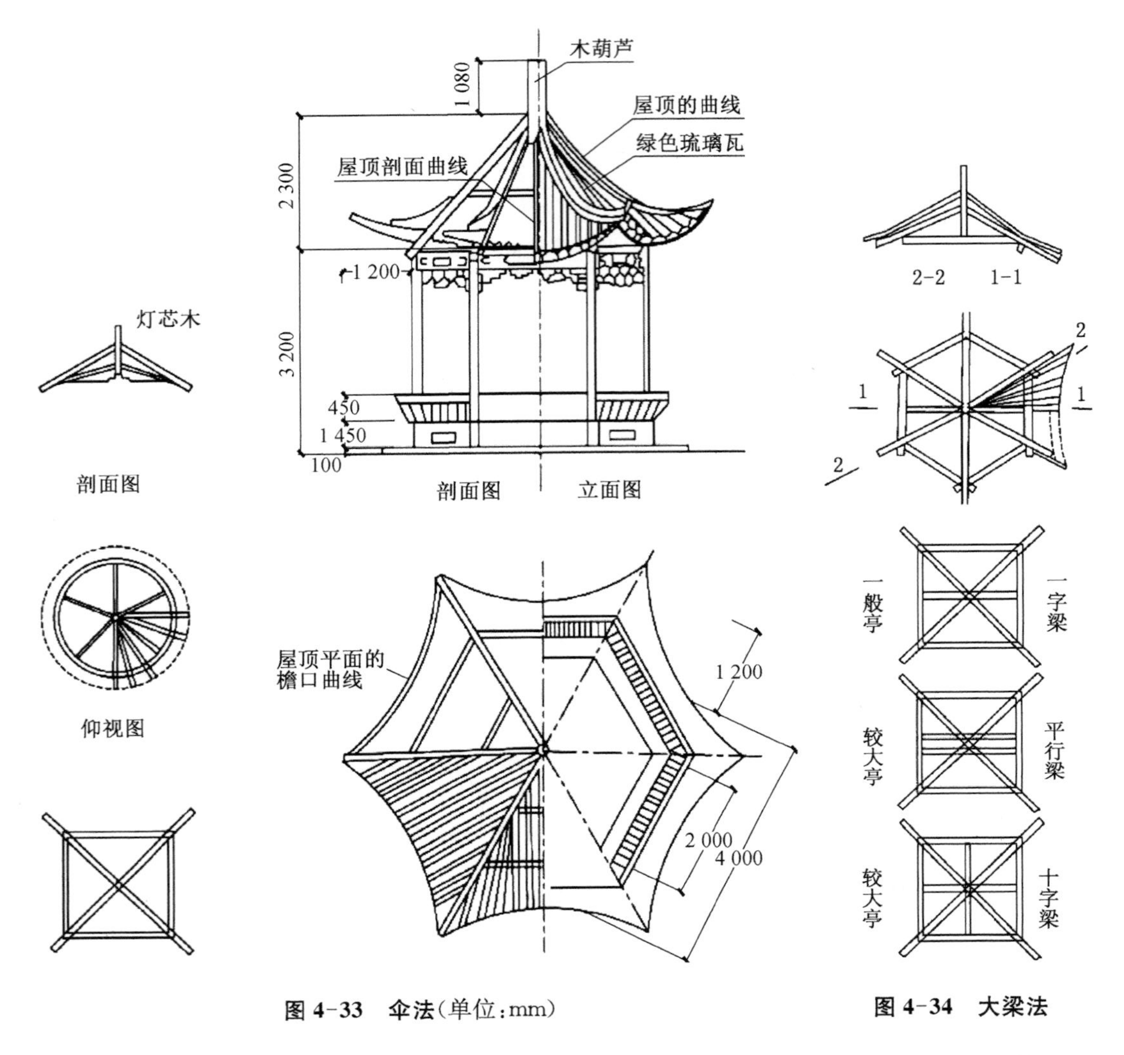

图 4-33　伞法(单位:mm)

图 4-34　大梁法

⑤ 抹角扒梁组合法(图 4-36)。在亭柱上除设竹额枋、千板枋及用斗拱挑出第一层屋檐外,在 45°方向施加抹角梁,然后在其梁正中安放纵横交圈井口扒梁,层层上收,视标高需要而立童柱,上层重量通过扒梁、抹角梁而传到下层柱上。

⑥ 杠杆法(图 4-37)。以亭之檐梁为基线,通过檐桁斗拱等向亭中心悬挑,借以支撑灯芯木。同时以斗拱之下昂后尾承托内拽枋,起到类似于杠杆的作用,使内外重量平衡。内部梁架可全部露明,以显示这一巧作。

⑦ 框圈法(图 4-38)。此法多用于上下檐不一致的重檐亭,特别当材料为钢筋混凝土时,此种法式更利于冲破传统章法的制约,大胆构思、创造不失传统神韵的构造章法,更符合力学法则,显得更简洁些。上四角、下八角重檐亭由于采用了框圈式构造,上下各一道框圈梁互用斜脊梁支撑,形成了刚度极好的框圈梁,故其上之重檐可自由设计,四角、八角均可,天圆地方(上檐为圆形,下檐为方形)亦可,别开生面,面貌崭新。

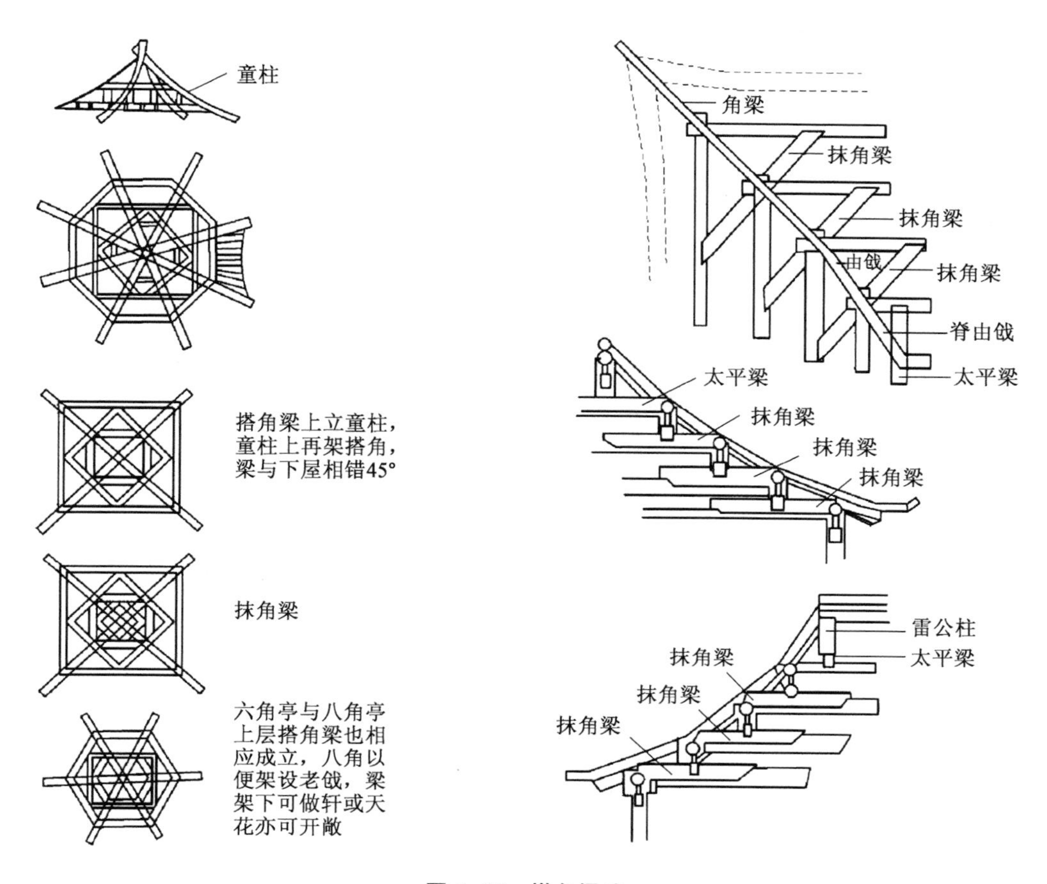

图 4-35 搭角梁法

（2）亭顶构造

① 出檐

古制，“檐高一丈，出檐三尺”。虽有此说，但实际使用变化幅度仍很大，明清殿阁多沿用此制。

② 封顶

明代以前多不封顶，而以结构构件直接作为装饰。明代以后，由于木材用量日蹙，木工工艺水平下降，装饰趣味转移，出现了屋盖结构做成草盖而以天花（棚）全部封顶的办法。

封顶办法有以下四种：a. 天花（棚）全封顶。b. 抹角梁露明：抹角梁以上用天花（棚）封顶，如苏州艺圃乳鱼亭、宁波天一阁前方亭。c. 抹角梁以上置斗八藻井，逐层收项，形成多层穹式藻井。d. 将瓜柱向下延伸做成垂莲悬柱，瓜柱以上部分，则亦可露明，亦可做成构造轩式封顶。

③ 柱

柱的构造依材料而异，有水泥、石块、砖、树干、木条、竹竿等。亭一般无墙壁，故柱在支撑及美观方面的作用都极为重要。柱的形式有方柱（海棠柱、长方柱、正方柱等）、圆柱、

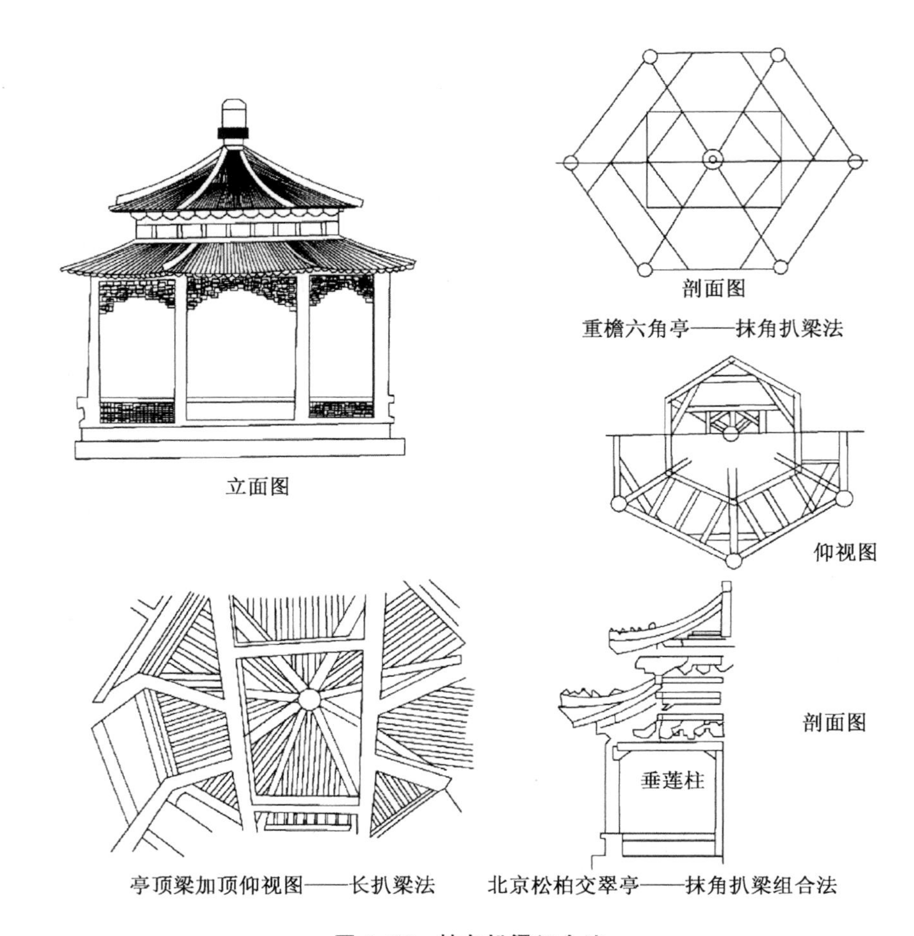

图 4-36　抹角扒梁组合法

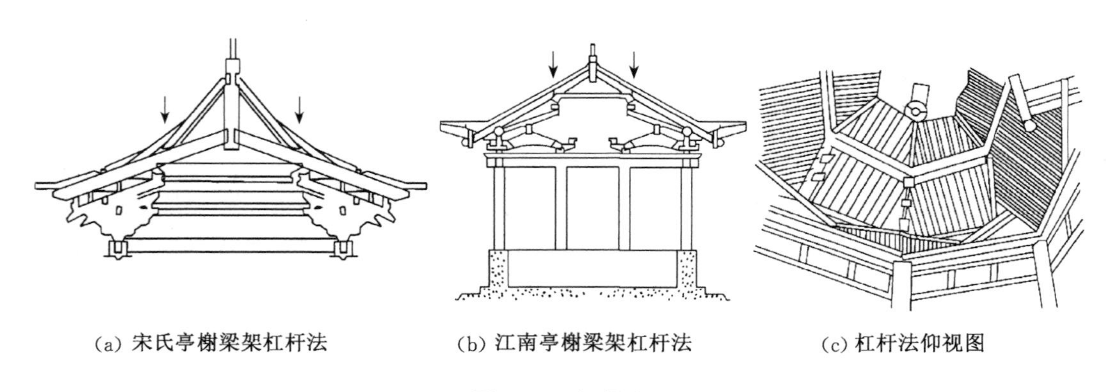

图 4-37　杠杆法

多角柱、梅花柱、瓜楞柱、多段合柱、包镶柱、拼贴棱柱、花篮悬柱等。柱的色泽各有不同，可在其表面上绘成或雕成各种花纹以增加美感。

④ 亭基

亭基多以混凝土为材料，若地上部分负荷较重，则需加钢筋、地梁；若地上部分负荷较

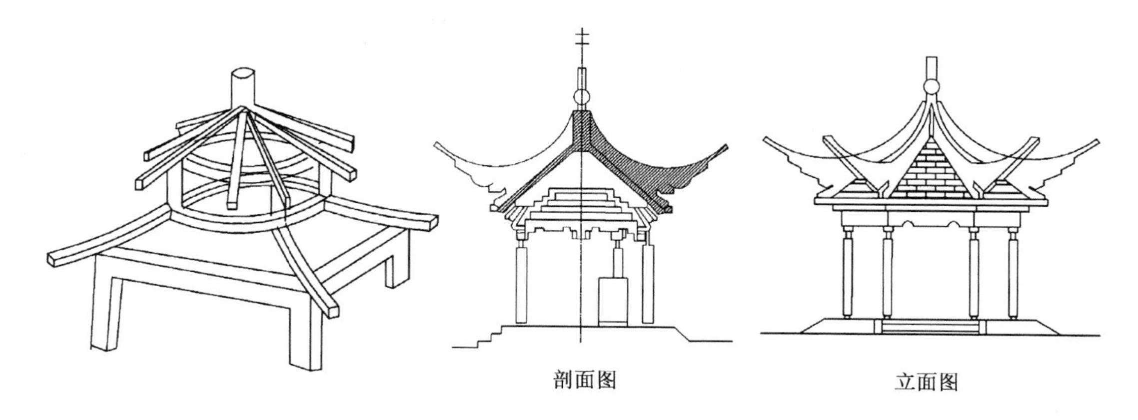

图 4-38　框圈法

轻，如用竹柱、木柱盖以稻草的亭，则仅在亭柱部分掘穴以混凝土做成基础即可。

3）现代亭的构造

现代亭以钢筋混凝土柱、木格钢化玻璃顶凉亭为例(图 4-39)。

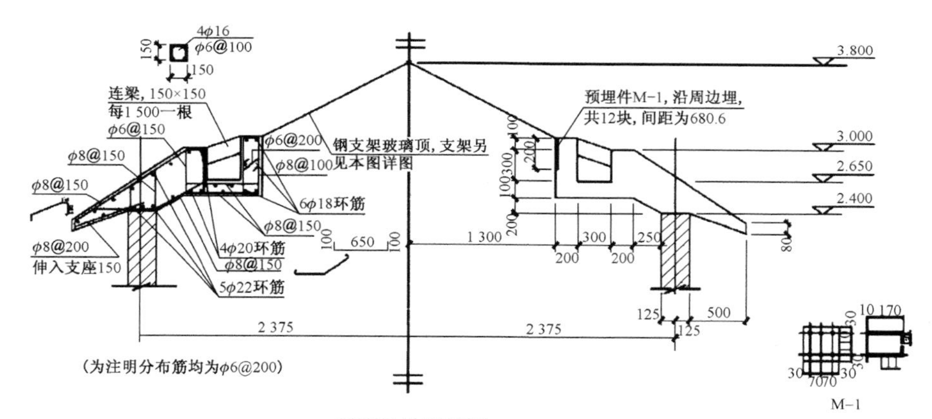

(a) 屋面结构配筋图

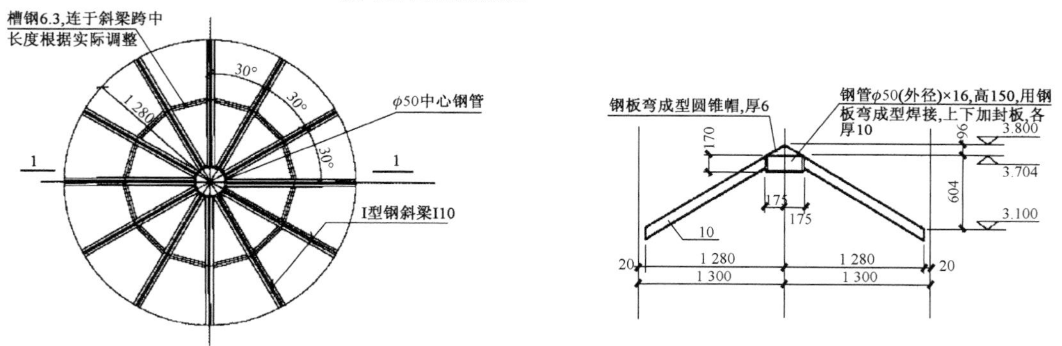

(b) 玻璃屋顶钢支架平面布置图　　(c) 1-1剖面图

图 4-39　玻璃亭构造

注：混凝土用 C20；型钢用 Q235，焊条用 E43，焊后 6，满焊。除标高单位为米(m)外，其余单位为毫米(mm)。

(1) 定点放线

根据设计图和地面坐标系统对应关系，用测量仪器把亭子的位置和边线测放到地面上。

(2) 基础处理及柱身浇筑

根据放线比外边缘宽 20 cm 左右挖好槽之后，首先用素土夯实，有松软处要进行加固，不得留下不均匀沉降的隐患；再用 150 mm 厚级配三合土做垫层，基层以 100 mm 厚的 C20 素混凝土和 120 mm 厚的 C15 垫层做好；用 C20 钢筋混凝土做基础，再安装模板浇筑下为 460 mm×460 mm、上为 300 mm×300 mm 的钢筋混凝土柱子。现浇钢筋混凝土柱用 C25，基础用 C20 混凝土，其他用 C15 混凝土。

混凝土的组成材料：石子、砂、水泥和水按一定比例均匀拌和，浇筑在所需形状的模板内，经捣实、养护、硬结成亭子的柱子。混凝土强度随龄期的增长而逐渐提高，在正常养护条件下混凝土强度在最初的 7～14d 内发展较快，28d 接近最大值，以后强度增长缓慢。

(3) 亭子的装饰及亭顶的安装

清理干净浇筑好的混凝土柱身后，用 20 mm 厚的 1∶2 砂浆粉底面贴文化石。采用专用塑料花架网格(或木格)，安装成 1 000 mm×1 000 mm 的方格，以作为凉亭的顶部结构，再安装 10 mm 厚的防水钢化玻璃顶。

4) 亭构造举例

(1) 草亭

草亭可就地取材，做法自然亲切。柱可用树干、松杉、棕榈，体现自然、朴实、粗犷之感。额枋、挂落、座凳可用半个圆木代之，或用棕榈树干做成，唯匾额稍精致。

攒尖式亭顶亦用 ϕ50～100 mm 树棍或竹竿@200 mm 左右做桁椽，构成亭顶骨架，再以花纹竹席打底，油毡一层防水，竹片压条顺水@200 mm，16 号铅丝绑扎，最上层可用茅草或稻草覆盖、竹篾绑扎。近来也有用仿茅草的加气中空水泥浆拉抹做成草亭顶盖的尝试，效果不错。

基础可用预制混凝土块，预埋(2～50) mm×50 mm 的燕尾扁铁，上留 ϕ14 mm 的孔，再以 ϕ2～12 mm 对销螺丝栓定即可(图 4-40)。

(2) 石亭

石亭，多模仿木结构，但因石材材质导致施工构造有局限性，形成其特征，犹如“石堆积木”，颇具技巧。其特点如下：

① 装配式搭置，有利于混凝土预制品代用。

② 以直代曲，甚为简洁。以简代繁，代替原来木结构所需复杂的多个构件。以缓代陡，便于施工架设石亭亭面。

③ 粗犷古朴。因石材抗拉、抗弯性能差，加工所需构件粗大，导致外观效果粗犷古朴。

石亭多用花岗石和凝灰岩石建造，强度高，加工尚属方便。结构多仿木结构形式，柱截面多用棱柱或海棠柱，下贯地栿，上与檐额枋相连，再加普拍枋。

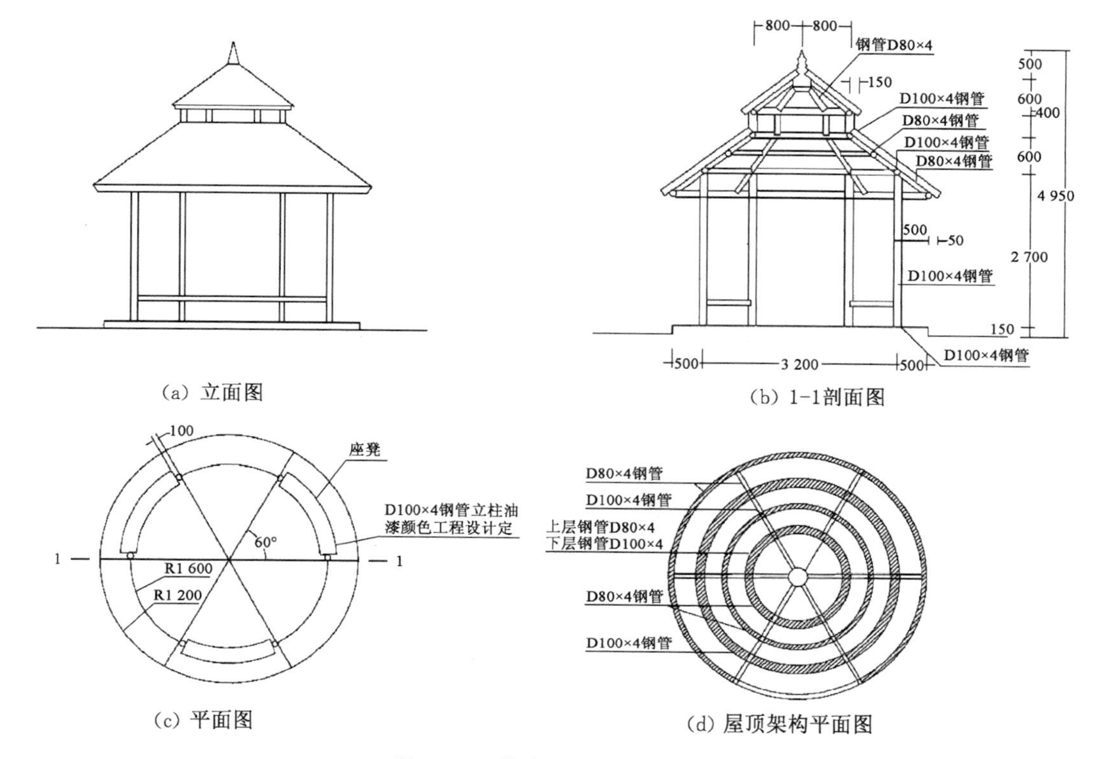

图 4-40 草亭构造(单位:mm)

4.4.2 廊的构造设计

1) 廊的尺度要求

(1) 廊的开间

廊的开间不宜过大,宜在 3 m 左右。柱距为 3 m 左右,而一般横向净宽为 1.2~1.5 m。现在一些廊的宽度多为 2.5~3.0 m,以适应客流量增长后的需要。

(2) 檐口高度

檐口高度为 2.4~2.8 m。

(3) 廊顶

廊顶采用平顶、坡顶、卷棚均可。

(4) 廊柱

一般廊柱的柱径 d=150 mm,柱高为 2.5~2.8 m,柱距为 3 m。方柱截面控制在 150 mm×150 mm~250 mm×250 mm,长方形柱截面长边不大于 300 mm。

(5) 细部处理

可设挂落于廊檐,下设置高 1 m 左右的栏杆或在廊柱之间设 0.5 m 左右高的矮墙,上覆水磨砖板,以供坐憩,或用水磨砖椅面和美人靠背与之相匹配。

(6) 廊的吊顶

传统式的复廊,厅堂四周的回廊,其顶常采用各式轩的做法。现今园中之廊,一般已不做吊顶，即使采用吊顶，装饰亦以简洁为宜。

由于人眼会发生错视，同样大小的柱子，会感到方形要比圆形大出 3/4。因而若廊开间过狭，方柱柱群组成的空间会有截然分隔之弊。同时为防止伤及行进中的游人，即便采用方柱，亦应将方柱柱边棱角做成圆角海棠形或内凹成小八角形。这样在阳光直射下，可借以减少视觉上的反差。圆柱或圆角海棠柱间光线明暗变化缓和，顿使廊显得浑厚流畅、线条柔和、亲切宜人。

2）廊的结构构造

（1）木结构

廊的梁架结构简单，梁架上为木椽子、望砖和青瓦，或用人字形木屋架，筒瓦、平瓦屋面。有时由于仰视要求，可用平顶做部分或全部掩盖，显得简洁大方。

木结构廊亭表现了江南传统的园林建筑风格，亭顶做法灵活自由，歇山顶、攒尖顶、卷棚廊顶都易于相互搭接。曲廊连成整体，造型活泼，错落有致。当采用小青瓦屋面时，体形更加玲珑小巧，视线通透，令人倍感亲切。

（2）钢结构

钢或钢木组合构成的画廊与画框也是多见的，它轻巧、灵活、机动性强，颇受欢迎（图 4-41）。

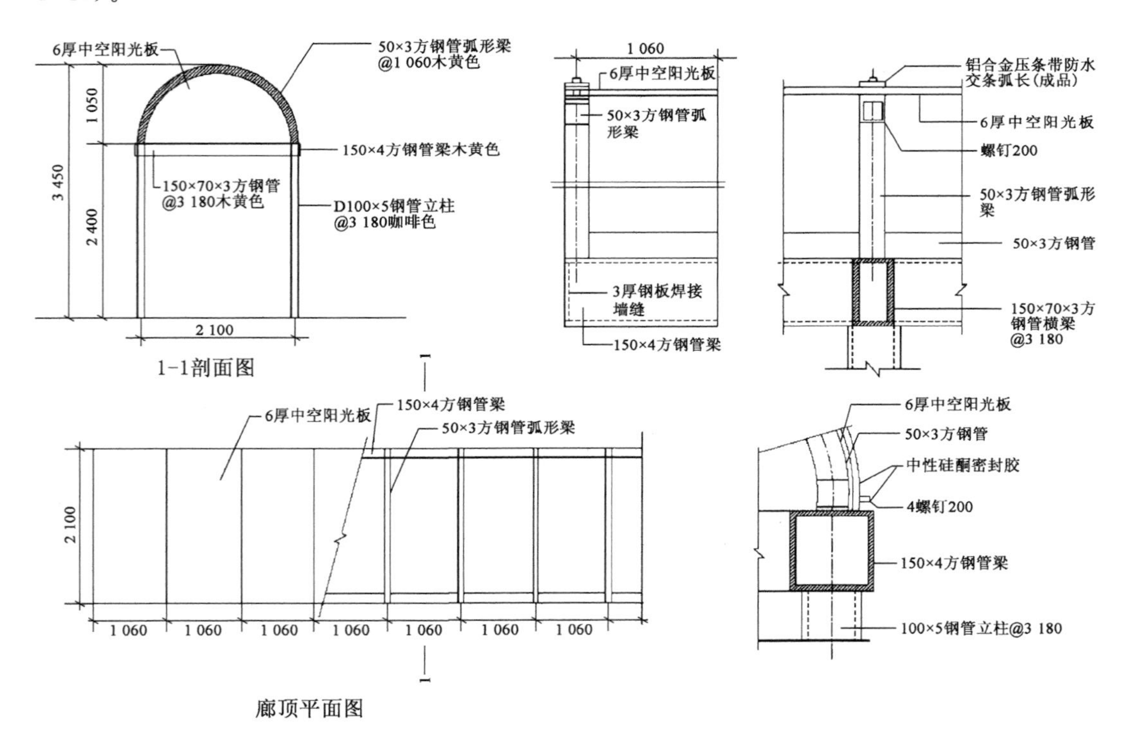

图 4-41　钢架廊（单位：mm）

廊顶结构构架基本上同木结构。唯柱用钢管可仿竹外，其他均用轻钢构件。有时廊顶覆石棉瓦亦可，并用螺栓联结。出于经济的考虑，也有部分使用木构件的。

3）钢筋混凝土结构

钢筋混凝土结构多为平顶与小坡顶，用纵梁或横梁承重均可。屋面板可分块预制或仿挂筒瓦现浇，有时可做成装配式结构，除基础现浇外，其他全部预制。预制柱顶埋铁件与预制双坡屋架电焊相接，屋架上放空心屋面板。另在柱上设置钢牛腿，以搁置联系纵梁。并考虑留有伸缩缝，唯要求预制构件尺寸准确、光洁。对于那些转折变化处的构件，则不宜预制成装配式标准件，如果这样，反而会增加施工中就位的复杂性。

柱内配筋不少于4ϕ8(4 根直径 8 mm 的钢筋)，箍筋直径不小于 ϕ4 mm，间距不大于 250 mm 为宜。

4）竹结构

尺度、构造、做法基本同木结构廊，屋面可做成单坡或双坡。受力部位的竹构件多按 ϕ60～100 mm 取用。

常用竹制构件所需构造尺寸如表 4-3 所示。

表 4-3　常用竹制构件所需构造尺寸表　　单位：mm

竹柱	多为 ϕ60～100
拱梁	ϕ80～100
斜梁、檩条	ϕ80
童柱或灯芯木	ϕ70～100
雀替	由竹径 ϕ50 两根相叠组成
挂落	由 ϕ25、ϕ30、ϕ50、ϕ70 四档组成
基础	为防竹柱与基础接触处易发生的腐蚀，专门设计混凝土基础块。内埋两块 5×40×50 燕尾扁铁，外露 200 用 M12 螺栓对穿固定竹柱即可

4.4.3　花架的构造设计

1）花架的尺度与设计要求

(1) 宽度和高度

花架平面一般为平顶或拱门形，宽度为 2～5 m，高度则视宽度而定，高与宽之比为 5∶4(图 4-42)。高度一般控制在 2.5～2.8 m，有亲切感。

(2) 开间和进深

开间一般设计为 3～4 m，太大了构件就显得笨拙臃肿。进深跨度通常用2.7 m、3.0 m或 3.3 m。

(3) 枋间距

花架的枋间距以 300～400 mm 为好，最窄不要低于 200 mm，最宽不超过 450 mm。这是由花架的特性与其绿化攀缘植物的生长习性所决定的。枋间距太小，不利于阳光的投入，太大则植物的枝叶容易掉落。

(4) 柱子

柱子的距离一般为 2.5～3.5 m。柱子按材料可分为木柱、铁柱、砖柱、石柱、水泥柱

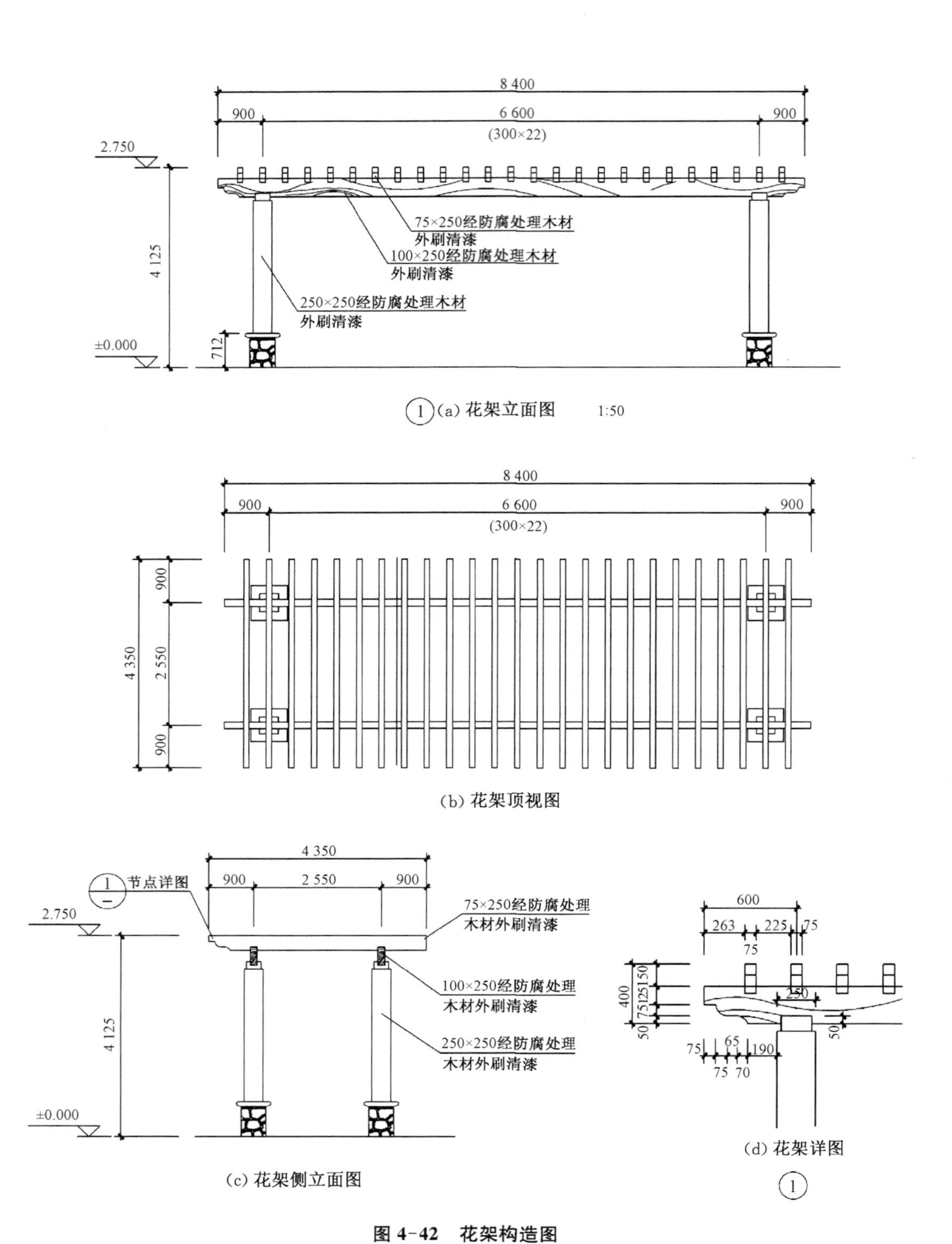

图 4-42　花架构造图

注:除标高单位为米(m)外,其余单位均为毫米(mm)。

等。柱子一般用混凝土做基础,以锚铁连接各部分。如直接将木柱埋入土中者,应将埋入部分用柏油涂抹以防腐。柱子顶端架着枋条,其材料一般为木条,亦有用竹竿、铁条者。

柱的截面也应尽量避免四四方方，以带圆角为宜。

(5) 其他附属设施

多数花架中还附带有坐凳、靠背、踏步等设施，由于它们与人的使用有关，在设计中有各自固定的尺度大小。如坐凳宽 450 mm，高 450 mm；台阶高 120～190 mm，宽 300 mm 以上；靠背高 900 mm 左右，都是宜人的尺度。

2) 花架的结构与构造

(1) 竹、木花架

竹、木简支截面参考尺寸如表 4-4 所示。

表 4-4 竹、木简支截面参考尺寸表

项目类别	竹	木
截面估算	$d=\left(\frac{1}{30}\sim\frac{1}{35}\right)L$	$h=\left(\frac{1}{20}\sim\frac{1}{25}\right)L$
常用梁尺寸	ϕ70～150 mm	(50～80) mm×150 mm，100 mm×200 mm
横梁	ϕ100 mm	50×150 mm
挂落	ϕ30 mm、ϕ60 mm、ϕ70 mm	20 mm×30 mm，40 mm×60 mm
细部	ϕ25 mm、ϕ30 mm	—
立柱	ϕ100 mm	(140～150)mm×(140～150)mm

注：L——跨度；h——高度；d——直径。

(2) 砖石花架

花架柱以砖块、石块、块石等砌成虚实对比或楼花均可，花架纵横梁可用混凝土斩假石或条石制成，朴实浑厚，别具一格。

唯红石板等砌成石柱断面 400 mm×400 mm 以上，砌成花墙石柱截面长向则可在 1 200 mm左右。块石柱截面 350 mm×350 mm 以上，砖柱宽 240 mm×240 mm 以上(其中埋 ϕ10 mm 钢筋一根)，石柱勾缝有平、凸、凹之分，砖柱可用汰石子、斩假石饰面或清水砖柱。

(3) 钢筋混凝土花架

钢筋混凝土花架使用广泛、耐久，现浇装配均可，花架构造见图 4-42。花架负荷一般按 0.2～0.5 kN/m^2 计，再加上自重，也不为重，故可按建筑艺术要求先定截面，再按简支或悬臂方式来验算截面高度 h。

简支：$h\geqslant L/20$(L——简支跨径)。

悬臂：$h\geqslant L/9$(L——悬臂长)。

① 花架上部格子条(小横梁)

断面选择结果常为 50 mm×(120～160)mm，间距@500 mm，两端外挑 750 mm，内跨径多为 2.7 m、3.0 m 或 3.3 m。

为减少构件的尺寸及节约粉刷，可用高标号混凝土浇捣，一次成型后刷色即可。有时花架上部不搁置小横梁而改用平板或开孔斜板，更加强了变化及光影效果。唯孔口开洞处应配置洞口附加钢筋。

② 花架(纵)梁

断面选择结果常在 80 mm×(160～180)mm，可分别视施工构造情况，按简支梁或连续梁设计。纵梁收头处外挑尺寸常在 750 mm 左右，内跨径则在 3 m 上下。其他构造施工要求同格子条。

③ 悬臂挑梁

挑梁截面尺寸形式除满足前面要求外，本身还有起拱和上翘要求，以求视觉效果。一般起翘高度为 60～150 mm，视悬臂长度而定。搁置在纵梁上的支点可采用 1～2 个。

④ 钢筋混凝土柱

柱的截面控制在 150 mm×150 mm 或 150 mm×180 mm 以内，若用圆形截面 $d=$ 160 mm左右，现浇、预制均可。

参考文献

1. 王树栋. 园林建筑[M]. 修订版. 北京：气象出版社，2004.
2. 吴为廉. 景观与建筑工程规划设计[M]. 北京：中国建筑工业出版社，2005.
3. 韦峰，徐维波. 园林建筑设计[M]. 武汉：武汉理工大学出版社，2013.
4. 逯海勇，李显秋，贾安强，等. 现代景观建筑设计[M]. 北京：中国水利水电出版社，2013.
5. 刘福智，孙晓刚. 园林建筑设计[M]. 重庆：重庆大学出版社，2013.
6. 王小鸽. 园林建筑设计[M]. 南京：江苏教育出版社，2012.
7. 黄华明. 现代景观建筑设计[M]. 武汉：华中科技大学出版社，2008.
8. 疏友斌. 浅谈我国古典园林建筑艺术[J]. 工程与建设，2006，20(2)：111-114.
9. 王盛. 浅谈中国亭建筑[J]. 中外建筑，2012(4)：40-42.
10. 蔡琪，王章飞. 园林建筑工程[J]. 建筑遗产，2013(1)：31-32.
11. 刘福智，佟裕哲，等. 风景园林建筑设计指导[M]. 北京：机械工业出版社，2007.
12. 陈祺，钱拴提，陈佳. 园林建筑布局与景观小品图解[M]. 北京：化学工业出版社，2012.
13. 侯殿明，陶良如. 园林工程[M]. 北京：北京理工大学出版社，2014.
14.《园林工程技术手册》编委会. 园林工程技术手册[M]. 合肥：安徽科学技术出版社，2014.

思考题

1. 亭的分类有哪些？
2. 花架的构造设计在哪些方面有哪些具体的要求？
3. 试对某一园林内廊的结构构造进行分析。

5 景观桥构造设计

本章导读：桥是交通联系的重要构筑物，在园林中，恰当的布置景观桥可以联系水面景点、引导游览路线、点缀水面风景并且增加景观层次，因此景观桥是园林中的重要景观构筑物之一。《中国大百科全书》中对园桥（又称景观桥）定义如下：园林中的桥，可以联系风景点的水陆交通，组织游览线路，变换观赏视线，点缀水景，增加水面层次，兼有交通和艺术欣赏的双重作用。景观桥具有三重作用：一是悬空的道路，其组织游览路线有交通功能；二是本身就是园林一景，在景观艺术上有很高价值；三是分隔水面，增加水景层次，在线（路）与面（水）之间起连接作用。景观桥在造园艺术上的价值往往超过交通功能，会与其他景观设施一起构成“波光柳色碧冥蒙，曲渚斜桥画舸通”的美景。

5.1 景观桥的分类

常见的景观桥造型形式归纳起来主要可以分为如下几类：

5.1.1 拱桥

拱桥指的是在竖直平面内以拱作为结构主要承重构件的桥梁，垂直荷载通过弯拱传递给拱台，其最早并非用于园林造景，而是在工程中满足泄洪及桥下通航的目的。在形成和发展过程中，其桥身都是曲的，所以古时常称之为曲桥。桥梁专家茅以升在《中国石拱桥》中形容其“桥洞成弧形，就像虹”，古诗中也常将水上拱桥形容为“长虹卧波”，可见其意境之美。拱桥造型优美、桥身圆润、富有动感，且功能上适用于大跨度工程，可桥上通行、桥下通航，被普遍应用，是中国古代园林中常见的桥梁形式（图 5-1）。

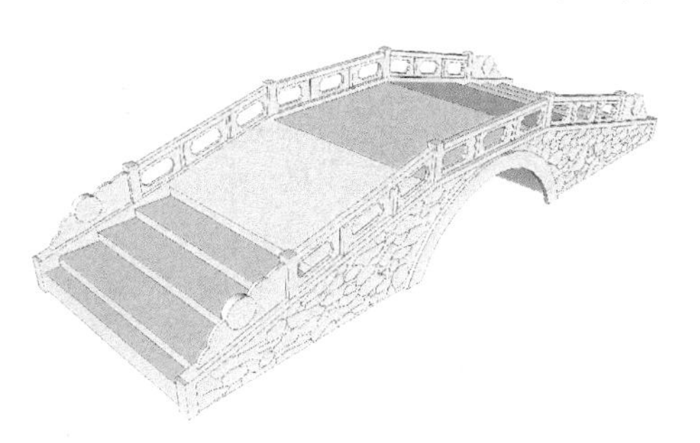

图 5-1 拱桥

拱桥形式多样，孔数上有单孔与多孔，多孔以奇数为多。

5.1.2 梁桥

梁桥又称平桥，结构简单，外形平直，比较容易建造。古时把木头或石梁架设在沟谷水面的两岸，就成了梁桥。园林中的梁桥，一般桥身较低，临近水面，桥面平坦，是一种经济、简洁、实用的桥型。梁桥在江南私家园林、北方皇家园林的“园中园”中应用很多(图 5-2)。

梁桥从结构上分为单跨、多跨梁桥;平面布置上有直线形、折线形,进一步分为一折、二折、三折等等,“九曲桥”便由此得名。

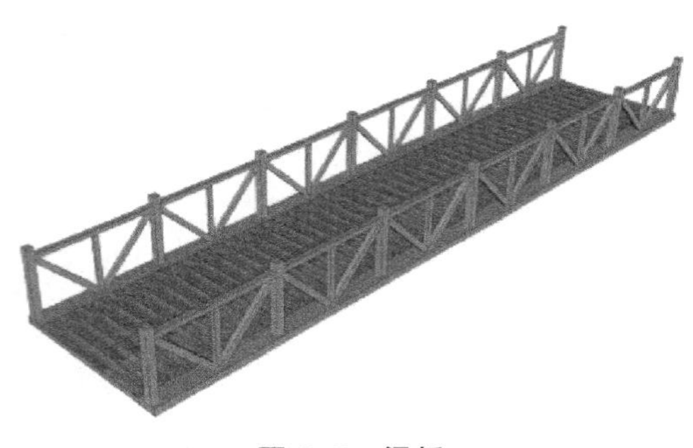

图 5-2　梁桥

5.1.3　亭桥

亭桥即在桥上建亭,是亭与桥的结合,满足通行功能的同时又可供游人驻足休憩、纳凉赏景,还使桥的形象更为丰富,因此兼具亭与桥的功能(图 5-3)。

形式上,有单亭,有多亭组合一体,有亭、廊结合,造型丰富,各有千秋。

结构上,亭桥的桥梁部分以梁桥为主,桥梁作为亭的支撑体,亭置于其上。出于结构安全的考虑,亭的柱子通常建造在下部桥梁的桥墩之上,但桥上建亭,增加了桥梁上部结构的重量,对桥墩的构造和承受荷载的能力有更高的要求。

5.1.4　廊桥

与亭桥一样,廊桥是在桥上建廊,是廊与桥的结合体,同样兼有廊与桥的功能(图 5-4)。

廊桥主要有两种形式:一种是与两岸建筑或游廊相连,在造型上与游廊并无太大差别,只是跨越水面或沟壑,这类廊桥在园林中较常见,如苏州拙政园小飞虹。另一种是作为园林景观的独立体,不与两岸其他建筑相连,与亭桥一样,是园林中的重要景观节点,如桂林七星岩前的花桥。

图 5-3　亭桥

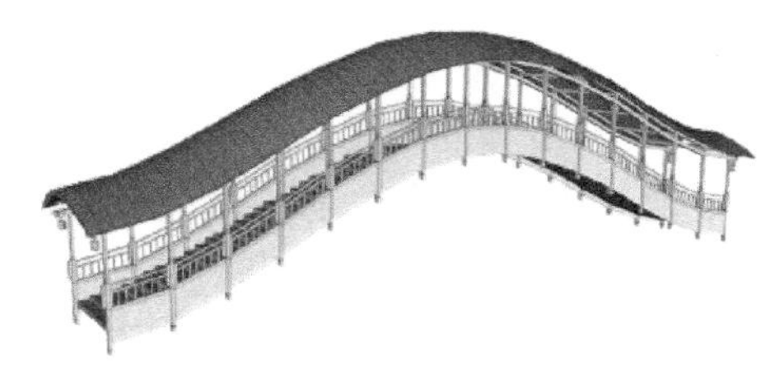

图 5-4　廊桥

5.1.5　浮桥

浮桥是用船或浮箱代替桥墩并在水面下系索固定,以使桥身浮在水面的桥梁形式,属于临时性桥梁(图 5-5)。

浮桥的结构形式有两种:一是传统的形式,在船或浮箱上架梁,再铺桥面;二是舟梁合一的形式,或船只首尾相连,成纵列式,或将舟体紧密排列成带式。为保持浮桥轴线位置不致偏移,在上游、下游需设缆索锚碇。为与两岸接通,在两岸需设置过渡梁或跳板。其建造快速,造价低廉,移动方便,在园林中常作为临时水上交通通道、水上平台等。

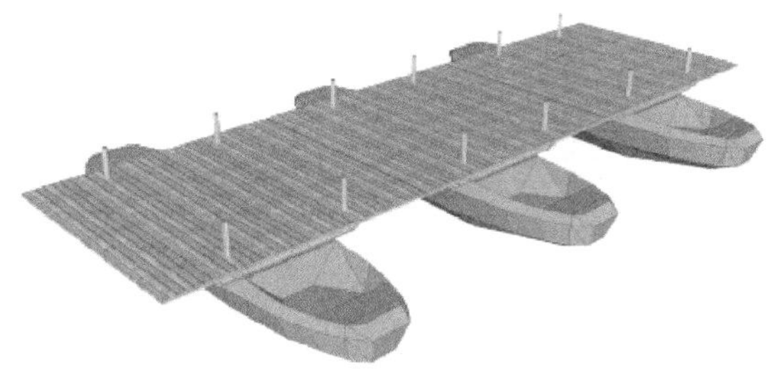

图 5-5　浮桥

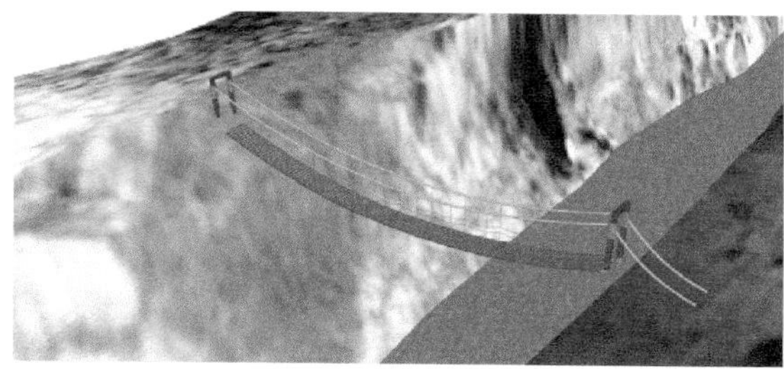

图 5-6　吊桥

5.1.6　吊桥

吊桥又称索桥，由多根绳索并列铺排横跨两岸，上铺木板成桥面。

吊桥由悬索、桥塔、吊杆、锚碇、加劲梁及桥面系所组成。可在没有固定桥墩的情况下架桥，易于架设，适合于自然环境条件复杂的地方，是吊桥显著优势。吊桥桥面均布吊杆，可使桥身形成赏心悦目的抛物线形，精炼优美、轻巧而纤柔的桥面凌空悬挂，轻盈而富有动感(图 5-6)。

中国传统索桥很适合于风景索桥，按其所用的材料大致可分为藤索桥、竹索桥、铁索桥等；按结构来分则有单索、双索、多索以及单跨、多跨等；按其承载的位置来说，又可分为上承式——板面直接铺在若干主索之上，下承式——板面悬吊在主索之下，或是中承式——人行进在诸主索的围绕之中。

5.1.7　汀步

汀步，又称步石、飞石，在浅水中按一定间距布置块石，使人跨步而过。园林中运用这种古老的渡水设施，质朴自然，别有情趣。宽度一般设计成仅可一人通过，人行其上即可与水近距离接触，又有小心翼翼带来的趣味；也可以设计成较宽敞的空间，可让人信步其上甚至停坐观赏(图 5-7)。

汀步一般设计于浅水，技术要求不高，艺术造型本身受限较少，且由于钢筋混凝土的广泛运用和一些新兴建筑材料的出现，在现在景观设计中更加散发出无穷的形式，特别是各种仿生汀步在园林中十分受欢迎。比如可将步石美化成荷叶形，成为“莲步”，游人从上走过可以体味一下“步步生莲”的情趣。

图 5-7　汀步

5.2 景观桥的设计原则

5.2.1 美观原则

1）协调与和谐美

形式与功能的统一美：桥身、桥墩、桥台、桥上和桥头的建筑等各部分造型都要遵循统一的基调和风格，不能各行其是，且艺术造型不能脱离和妨碍桥的基本使用功能，形式和功能的高度统一正是其美学特点的一个基本方面。

色彩质感的和谐美：景观桥的色彩运用必须遵从和谐的总体原则，同时利用色彩的适当变化产生有情趣的对比和张力。

2）主从对比的层次美

桥跨奇数孔（$2n+1$）的视觉美胜于偶数孔（$2n$），同时桥孔的布设应显示主从关系，中孔为主，边孔为从（图 5-8）。

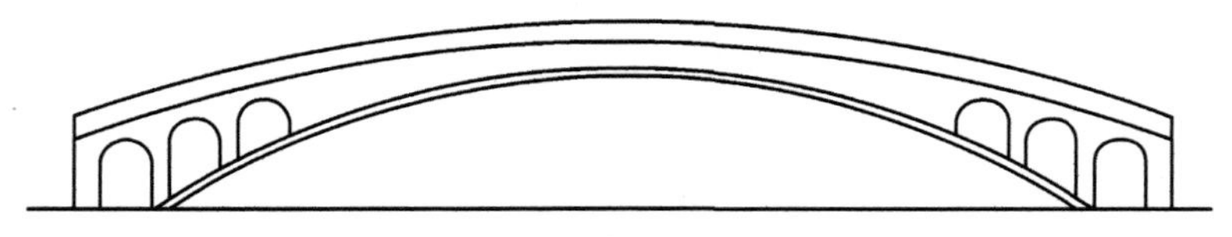

图 5-8　桥体的主从对比

3）连续、渐变、起伏交错的韵律美

连续韵律：多孔及空腹式景观桥，使每孔上的小腹拱或桥墩反复出现于各跨孔，以产生连续的韵律美感（图 5-9）。

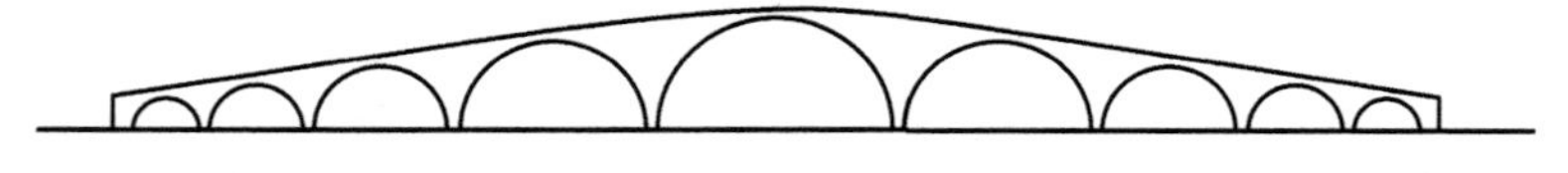

图 5-9　桥体的连续与渐变

渐变韵律：产生统一和谐的"微差美"，如北京卢沟桥的桥孔、桥跨、矢高（孔径高）按特定的渐变韵律设计，成为"卢沟晓月"这一名胜美景。

交错韵律：杆件相互穿梭，纵横交叉，错位补位，节奏有序，互为衬托，常用于桁架桥造型之中。

4）匀称与稳定美

稳定导致匀称协调，赋予桥的外观以魅力。中国石桥，体态稳定匀称，桥面高高隆起，呈现不同的曲线美，桥孔坚实稳定，拱圈高耸（图 5-10）。

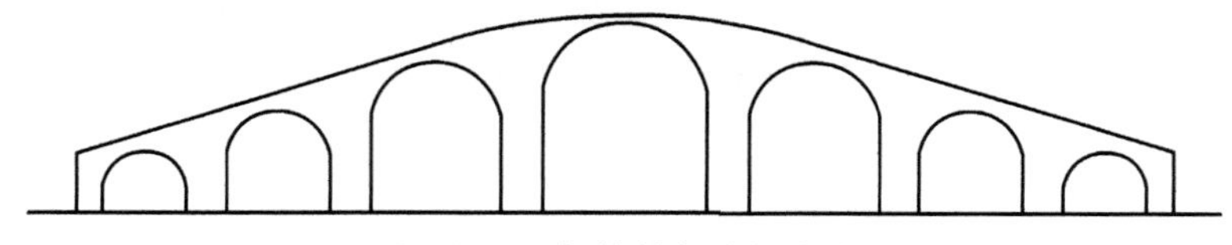

图 5-10　桥体的匀称与稳定

5）尺度比例美

一座桥的美，整体与局部要成比例，本身的尺度要得当。

最能引起人的视觉美感的比例关系为黄金分割(部分与整体之比为 0.618∶1)。桥孔跨度的布置宜与黄金分割相吻合，亦即比例应遵循 2∶3、3∶5、5∶8、8∶13、13∶21 的规律，即能产生美感。

桥孔净高和跨度的比例，实际测绘结果也表明以 $d:h=3:2$ 为美，基本上遵从黄金分割比例。

梁截面的比例尺度亦然。特别是桥面厚度较大、整体造型产生笨重感时，宜设置檐梁，其梁高宜取主梁的 1/5～1/4 或跨度的 1/100，以削弱主梁的视觉高，檐梁置换了主梁，产生视觉上的轻快感。

6）虚实变化的光影美

光影造成桥本身的明暗交替和虚实变化，使整个造型典雅优美、立体感强。无论是桥身的水平线条或是栏杆的竖向线条，带来的光影变化造成的视觉上的连续或间歇、闪动和跳跃，还是因为水面的倒影形成的虚实变幻，均产生一种顾盼生姿、亦真亦幻的光影美。

5.2.2 实用原则

景观桥在自身外观、造型等艺术上的价值，往往超越了其使用中交通的功能。这种说法是片面的，因为景观桥作为通行的实用功能，绝不仅是为了连接水体两边，同时还有通行、停留和观景等实用功能。

1）通行

景观桥的通行功能是其一项最基本的功能，同时它也是桥梁基本功能的一种体现。即使景观桥所附加的艺术价值大于其最基本的通行功能，但其通行这一功能才是实现其他一切功能的前提。

2）停留

景观桥的停留功能亦是其重要实用功能之一。由于受众处在园林的行进环境之中，桥上的行人不会像日常生活中那样匆忙地过桥。在游园的过程中，受众大多是处在一种行进与停留并存的状态当中，因此园林中的建筑都要具有使参观者可以休憩的功能，景观桥也不例外。这也正是廊桥、亭桥在园林中频繁出现、运用的主要原因。

3）观景

除了上面的两种主要实用功能外，景观桥还有另一项功能——观景功能。受众在游园的过程中，始终保持着观赏景观的行为。景观桥的观景功能是伴随其通行和停留功能存在的。观景的形式可能是移步换景或者是一步一景。在观赏景观的过程中，游人得以进入"如在画中游"的如诗的意境之中。

5.2.3 协调原则

景观桥的建筑艺术和房屋建筑艺术一样，应注重与人文环境、周围环境相和谐，根据附近建筑物的重要性、价值的永久性以及地方的特色来考虑与之在风格、尺寸和细节上相协调。而且应从整体出发，与自然环境、城市环境及人文环境相结合，依靠景观桥的体型、比例、色彩和材料来反映景观桥和环境的结合,可以获得整体美的效果。景观桥是由传统古建筑中脱出,必须带有传统的特征。在现代,设计采用钢筋混凝土及其他现代材料的景观桥,应注意构件尺寸模数、比例、尺度、体量大小、质感的权衡。景观桥不宜搬用大型的公路型桥,它既封闭视线、生硬隔离,又因其体量庞大,与周围环境极不协调。根据上述原则,应选用不同的桥型,使其与周围景色浑然一体。为此,设计手法常用以下几种:

融合法:使桥和环境格调统一,桥景交融,自然地融在其中。

强化法:突出桥作为景观艺术小品,将景点变为主景,一般适用于中型及大型的桥。

隐藏法:用障景或借景手法,使桥本身隐藏于环境之中,一般在桥对环境有不良的视觉感或干扰破坏景观的协调时采用。

5.3 景观桥的常用材料

5.3.1 木材(含竹材)

木材作为园林构筑物的主要建材有悠久的历史,具有独特的美学价值、稳定的结构性能和优良的耐久性能,是主要建筑材料中唯一的有机材料。木材具有较强的弹性和保温性,无反光,用于景观构筑物中,可以与环境完美地融为一体,自然而协调,具有不少独特优点。

人文气息:木材作为一种永恒的材质,古老而又现代,其在园林景观中的应用更有利于结合传统文化特点,构成一处人工景观。

舒适质感:木材具有较强的弹性和保温性,无反光,具有亲和力,提高了使用者的舒适感。

调和性好:木材能调和其他材料的特征,可与混凝土和金属等建筑材料融为一体,增加质感和暖意,令景观桥更贴近大自然。

但与石材等其他材料相比,木材的强度和抗腐蚀性都较弱,维护费用大。用于景观桥、汀步、栈道时,应关注以下几点:

防潮防腐:在木材表面用桐油、柏油进行防腐处理,然后涂装,除美化环境外,兼有防腐、防虫和防火的功能。

使用部位:采用干燥的木材制作结构,并使结构的关键部位外露于空气之中,可防潮防腐;在木柱下面设置础石,既避免木柱与地面接触受潮,又防止白蚁顺木柱上爬损坏结构。

5.3.2 石材

石材质地坚固,气质沉稳,极能体现桥的自然、坚固的特点。石材的丰富色彩与加工工艺可以组合形成丰富的变化。石材所构筑的桥梁自然古朴,外形美观,也较耐久,且构造比较简单,施工工艺易掌握。石材是景观桥、汀步、栈道常用的材料之一,特别是传统的拱桥。但石桥也有其自身的缺点:自重大,对地基的要求相对较高,一般跨径不大。

一般常用的石材有以下两种:

（1）花岗石：以花岗岩为代表的一类装饰石材，如花岗岩、安山岩、辉绿岩、辉长岩、片麻岩等，统称为花岗石。一般花纹呈斑点状，具有硬度大、耐压、耐磨、耐火、耐腐蚀的特点，如北京白虎花岗石是花岗岩，济南青是辉长岩，而青岛的黑色花岗石则是辉绿岩。

（2）大理石：以大理石为代表的一类装饰石材，有大理岩、白云岩、灰岩、砂岩、页岩和板岩等。一般呈条纹状，色泽鲜明，纹理较花岗岩更细腻华丽，但硬度和抗风化能力不如花岗岩。如著名的天安门金水桥的汉白玉就是北京房山产的白云岩，云南大理石则是产于大理县的大理岩，著名的丹东绿则为蛇纹石化硅卡岩。

5.3.3 砌体

除了这些天然的材料之外，各种人造砌块材料，也是景观桥的选择之一，建造方法与石桥基本相同，但造价相对天然石材更低廉。

景观桥中常用的人造砌块材料有以下两种：

普通砖：主要有青砖和红砖两种。这种用天然材料烧制的砖材质朴端庄，是最古老的建材之一。如果施工工艺过硬，通过不同的砌筑排列和勾缝，可组合出各种富有韵律感的花纹，即使不加面层装饰的清水砖面的桥身，一样可以获得较好的观感，且显得分外含蓄自然，只是强度和耐久性远不如天然石材。

混凝土砌块：混凝土砌块的强度、耐久性等物理性能都与天然石材相仿，且价格低廉。普通混凝土砌块一般只做桥身的承重构件，但近年来混凝土砌块的品种较多，一些混凝土砌块的景观桥即使不做面层装饰，也有较好的景观效果。

5.3.4 混凝土

混凝土可用于建造普通的钢筋混凝土桥和预应力钢筋混凝土桥。混凝土桥经久耐用，易于造型，应用广泛，特别是预应力钢筋混凝土桥——这种用高强度钢丝和混凝土制成的材料克服了钢筋混凝土易产生裂缝的缺点，跨度可较钢筋混凝土桥更大，但一般造价高于砌块桥。

混凝土还可添加不同的骨料成分进行各种饰面处理而显得多姿多彩，主要有以下几种：

彩色混凝土：色彩鲜艳，变化丰富，色彩效果现场调配，易于控制。

素色混凝土：柔和质朴。

水磨石饰面：可利用掺入骨料的不同形状、颜色、大小来营造不同效果，粗糙度小，装饰性好。

水洗石饰面：比水磨石粗糙，质感更强，更古朴。

斩假石饰面：粗犷自然，质感强，造价比天然的花岗石低，是古典式景观桥的常用饰面做法。

5.3.5 钢（铁）

钢铁材料（特别是钢材）强度高，易于加工，构建轻，运输、架设方便，外观挺拔有力，兼顾轻盈，是大跨径桥梁的理想选择。其缺点是易受侵蚀生锈，养护费用较混凝土桥高。

5.4 景观桥的典型构造方法

5.4.1 梁(平)桥典型构造方法

景观桥中的梁桥，外形简洁，多紧贴水面，桥面有时也做微拱，平面上分直线形和曲线形两大类，结构有梁式和板式。板式适合于较小的跨度，跨度大的就需设置桥墩或柱，上安木梁或石梁，梁上铺桥面板。曲折形的平桥，是中国园林中所特有，不论三折、五折、七折、九折，通称“九曲桥”，以满足视角的变化、“步移景异”之需，也有的用来陪衬水上亭榭等建筑物。

1）木梁桥

（1）桥台

桥台，位于桥梁两端，支承桥梁上部结构并和岸堤相衔接的构筑物。其功能除传递桥梁上部结构的荷载到基础外，还具有抵挡台后的填土压力、稳定桥头路基、使桥头线路和桥上线路可靠而平稳连接的作用。

简易风景木桥的做法之一即将木梁直接放在两边岸上，下垫枕木卧梁(或钢筋混凝土梁)。卧梁用螺栓与木梁相连，木梁上钉半圆木做板面，两旁用自然态的木或竹材做栏杆。当然还有简单的做法，即将一块足够厚的木板或对剖(或原装)的大原木直接架于两边岸上，虽构造简单，但古朴自然。

而对于通常的现代风景木桥而言，通常与混凝土组合使用。在较平坦的岸坡可用混凝土卧梁，在其中预埋螺栓，以便与大梁连接。若在岸坡较陡处应改为木桩桥台，木桩可用 ϕ120 mm 杉木，入土深度至少为 3 m，@500～600 mm；木桩上要加盖桩木，其直径为 ϕ180～200 mm，两端应伸出 700 mm，以便安装栏杆；同时在排桩背后要设挡土板，板厚 50 mm，入土深度为 1 m，两边各伸出 1～1.5 m 作为翼墙。

（2）桥墩

桥墩采用排桩，桩之中距@500～700 mm，桩径为 ϕ140 mm，入土深度为 3～4 m。排桩上部用 ϕ180 mm 盖桩木、两边用斜撑木、对销螺钉固定。斜撑木一般可用对开的 ϕ140 mm 圆木或 80 mm×150 mm 的方木，同时在盖桩木上需加铺油毛毡。

（3）桥面

木梁断面尺寸要视载重量和跨度而定。一般人行木桥跨度为 5 m 时，木梁中距采用@500～600 mm，其圆木则可采用 ϕ180 mm 或 150 mm×250 mm 的方木。当跨度小于等于 3.5 m，则其可采用 ϕ160 mm 圆木或 80 mm×250 mm 的方木。若设有车行道，则木梁截面应按结构计算加大，在实践中常采用方木材料，其截面 $b \times h = 200\ \text{mm} \times 300\ \text{mm}$，@400～500 mm。

桥面板的构造：一般人行桥面板采用板厚 50 mm，车行桥面板厚度 $h \geqslant 70$ mm，其宽度为 150～200 mm，板与板之间需要设置隔离缝，缝宽 5 mm(图 5-11)。

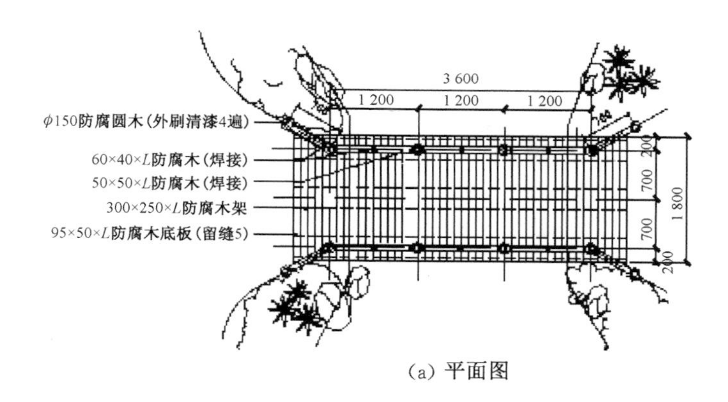

(a) 平面图

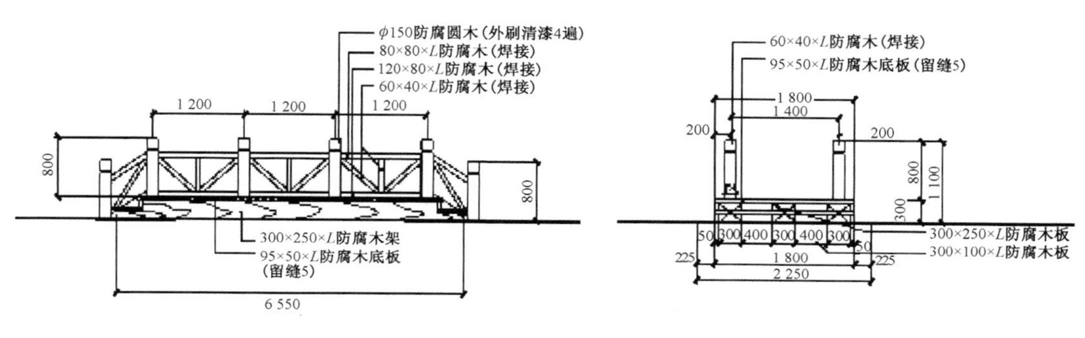

(b) 侧立面图

(c) 正立面图

图 5-11 景观木桥构造(单位:mm)

注:L 表示防腐木的长度,因设计时大小不一,故统一用 L 代替。

2) 木平曲桥

木平曲桥的桥面曲折迂回间向前延伸,以形成一条来回摆动、左顾右盼的折线,从而达到延长风景线、扩大景观画面的效果。其中又以九曲桥蕴涵着弯曲最多、最富吉祥的意思。这是对传统平曲桥的创新做法,也可以同时在曲桥之上设置廊子,这样不但使整座桥的造型更加活泼,还为游人提供了停留驻足、细观慢赏的场所,充分体现了桥的场所精神和人性化设计的理念(图 5-12)。

3) 石板桥

景观桥中常用石板桥宽度为 0.7~1.5 m,以 1 m 左右居多,长度为 1~3 m。石料不加修琢,仿真自然,也不加栏杆或至多加单侧栏杆。石板桥的石板厚度宜为 200~220 mm,需加以测算以保证安全。

若游客流量较大,则并列加拼一块石板以拓宽,宽度为 1.5~2.5 m,甚至为 3~4 m。为安全起见一般都加设石栏杆,但不宜过高,为 450~650 mm。桥的石板还可以交叉放置,以产生交错跌落的视觉美感。

4) 石梁桥

石梁桥一般都用在跨度较大之处,石板的厚度至少为 250 mm,桥的上部结构有石梁、石梁和铺石板、梁板结合三种。

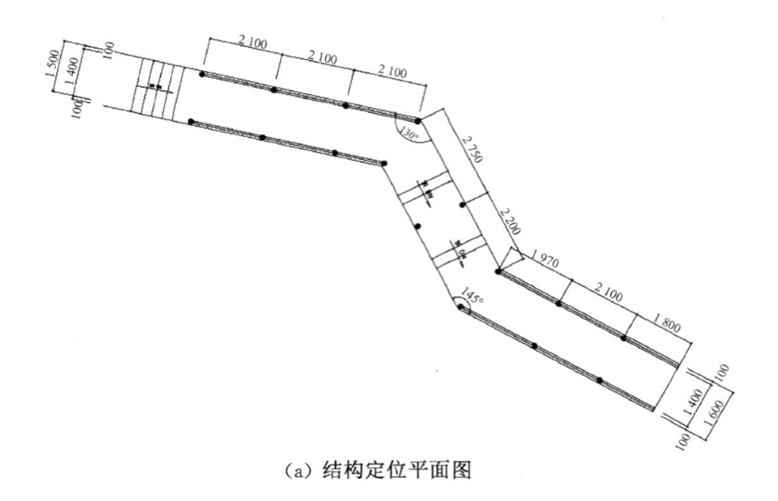

(a) 结构定位平面图

60×60松木椽子，@210
ϕ150松木檩条
ϕ150松木檩条
240
2 100
2 100
2 100
2 100
1 400
350
350
2 750
2 200
1 970
2 100
240
1 400
350
2 100
350

(b) 屋顶平面图

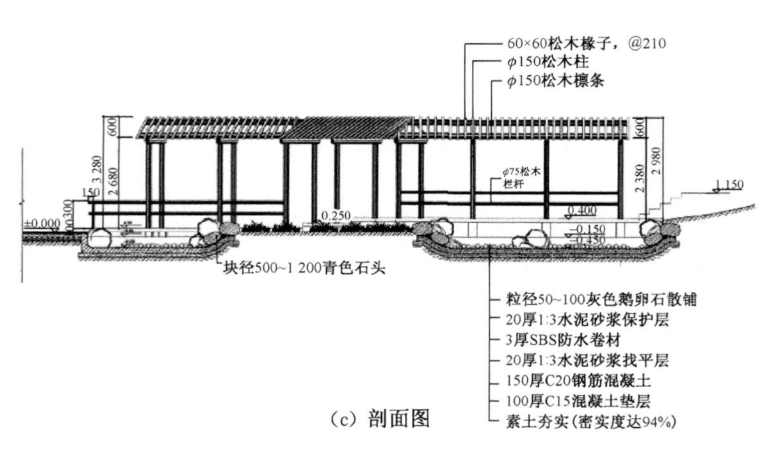

(c) 剖面图

图 5-12 曲廊桥构造示例

注:除标高单位为米(m)外,其余单位均为毫米(mm)。SBS为苯乙烯-丁二烯-苯乙烯。

(1) 石料和强度

石桥常用石材见表 5-1。

表 5-1　石桥常用石材

岩石种类	密度(kN/m^3)	极限抗压(MPa)	平均弹性模量(kPa)	色泽
花岗岩	23～28	98×10^3～200×10^3	52×10^5	蓝、微黄、浅黄，有红色或紫黑色斑点
砂岩	17～27	15×10^3～120×10^3	227×10^5	淡黄、黄褐、红、红褐、灰蓝
石灰岩	23～27	19×10^3～137×10^3	502×10^5	灰色不透明、结晶透明、灰黑、青石色
大理岩	23～27	69×10^3～108×10^3	—	白底黑色条纹，汉白玉色(青白色、纯白色)
片麻岩	23～26	8×10^3～98×10^3	—	浅黄、青灰，均带黑色芝麻色
凝灰岩	16～24	40×10^3～80×10^3	—	灰白、青灰，内夹褐红色或绿色结核块

石料强度等级及其极限强度见表 5-2。

表 5-2　石料强度等级及其极限强度

强度等级		30	40	50	60	80	100
强度类别	抗压(MPa)	21.6	28.8	36.0	43.2	57.6	72.0
	弯曲抗拉(MPa)	1.8	2.4	3.0	3.6	4.8	6.0

总之，天然石材品种多样，即便同一种岩石在材质性能上也有很大的差异，甚至同一矿区的岩石也会有较大的不同，这与其生成条件与造岩环境有关，所以在具体应用时要做好试验。

(2) 构造设计

石梁桥构造设计的重要内容就是结构计算。在进行结构计算时，采用弹性应力阶段，按容许应力法计算。当石料构件整体受弯，达到极限破坏时，首先是受拉区塑性已经有了很大变化，应力图形接近矩形分布，抗拉应力达到极限强度，而受压区最大压应力还远未达到抗压极限强度，故应力图仍按弹性阶段时的三角形分布图来计算板厚。

5) 现浇钢筋混凝土板梁桥

现浇钢筋混凝土更易于造型，适用范围更广，给予设计者更多的自由。亦可以根据实际需要设计成预应力钢筋混凝土板梁桥(图 5-13、图 5-14)。

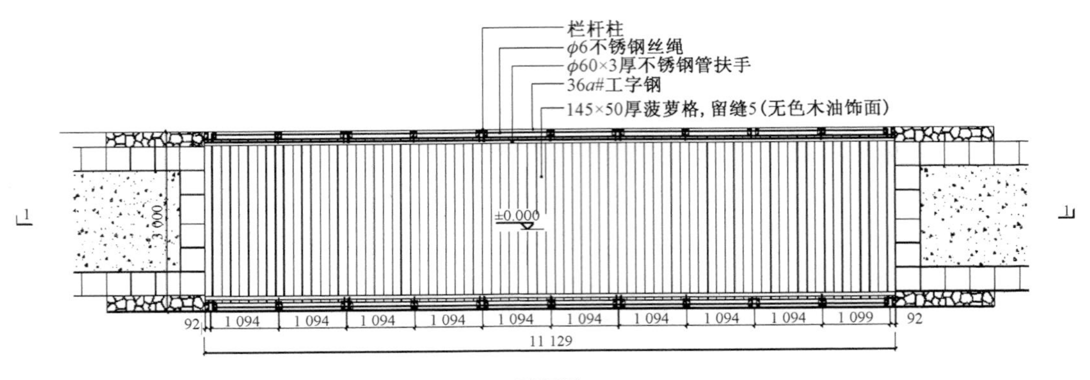

（a）平面图

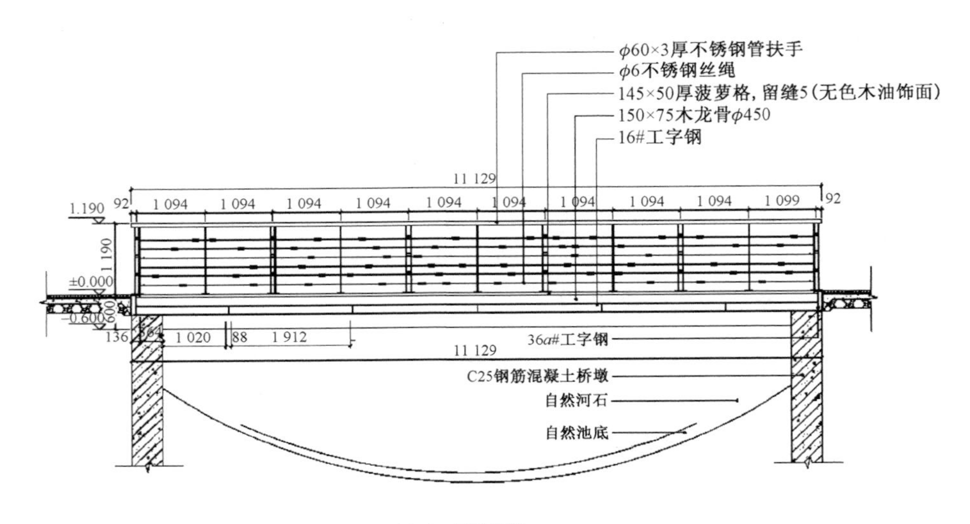

（b）1-1剖面图

图 5-13　钢筋混凝土板桥

注：除标高单位为米（m）外，其余单位均为毫米（mm）。

5.4.2　拱桥典型构造方法

拱桥造型优美，曲线圆润，富有动态感。单拱的桥形或如垂虹平卧清波，或似圆月半入碧水，仿佛是一座摆放在水面的精致雕塑。多孔拱桥则多见于跨度较大的宽广水面，常见的为三孔、五孔、七孔等。

1）拱桥的构造组成及各尺寸确定

（1）拱桥的构造组成

拱桥的组成整体包括上部结构和下部结构两部分：上部结构又包括拱圈和拱上建筑结构；下部结构又包括桥墩、桥台、护坡、基础及桩。

几个名词解释如下：

拱顶：拱圈的跨中顶部截面。

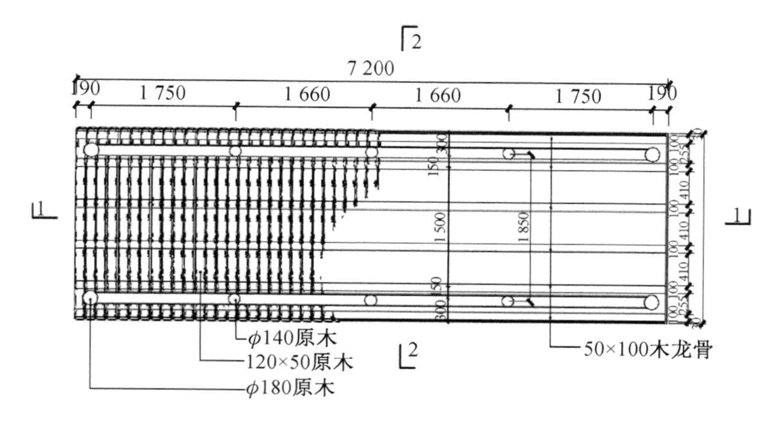

(a) 平面图

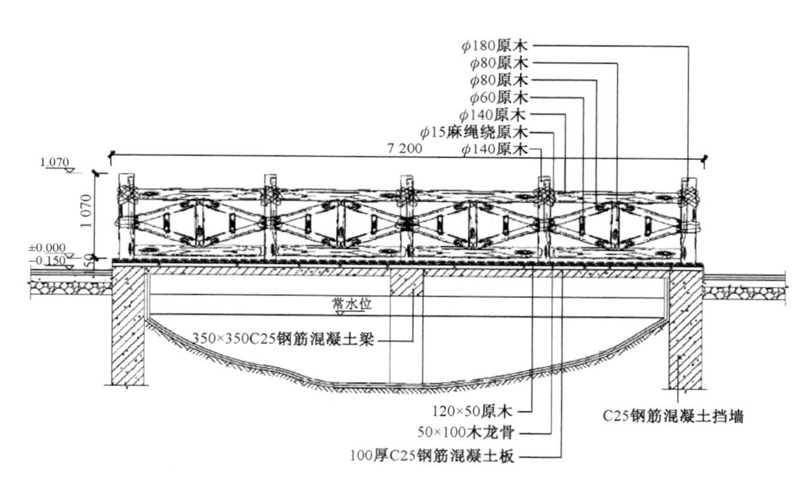

(b) 1-1剖面图

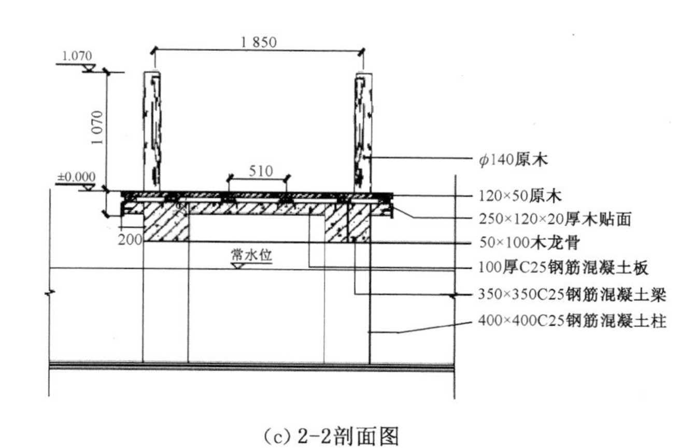

(c) 2-2剖面图

图 5-14　钢筋混凝土梁板桥

注:除标高单位为米(m)外,其余单位均为毫米(mm)。

拱脚(起拱面):拱圈与墩台连接处的横向截面。

拱轴线:拱圈各幅向截面的形心连线。

拱背:拱圈的上曲面。

拱腹:拱圈的下曲面。

起拱线:起拱面与拱腹相交的直线。

净跨径(La):在同一拱圈中,两起拱线间的水平距离。

净矢高(fo):拱顶下缘至两起拱线连线间的垂直距离。

计算跨径(L):拱轴线与两拱脚交点之间的水平距离。

计算矢高(f):自然轴线的拱顶至上述计算跨径间的垂直距离。

矢跨比:矢高与跨径之比,即 f/L。

陡拱:$f/L \geqslant 1/5$ 之拱。

坦拱:$f/L < 1/5$ 之拱。

(2) 主拱圈构造

① 板拱桥

拱桥一般采用粗料石、块石或片石砌体,石料强度等级≥MU30,砌筑用砂浆≥M5。拱石规格:片石厚度≥150 mm,体积≥0.01 m^3。块石要有两个较大的平行面,厚度为 200~300 mm,形状大致方正,其宽为厚度的 1~1.5 倍,长度为厚度的1.5~3.0 倍,体积≥0.02 m^3。石料一律错缝砌筑,错缝宽度>100 mm(图 5-15)。

拱圈料石构造要求,除上述外,拱圈与墩台及拱圈与拱腹、拱墩相连接处,应采用现浇混凝土拱座,或特别的拱座石,以改善受力状况(图 5-16)。

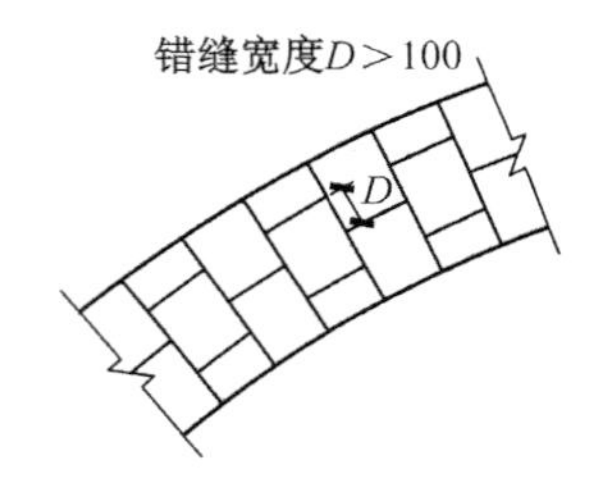

图 5-15　拱圈石料砌筑(单位:mm)

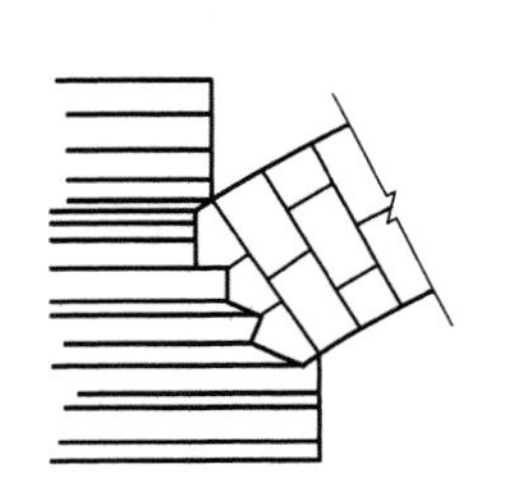

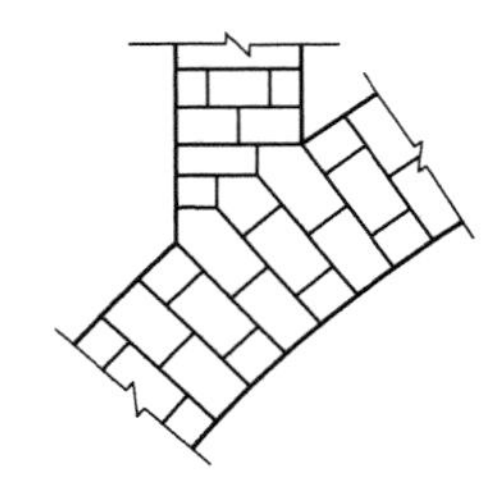

图 5-16　拱圈连接处构造

当用块石(或片石)砌筑拱圈时,应选择较大平整面与拱轴线垂直,并应使石的大头向上、小头向下,石块间的砌缝必须相互交错,用砂浆灌满,较大的缝隙应用片石嵌入,用木榔头锤打紧,用砂浆填实(1∶2 砂浆)。

② 双曲拱桥

主拱圈由拱肋、拱波、拱板和横向联系等部分组成。双曲拱桥的施工主要是将主拱圈以“化整为零”法按先后顺序进行施工,而以“集零为整”为组合法,结成整体结构承受荷重。

主拱圈的截面形式,取决于桥跨、宽度、荷载大小、材料及施工方法等,常用截面形式如图 5-17 所示。其中(b)和(c)不需设置侧模,既方便了现浇混凝土拱板的施工,又能按拱桥艺术造型要求丰富其外形,对于中、小宽度的双曲拱桥尤为合适。

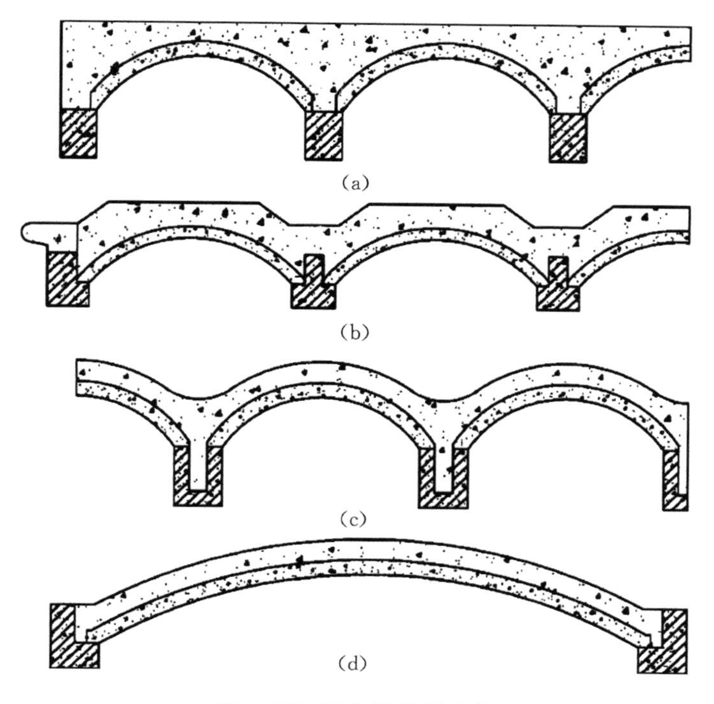

图 5-17 双曲拱截面形式

③ 实体板拱拱圈厚度的确定

· 中、小跨度拱桥拱圈厚度

按照我国修建石拱桥经验，拱圈厚度(cm)为

$$d = m \cdot k \sqrt[3]{L_0}\,(\text{cm})$$

式中：L_0——拱圈净跨度(m)；

m——系数，一般为 4.5～6.0，取用 k 值时，随矢跨比的减小而增大；

k——荷载系数，汽-10 级为 1.0，汽-15 级为 1.1，汽-20 级为 1.2。

· 石拱桥拱圈厚度

$$d = m_1(20 + L_0)$$

式中：d——拱圈厚度(m)；

L_0——拱圈净跨度(m)；

m——系数，一般为 0.016～0.020，跨度越大，所用系数越大。

④ 拱圈宽度的确定

拱圈宽度＝桥面宽度(车行道、人行道)＋栏杆宽度(一般都布置在桥帽石的悬出部分之上)。

为保证拱的横向稳定性，拱圈宽度一般不宜＜$L/15$，否则应验算拱圈的横向稳定性。

⑤ 拱轴线线型选择

中、小跨度拱桥最常见的是等截面弧拱圈，当跨度＞16 m，拱轴线宜采用悬链线。

⑥ 矢跨比(f/L)选择

· 主要从桥下净空和线路从景观要求出发的坡度来选择。

· 若从受力和经济角度来选择,经验建议值参见表 5-3,实腹式中、小跨度圆弧拱的 f/L 合适值亦可参见此表。

表 5-3 石拱桥矢跨比经验建议值

跨度 L(m)	6	8	10	13	16
拱顶处填土厚度 h=0.5 m时的 f/L	1/6～1/5	1/4	1/4～1/3.5	1/3.5	1/3
h=0.3m时的 f/L	1/4	1/4～1/3.5	1/3.5	1/3.5	1/3

2) 古石拱桥

石拱桥在结构上分成多铰拱型和无铰拱型,实际上多铰拱一经砌成,加荷载后在力学计算上亦可纳入无铰拱型的范畴。拱桥主要受力构件是拱圈,拱圈由细料石榫卯拼接构成。为使拱圈石在外荷载作用下共同工作,这就不单取决于榫卯方式,还有赖于拱圈石的砌置方式。

(1) 无铰拱的砌置方式(图 5-18)

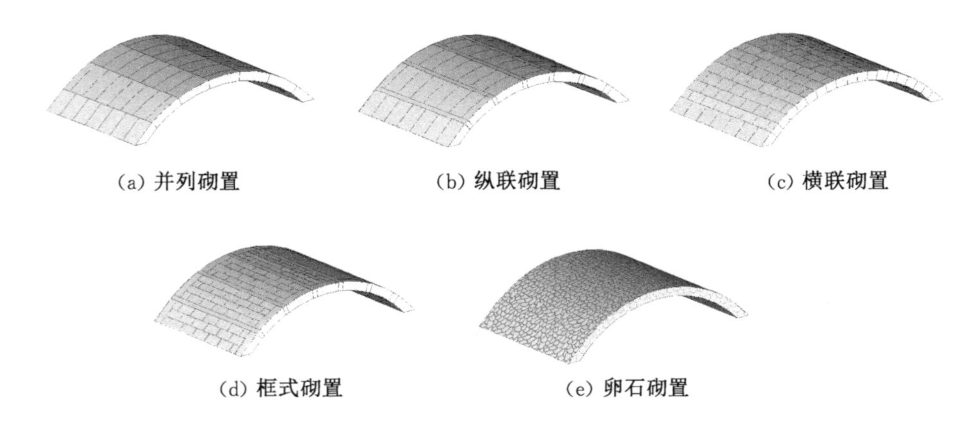

(a) 并列砌置　(b) 纵联砌置　(c) 横联砌置

(d) 框式砌置　(e) 卵石砌置

图 5-18 无铰拱的砌置方式

① 并列砌置:将若干独立拱圈并列,逐一砌筑合拢的砌置法。一圈合拢,即能单独受力。

② 横联砌置:使拱圈在横向交错排列砌筑,圈石横向联系紧密,从而使全桥拱石整体工作性大大加强。由于景观桥建筑立面处理和用料上的需要,横联拱圈又发展出镶边和框式两种。镶边横联砌置,在拱圈两外侧各用高级汉白玉镶箍成拱圈,全桥整体性好。框式横联拱圈吸收了镶边横联拱圈的优点,又避免了前者边圈单独受力与中间诸拱无联系的缺点。拱桥外圈材料加工要精细些,而内圈可稍微粗糙些,也不影响拱桥相连成整体。

③ 乱石(卵石)砌置:完全用不规则的乱石(花岗石、黄石)或卵石干砌的拱桥,是中国

石拱桥中的大胆杰出之作，江南尤多，跨度多为 6～7 m，截面多为圆弧拱，施工多用满堂脚手架或堆土成胎模，桥建成后，挖去桥孔径内的胎模土即成。

（2）多铰拱的砌置方式（图 5-19）

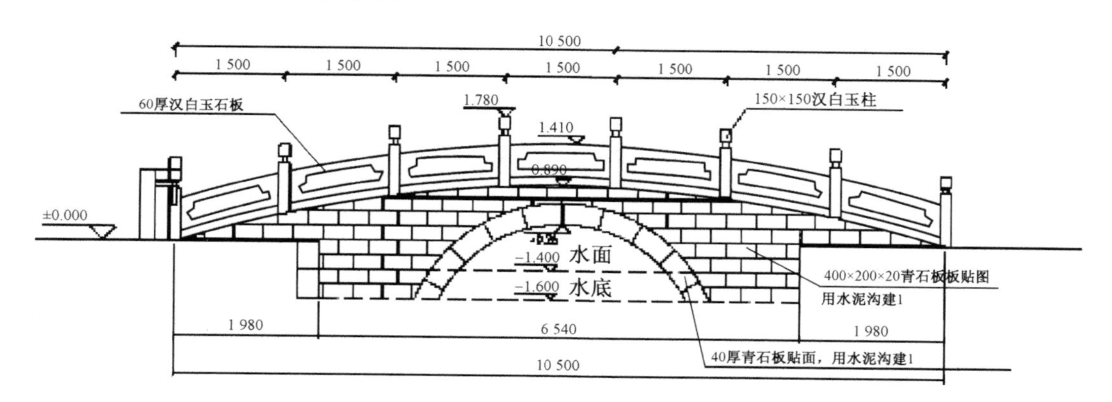

(a) 立面图

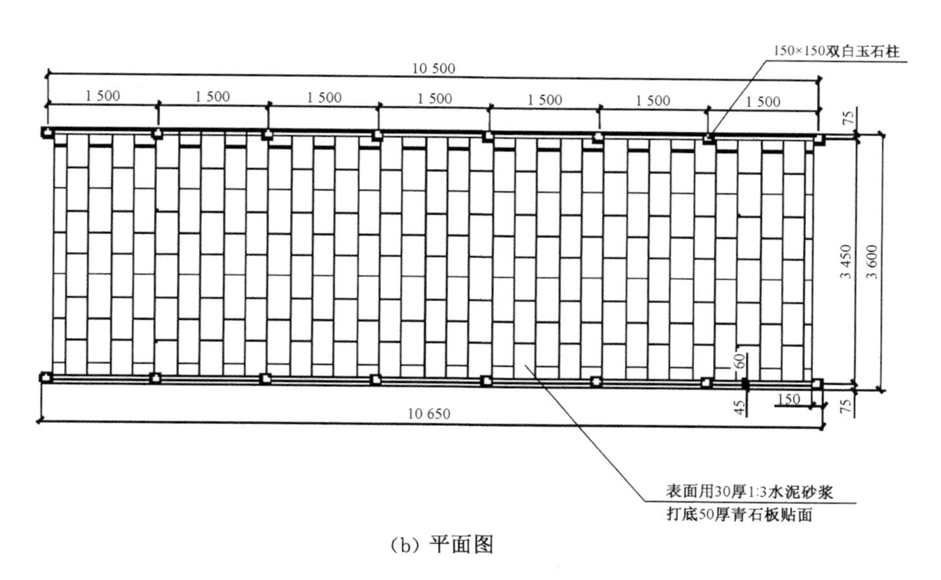

(b) 平面图

图 5-19　多铰拱的砌置方式

注：除标高单位为米（m）外，其余单位均为毫米（mm）。

① 有长铰石：每节拱圈石的两端接头用可转动的铰来联系。具体做法是将宽 600～700 mm、厚 300～400 mm，每节大致为 1 m 左右的内弯的拱圈石上下两端琢成榫头，上端嵌入长铰石之卯眼中，下端嵌入台式卯眼中，靠近拱脚处的拱板石较长些，顶部则短些。

② 无长铰石：拱板石两端直接琢制卯接以代替有长铰石时的榫头。榫头要紧密吻

合，联合面必须严紧合缝，外表看起来不知其中有榫卯。

3）现代石拱桥

从技术经济的角度来看，拱桥应该选择架设在河面、河床最窄处。桥长可选择为河宽的1.2～2倍，桥孔净跨度可取河床的0.3～0.5倍，桥孔高度为跨度的0.45～0.55倍，桥面纵向坡度可取1.2%～2.5%，通汽车的桥面则要求纵坡≤6%。

平面上石拱桥可分为三段，桥面中间一段为平段，两头两端可成八字形展开，既美观又可节省跨度部分的桥面工程费用。跨度也不宜过大，控制在4 m以内为佳，否则设多跨，化大为小。若桥设有游人上下的踏步台阶，其宽度 $b \geqslant 280$ mm，高度 $h \leqslant 150$ mm（图5-20）。

（1）桥身构造设计

① 拱圈石的材料选择与设计

· 拱圈石

厚度 $b=(1/6\sim1/12)R$（R 为桥拱顶圆曲线半径），且 $b>300$ mm，可选用上宽下窄的楔形石块，优先选用花岗石料，拱圈石用1∶2水泥砂浆砌筑；拱上墙身边墙用的石料要求可略低于拱圈石；基础砂浆砌块石的要求同上，低水位以下部分的基础则用浆砌（1∶3水泥砂浆）块石，栏杆柱和栏板的榫槽用1∶25水泥砂浆窝牢。

· 石材选择

墙身石料：选用花岗石，每块五面做细，迎面斩斧，背面做糙。桥墩、台石料露明部分用花岗石，埋深部分用凝灰岩、豆渣石亦可，石料强度等级≥MU20～25。

仰天石：选用花岗石，每块六面做细，二迎面露明斩斧、扁光，迎面凿槽，上面落槽，以便安排栏杆柱，栏板就位，仰天石出檐30～50 mm。

桥面石：选用花岗石，厚150 mm，每块五面做细，上面斩斧、扁光，底面做粗。

栏杆柱：选用石灰石，每根六面做细，主面斩斧，两肋扁光，两面做盒子心，两肋开栏板槽口、榫眼，底面做阳榫，榫长100 mm。

栏板石：选用石灰石，每块五面做细，主面斩斧，局部凿空。栏板之榫头长，两肋并底面各长40 mm。

抱鼓石：选用石灰石，每块五面做细，主面斩斧，四面扁光，两大面起框线，肋面和底面做榫头，榫长40 mm。

长条石：选用花岗石，每块四面做细，两端部各露出肩墙外400 mm，端部雕琢花纹。

如意石：选用花岗石，每块面一肋，两头做细，上面斩斧、扁光，底面及一肋做糙。

牙子石：选用花岗石，每块五面做细，上面斩斧、扁光，底面做糙。

桥心石：选用花岗石，其位于桥面中心外，平面尺寸为1 000 mm×1 000 mm～1 500 mm×1 500 mm。

② 变形缝

圆拱桥在边墙两端设置变形缝各一道，缝宽15～20 mm。缝内用浸过沥青的毛毡或甘蔗板等来填塞，并在缝隙上做防水层，以防雨水浸入或异物阻塞。

③ 防水层

在桥面石下铺设防水层，要求完全不透水和具有弹性，以便桥结构变形时不致破坏防水层。防水层采用沥青(厚 1 mm)和石棉沥青(七级石棉 30%,60 号石油沥青 70%)各一层作底,上铺沥青麻布一层,再在其上敷石棉沥青和纯沥青各一道作防水面层。

(2) 桥台、桥墩和基础构造设计

桥台、桥墩的基础底必须埋置在冰冻线以下 300 mm。基础应放置在清除淤泥和浮土后的老土(硬土)上,同时必须在挖去河泥的最低点以下 500 mm 处,以确保地基承载力,否则就必须使用桩基。

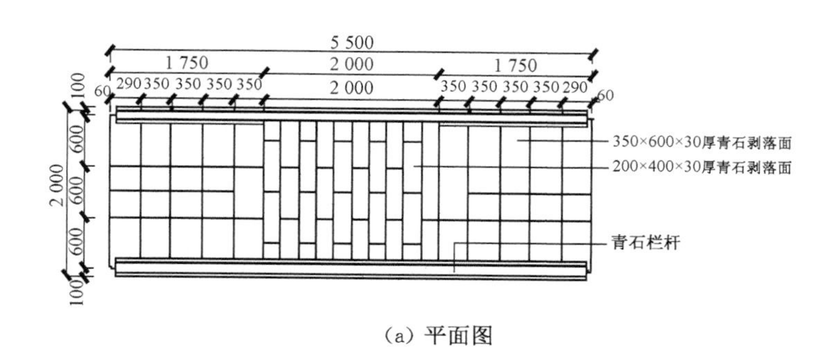

(a) 平面图

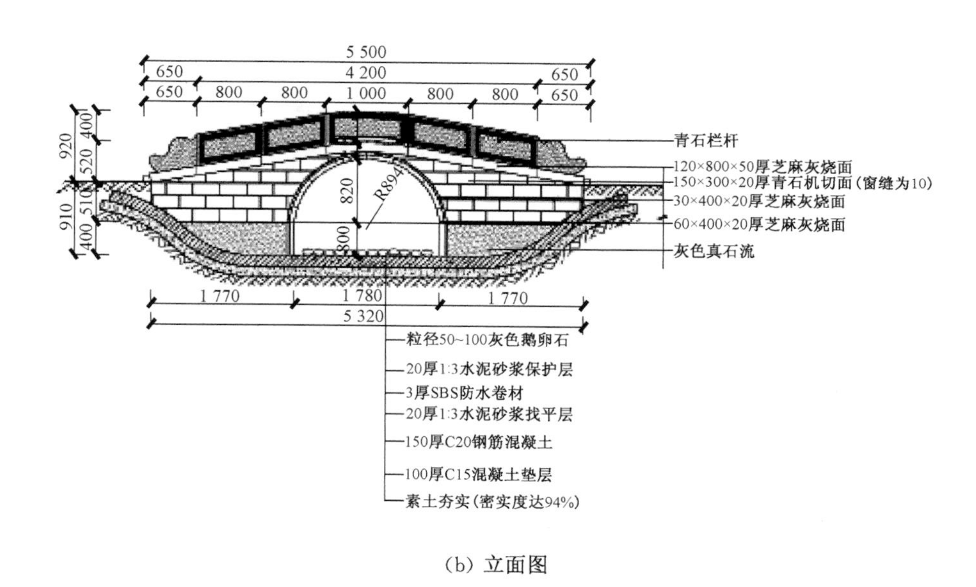

(b) 立面图

图 5-20　桥台、桥墩和基础构造设计(单位:mm)

4) 环月拱桥

当基地地基较差时,为加强拱桥基础,在桥台盖桩石下、门桩之外,以板条石、砖砌成倒圆弧,或用圆拱券的券板构成倒拱,拱度视桥下河床工程地质及通航的情况而定,可节省环月拱桥的基础工程(图 5-21)。

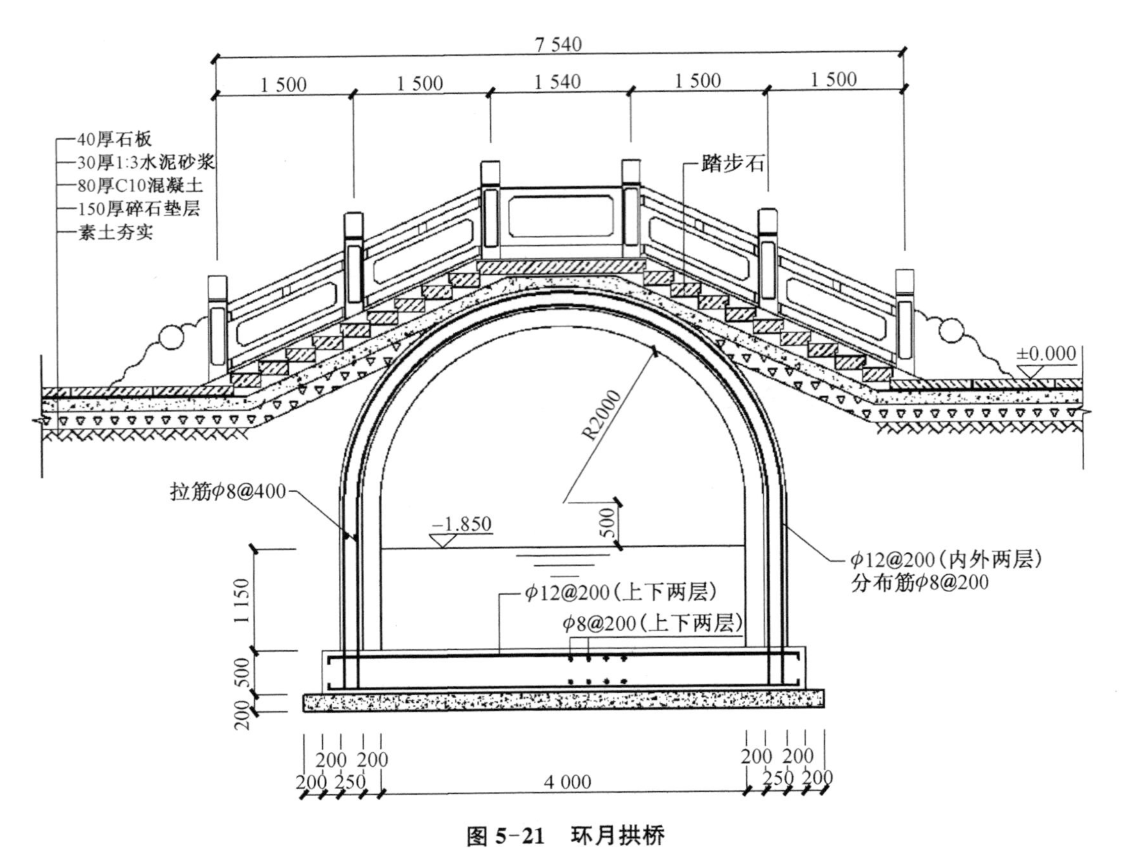

图 5-21　环月拱桥

注:除标高单位为米(m)外,其余单位均为毫米(mm)。

5.4.3　景观桥栏杆典型构造方法

1) 材料选择

用于景观桥栏杆的材料必须经久耐腐蚀,如水泥品种要优先选用铝酸三钙和硅酸三钙含量少的,以减少因钢筋体积膨胀而使混凝土保护层开裂;栏杆构件的钢筋混凝土保护层厚度,扶手拟采用 20 mm,立柱可用 25 mm。

2) 构造尺寸

古石桥的栏杆做法一般为宋式做法和清式做法两种。宋式于每两栏板间并不一定都设栏杆柱,栏板直通而到桥沿地袱两端用栏杆柱收梢。清式则每两栏板间必设置栏杆柱,地袱通长,栏杆柱和栏杆板均放在地袱之上。栏杆柱间距为 1 200～1 500 mm。栏杆柱古时截面多用八角形,现在用长方形或方形居多。栏杆柱本身又分为柱头、柱身两部分。柱头可用狮子、莲座等装饰,清式的柱头则用高于栏板的柱形,上饰有云纹、龙、凤等。

现代景观桥栏杆的高度以安全为前提,高度常取 1.05 m 以上。但桥下的净空(或水面以上矢高)小于 3 m,则栏杆高度可适当降低或栏杆仅单侧设置,甚至双侧均不设;水深在 500 mm 以内且桥面距离池底 500～1 000 mm 时,也可适当降低栏杆高度;水深大于 500 mm 时,必须考虑护栏安全度;然而当景观桥设于危崖深谷时,桥下净空高度甚大,则栏杆高度应在 1.3 m 以上(图 5-22)。

另外,从视觉效果出发,栏杆的高度要与桥面的净宽 B 相配:$B<10$ m,栏杆高度 $H=0.3\sim0.8$ m;$B\geqslant10$ m,$H\leqslant1$ m;$B=15\sim30$ m,$H=1.2$ m。

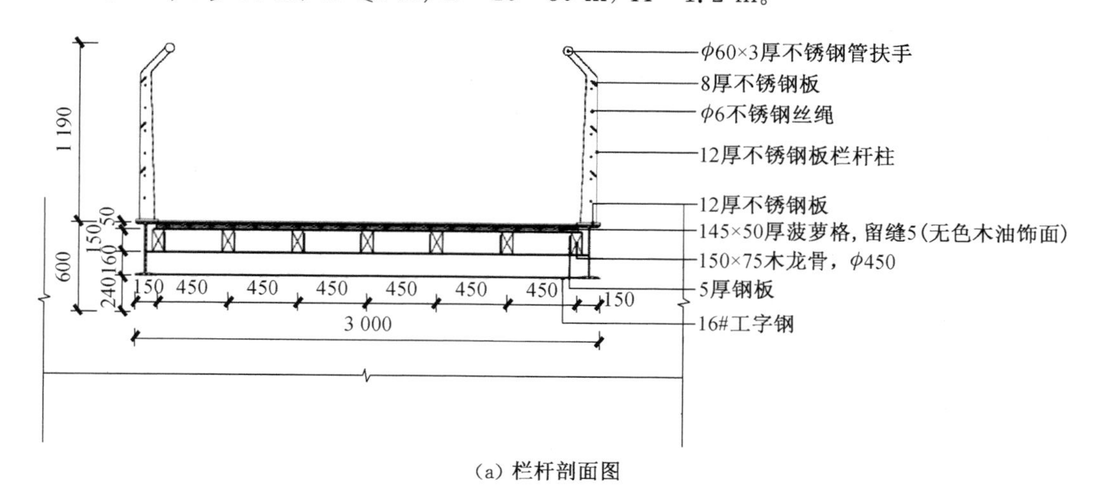

(a) 栏杆剖面图

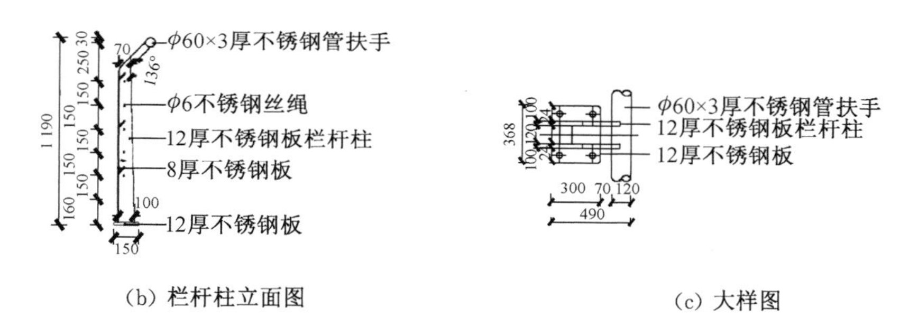

(b) 栏杆柱立面图　　(c) 大样图

图 5-22　栏杆构造(单位:mm)

参考文献

1. 刘奎. 浅谈中国古典园林不同建筑的功能[J]. 现代园艺,2016(11):109-110.
2. 卞慧媛,陆艳伟. 景桥设计初探[J]. 中外建筑,2009(8):67-69.
3. 梁艳. 桥梁造型质量评价[D]:[博士学位论文]. 上海:同济大学,2006.
4. 熊慧中,高宇,张睿,等. 浅谈我国寒地城市园林景桥的应用[J]. 国土与自然资源研究,2013(2):89-90.
5. 林洁. 园桥景观的研究[D]:[硕士学位论文]. 福州:福建农林大学,2007.
6. 王继开. 中国传统园桥艺术的传承与发展研究[D]:[硕士学位论文]. 南京:南京艺术学院,2009.
7. 陈翰兵. 园林桥设计初探[J]. 城市道桥与防洪,2004(2):37-39.
8. 黄路铭. 跨越水的艺术——对中国传统桥文化的探寻及其在现代景观设计中的价值分析[D]:[硕士学位论文]. 上海:同济大学,2004.
9. 李国,蒋栾斌. 石材在居住区景观中的应用[J]. 城市建设理论研究:电子版,2013(20):30-35.

10. 黄晓蓉. 中国石拱桥[J]. 早期教育(美术版),2015(9):27-27.
11. 陈秀然,杨超. 园林建筑在园林造景中的应用[J]. 黑龙江科技信息,2013(17):291-291.
12. 栗夏. 园林景观设计中园桥的若干问题探讨[J]. 城市建设理论研究:电子版,2013(16):41-44.
13. 吴为廉. 景观与景园建筑工程规划设计[M]. 北京:中国建筑工业出版社,2005.
14. 闫宝兴,程炜. 水景工程[M]. 北京:中国建筑工业出版社,2005.

思考题

1. 景观桥按照造型可以分为哪几类?
2. 景观桥的设计原则有哪些?
3. 常见的景观桥材料有哪些? 各自的特点是什么?
4. 木梁桥包含哪几个部分?
5. 拱桥的构造包括哪几个部分?
6. 景观桥栏杆的高度有什么要求?

6　墙、围栏构造设计

本章导读： 本章主要介绍了围墙、挡土墙及围栏的类型、使用材料和各类构造方法，从了解围墙、挡土墙及围栏的不同分类入手，到设计围墙、挡土墙及围栏应遵循的原则，重点阐述了围墙、挡土墙及围栏常用的材料、构造方法。

6.1　围墙、挡土墙、围栏的分类

6.1.1　围墙的分类

园林围墙有两种类型：一是位于园林周边、分隔生活区的围墙；一是园内划分空间、组织景色、安排导游而布置的围墙。古典园林围墙是中国传统园林中常见的一种形式（图 6-1）。

图 6-1　古典园林围墙(南京瞻园)

1）按照造型

围墙按其造型分类，最常见的有矩形围墙、曲面围墙、折叠式围墙、倾斜式围墙。

矩形让人感觉和谐、明快、简洁，矩形围墙多为横向展开，因为竖向不适合人的观赏角度，容易让人产生压抑感，体量上也会受到限制。曲面围墙多给人一种围合的感觉，营造自然、野趣的氛围。折叠式围墙（图 6-2）和倾斜式围墙（图 6-3）都能给人更多的观赏角度。

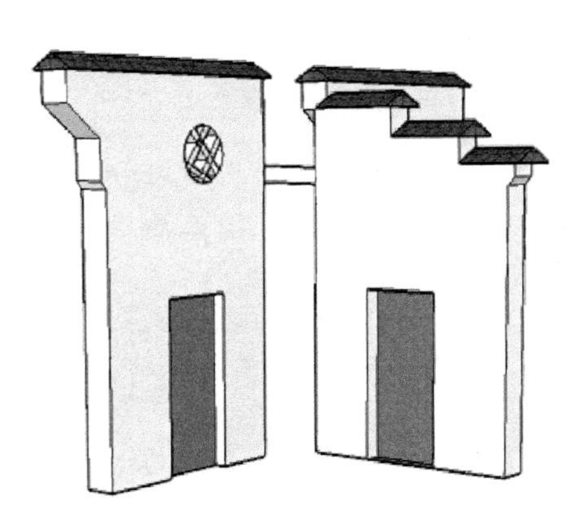

图 6-2　折叠式围墙

图 6-3　倾斜式围墙（加拿大魁北克某园圃）

2）按照构景方式

围墙按其构景方式分类，最常见的有生态式围墙、独立式围墙和连续式围墙。

生态式围墙（图 6-4）将藤蔓植物进行合理种植，利用植物的抗污染、杀菌、滞尘、降温、隔声等功能，形成既有生态效益又有景观效果的围墙。独立式围墙（图 6-5）以一面墙独立安放在景区中，使其成为视觉焦点。连续式围墙以一面墙为基本单位连续排列组合，使围墙形成一定的序列感。

图 6-4　生态式围墙（南京 1912 街区）

图 6-5　独立式围墙（凤凰古城）

3）按照风格

围墙按其风格分类，最常见的有古典式围墙、现代式围墙和混合式围墙。

中国古典园林往往使用漏窗、花窗、空窗等设计，使空间彼此渗透，使围墙变得极具观赏性，这是古典式围墙的精华所在（图 6-6）。现代式围墙拥有的几何造型可繁可简、样式多变，符合现代人的审美观念，具有鲜明的时代特征（图 6-7）。而混合式围墙则是取两家之长，传统古典式围墙的设计理念加上现代的材料，或用现代的一些表现手法来完成对古典的诠释(图 6-8)。

图 6-6　古典式围墙(南京瞻园)

图 6-7　现代式围墙[米罗(Miro)住宅小区]

图 6-8　混合式独立围墙(杭州昆仑公馆样板房庭院)

4）按照外表面材质

围墙按其外表面材质分类，最常见的有版筑墙、乱石墙、磨砖墙、白粉墙等。

分隔院落空间多用白粉墙，墙头配以青瓦。用白粉墙衬托山石、花木，犹如在白纸上绘制山水花卉，意境尤佳。围墙与假山之间可即可离，各有其妙。围墙与水面之间宜有道路、石峰、花木点缀，景物映于墙面和水中，可增加意趣。产竹地区常就地取材，用竹编围墙，既经济又富有地方色彩，但不够坚固耐久，不宜作为永久性围墙(图 6-9)。

图 6-9　围墙(南京瞻园)

5) 按照形式

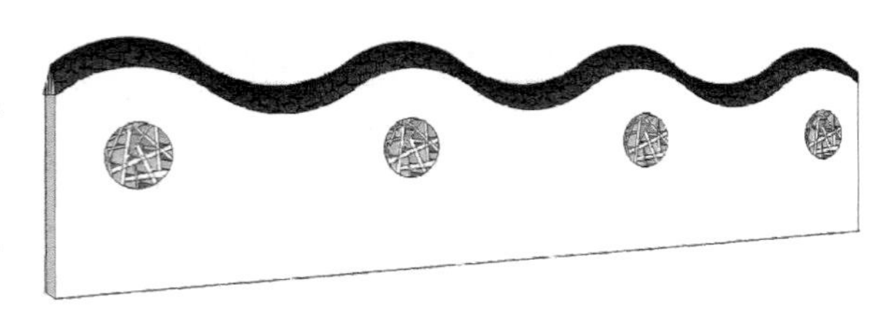

图 6-10 云墙

围墙按其形式分类，最常见的有云墙(波形墙，图6-10)、梯形墙、漏明墙、虎皮石墙、竹篱笆墙(图 6-11)、干沟式的“隐垣”等。

平坦的地形多建成平墙，坡地或山地则就势建成阶梯形墙，为了避免单调，有的建成波浪形的云墙。划分内外范围的围墙内侧常用土山、花台、山石、树丛、游廊等把墙隐蔽起来，使有限空间产生无限景观的效果。国外常用木质的或金属的通透栅栏作为围墙，园内景色能透出园外。英国自然风景园常用干沟式的“隐垣”作为边界，远处看不见围墙，园景与周围的田野连成一片。

图 6-11 竹篱笆墙(杭州喜舍民宿)

6.1.2 挡土墙的分类

挡土墙指的是为防止路基填土或山坡岩土坍塌而修筑的、承受土体侧压力的墙式构造物；或者说是用来支撑路基填土或山坡土体，防止填土或土体变形失稳的一种构造物。它广泛应用于堤岸、桥梁台座、水榭、假山、地下室等建筑工程，在地势变化较大的山地建筑中尤为多见。挡土墙按其用途、高度、地质条件等来进行选择，一般分为如下几种：

1) 重力式挡土墙

重力式挡土墙以挡土墙自身重力来维持其在土压力作用下的稳定，是我国目前常用的一种挡土墙。

重力式挡土墙可用块石、片石、混凝土预制块作为砌体，或采用片石混凝土、混凝土进行整体浇筑。半重力式挡土墙可采用混凝土或少筋混凝土浇筑。重力式挡土墙可用石砌或混凝土建成，一般都做成简单的梯形(图 6-12)。它的优点是就地取材，施工方便，经济效果好。所以，重力式挡土墙在我国铁路、公路、水利、港湾、矿山等工程中得到广泛的应用。

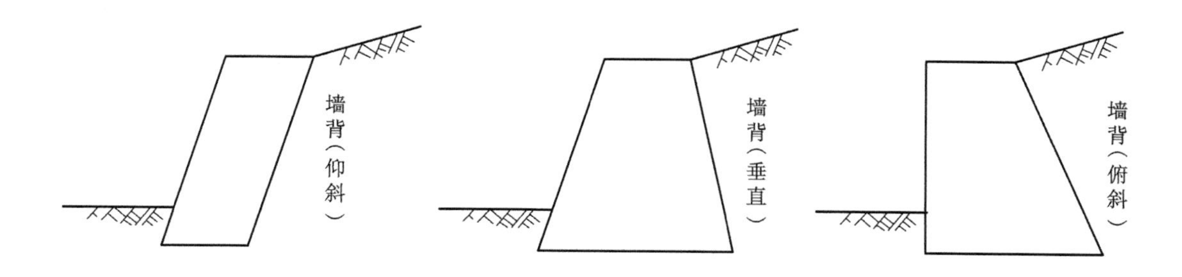

图 6-12 重力式挡土墙

由于重力式挡土墙靠自重维持平衡稳定，因此，体积、重量都大，在软弱地基上修建往往受到承载力的限制。如果墙太高，耗费材料多，也不经济。当地基较好、挡土墙高度不大、本地又有可用石料时，应当首先选用重力式挡土墙。

重力式挡土墙一般不配钢筋或只在局部范围内配以少量的钢筋，墙高在 6 m 以下。在地层稳定、开挖土石方时不会危及相邻建筑物安全的地段，其经济效益明显。

依其形态可分为仰斜式、垂直式和俯斜式。

(1) 按土压力理论，仰斜墙背的主动土压力最小，而俯斜墙背的主动土压力最大，垂直墙背位于两者之间。

(2) 如挡土墙修建时需要开挖，因仰斜墙背可与开挖的临时边坡相结合，而俯斜墙背后需要回填土，因此，对于支挡挖方工程的边坡，以仰斜墙背为好。反之，如果是填方工程，则宜用俯斜墙背或垂直墙背，以便填土易夯实。在个别情况下，为减小土压力，采用仰斜墙也是可行的，但应注意墙背附近的回填土质量。

(3) 当墙前原有地形比较平坦，用仰斜墙比较合理；若原有地形较陡，用仰斜墙会使墙身增高很多，此时宜采用垂直墙或俯斜墙。

2) 悬臂式挡土墙

悬臂式挡土墙是由立板和底板两部分组成(图 6-13)。为便于施工，立板内侧(即墙背)做成竖直面，外侧(即墙面)可做成 1∶0.02～1∶0.05 的斜坡，具体坡度值将根据立板的强度和刚度要求确定。当挡土墙墙高不大时，立板可做成等厚度。墙顶的最小厚度通常采用 20～25 cm。当墙高较高时，宜在立板下部将截面加厚。

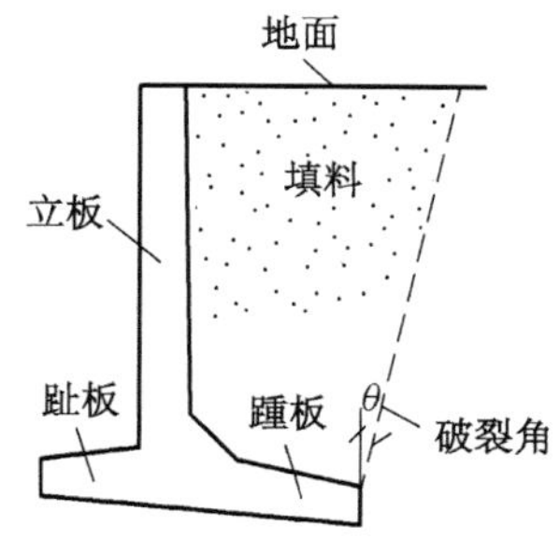

图 6-13 悬臂式挡土墙

悬臂式挡土墙的结构稳定性是依靠墙身自重和踵板上方填土的重力来保证，而且墙趾板也显著地增大了抗倾覆稳定性，并大大减小了基底应力。它的主要特点是构造简单、施工方便、墙身断面较小、自身质量轻，可以较好地发挥材料的强度性能，并能适应承载力较低的地基。但是需耗用一定数量的钢材和水泥，特别是墙高较大时，钢材用量急剧增加，影响其经济性能。一般情况下，墙高 6 m 以内采用悬臂式挡土墙。它适用于缺乏石料及多地震地区。由于墙踵板的施工条件，一般用于填方路段作路肩墙或路堤墙使用。悬臂式挡土墙在国外已广泛使用，近年来，在国内也开始大量应用。

3) 加筋土挡土墙

加筋土挡土墙指的是由填料、拉筋和镶面砌块组成的加筋土承受土体侧压力的挡土墙(图 6-14)。

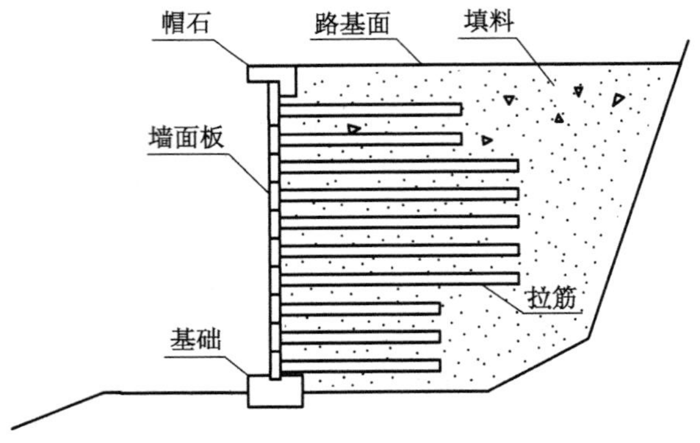

图 6-14 加筋土挡土墙

加筋土挡土墙是在土中加入拉筋,利用拉筋与土之间的摩擦作用,改善土体的变形条件和提高土体的工程特性,从而达到稳定土体的目的。加筋土挡土墙由填料、在填料中布置的拉筋以及墙面板三部分组成,一般应用于地形较为平坦且宽敞的填方路段上。在挖方路段或地形陡峭的山坡,由于不利于布置拉筋,一般不宜使用。

加筋土是柔性结构物,能够适应地基轻微的变形,填土引起的地基变形对加筋土挡土墙的稳定性影响比对其他结构物小,地基的处理也较简便。它是一种很好的抗震结构物。其特点是能装配式施工,施工简便、快速,节约占地,造型美观,高度一般不高于 5 m,造价低,具有良好的经济效益。

6.1.3 围栏的分类

1) 按围栏的材质

围栏按其材质分为铁质围栏、石材围栏、玻璃围栏(图 6-15)、水泥围栏、木制围栏(图 6-16)等。

制作围栏常用的材料有石料、钢筋混凝土、铁、砖、木料等。钢筋混凝土围栏一般采用细石混凝土预制成各种装饰花纹,运到现场拼接安装,施工制作比较简便、经济;但需注意加工质量,如果偶经碰撞即损坏并显露出钢筋,反而有损于环境美。铁制围栏轻巧空透,布置灵活,但应注意防蚀、防锈。

图 6-15 玻璃围栏(南京林业大学图书馆)

2）按围栏的功能用途

围栏按其功能用途分为防护围栏、装饰围栏、分隔围栏、坐凳式围栏、靠背式围栏等。

防护围栏的高度一般为 1.1～1.2 m，围栏格栅的间距要小于 12 cm，构造应聚土、坚实。坡地的一般防护围栏高度常在 90 cm 左右，设在花坛、小水池、草坪边以及道路绿化带边缘。装饰性围栏高度为 15～30 cm，其造型应纤细、轻巧、简洁、大方。用于分隔空间的围栏要求轻巧空透、装饰性强，其高度视不同环境的需要而定。此外还有坐凳式围栏、靠背式围栏，此类围栏既可起围护作用，又可供游人休息就座，常与建筑物相结合设于墙柱之间或桥边、池畔等处。

图 6-16　木制围栏(南京 1912 街区)

3）按围栏的装饰特性

围栏按其装饰特性分为铁艺围栏、透景围栏、飘窗围栏、栅条围栏、美式围栏、欧式围栏等。

铁艺围栏以其特有的铁艺文化，厚重、古朴、阳刚与阴柔并蓄，极富古典华贵气息与亲和力，令人心情愉悦。欧式围栏和美式围栏均在其设计中加入了文化的元素，使得围栏显得庄重而大气，有较强的装饰美化作用。栅条围栏被广泛运用在区域的分割中，其高度可以随着需要而改变，而且制作简单，样式美观大方，但缺点是样式有点过于单一。

6.2　围墙、挡土墙、围栏的设计原则

6.2.1　围墙的设计原则

(1) 能不设围墙的地方尽量不设，让人接近自然、爱护绿化。

(2) 能利用空间分隔的办法、自然的材料达到隔离的目的，应尽量利用。地面的高差、水体的两侧、绿篱树丛，都可以加以利用，达到隔而不分的目的。

(3) 要设置围墙的地方，能低尽量低，能透尽量透，只有少量须掩饰隐私处才用封闭的围墙。

(4) 使用围墙处于绿地之中，成为园景的一部分，减少与人接触的机会，由围墙向景墙转化。

善于把空间的分隔与景色的渗透联系并统一起来，有而似无，有而生情，才是高超的

设计。

6.2.2 围栏的设计原则

（1）要充分利用杆件的截面高度，既提高强度又利于施工。

（2）杆件的形状要合理，例如两点之间，直线距离最近，杆件也最稳定，多几个曲折，就要放大杆件的尺寸才能获得同样的强度。

（3）围栏受力传递的方向要直接明确，只有了解一些力学知识，才能在设计中把艺术和技术统一起来，设计出好看、耐用又便宜的围栏来。

（4）由于围栏在长距离内连续地重复而产生韵律美感，因此某些具体的图案、标志，例如动物的形象、文字往往不如抽象的几何线条组成给人的感受更强烈。

（5）低栏要防坐防踏；中栏需防钻；中栏的上半栏要考虑作为扶手使用；高栏要防爬，因此下面不要有太多的横向栏件。

6.2.3 挡土墙的设计原则

挡土墙的设计要素包括其形状和高矮。据环境状况通常采用“五化”设计手法，即化高为低、化整为零、化大为小、化陡为缓、化直为曲。这五种设计改变了挡土墙立陡的单一设计，与植物等相结合，减小了挡土墙的不利视面，增加了绿化量，既有利于创造小气氛，又有利于提高空间环境的视觉品质。

（1）化高为低。土质好、高差在 1 m 以内的台地，尽可能不设挡土墙而按斜坡台阶处理，以绿化作为过渡；即使高差较大、放坡有困难的地方，也可仅在其下部设台阶式挡土墙，或于坡地上加做石砌连拱式发券，既保证了土坡稳定，空隙处也便于绿化，以保持生态平衡；同时也降低了挡土墙高度，节省工程造价（图 6-17）。

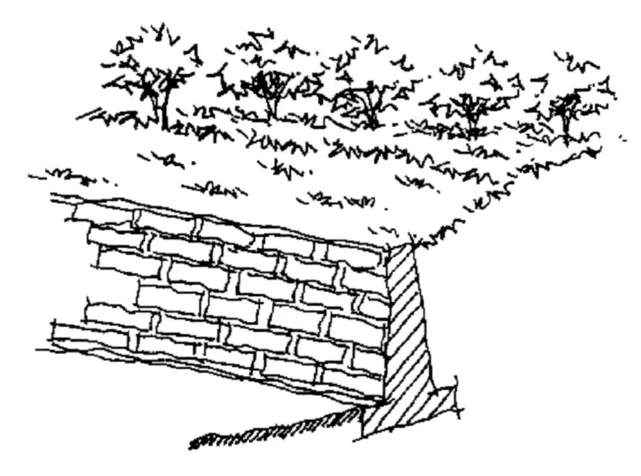

图 6-17　化高为低

（2）化整为零。高差较大的台地，在 2.5 m 以上，做成一次性挡土墙会产生压抑感，同时也易造成整体圬工，应化整为零，分成多阶的挡土墙修筑。中间跌落处应设平台，用观赏性较强的灌木绿化，例如连翘、丁香、榆叶梅、粉刺玫、黄刺玫等，也可用藤本植物绿化，例如五叶地锦、野蔷薇、藤本玫瑰等，若土质不好要进行换土。这种设计解除了墙体视觉上的庞大笨重感，而且挡土墙的断面也大大减小，美观与工程经济得到统一（图 6-18）。

（3）化大为小。在一些美观上有特殊要求的地段，土质不佳时，则要化大为小，即使挡土墙的外观由大变小。做法是将整个墙体分为两部分，下部加宽，形成种植池填土绿化；在景观明亮之处也可以设计成水池，放养游鱼和水生植物；亦可设计成喷泉，形成观赏性很强的空间效果(图 6-19)。

(4) 化陡为缓。由于人的视角所限,同样高度的挡土墙,对人产生的压抑感大小常常由于挡土墙界面到人眼的距离近远的不同而不同,故挡土墙顶部的绿化空间,在采用直立式挡土墙时不能看到,而采用倾斜面挡土墙时则能看到,那么采用后者,空间变得开敞了,环境也更显得明快了(图 6-20)。

(5) 化直为曲。把挡土墙由直化曲,把直线条化成曲线,突出动态,更加能吸引人的视线,给人以舒适、美观的感觉。尤其在一些特殊的场合,结合如纪念碑、露天剧场、球场等,流畅的曲线使空间形成明显的视觉中心,更有利于突出主要景物(图 6-21)。

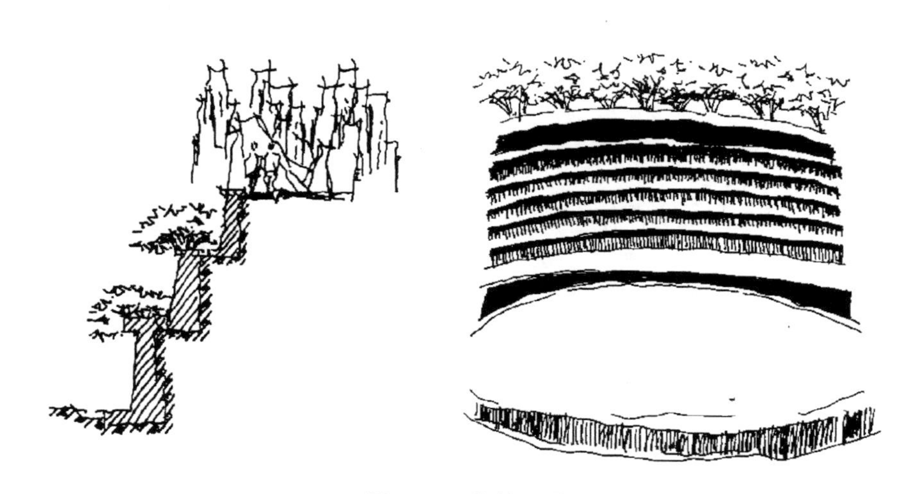

图 6-18 化整为零

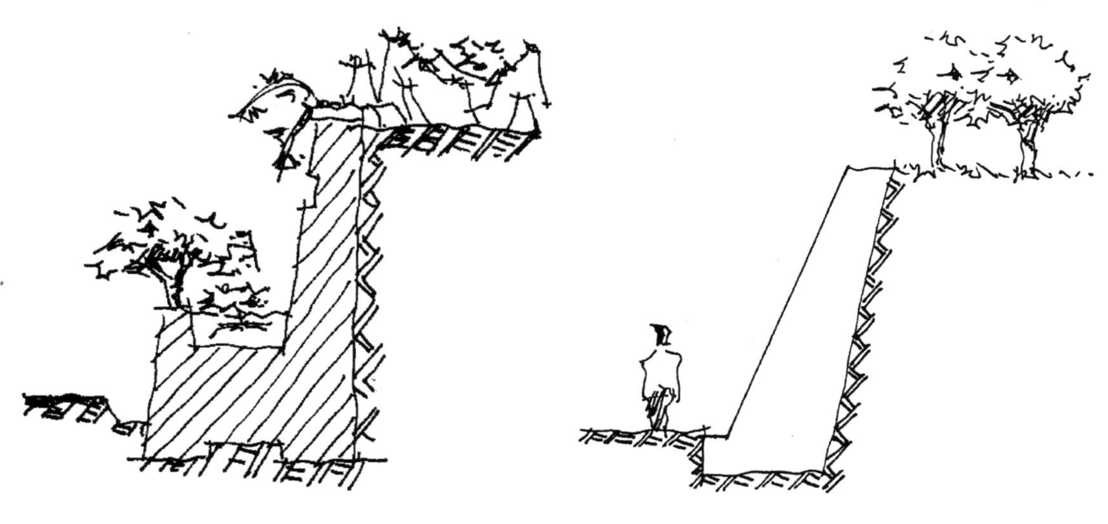

图 6-19 化大为小

图 6-20 化陡为缓

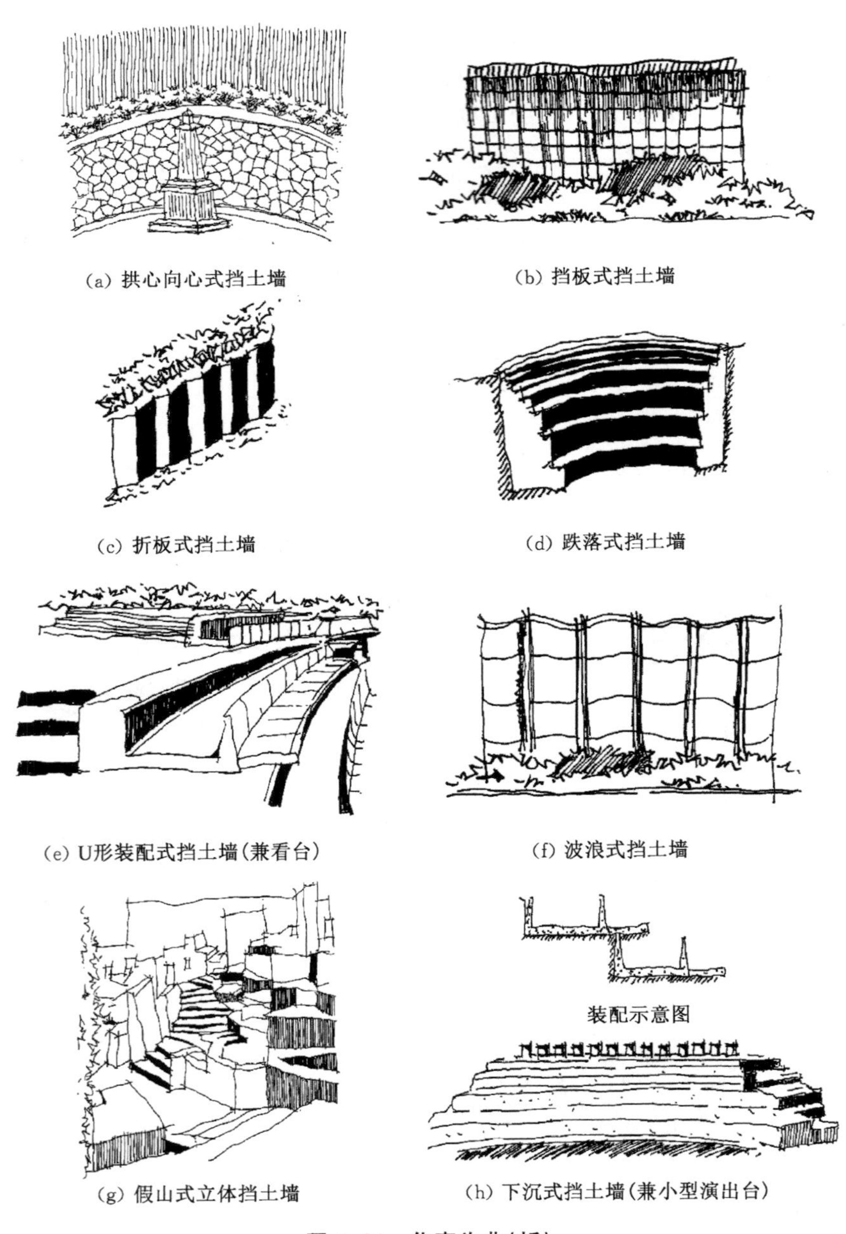

(a) 拱心向心式挡土墙　(b) 挡板式挡土墙

(c) 折板式挡土墙　(d) 跌落式挡土墙

(e) U形装配式挡土墙(兼看台)　(f) 波浪式挡土墙

(g) 假山式立体挡土墙　(h) 下沉式挡土墙(兼小型演出台)

图 6-21　化直为曲(折)

6.3　围墙、挡土墙、围栏的常用材料

6.3.1　石材

天然石材是指在自然岩石中开采所得的石材，它是人类历史上应用最早的建筑材料之一。大部分天然石材具有强度高、耐久性好、蕴藏量丰富、易于开采加工等特点，因此被

各个时期的人们所青睐。石材的种类主要包括以下几种：

（1）大理石。大理石组织细密、结实、纹理美观，然而易风化、耐磨性差，长期暴露在室外条件下会失去光泽、掉色甚至出现裂缝。

（2）花岗岩。花岗岩结构细密、耐磨、耐压、耐腐，几乎可用于各种条件下，其表面呈均匀颗粒状或发光云母颗粒状。大部分花岗岩的表现效果较为单一，与大理石相比，缺少特殊花纹，主要靠整体色彩及质感实现效果。

（3）砂岩。砂岩是一种亚光石材，不会产生强烈的反射光，视觉感受上柔和亲切，适合大面积应用。砂岩在耐用性上也可以比拟大理石、花岗岩，不易风化变色。

（4）板岩。天然板岩拥有一种特殊的层片状纹理，纹理清晰，质地细腻致密，沿着片理不仅易于劈分，而且劈分后的石材表面显示出自然的凸凹状纹理，可制作成片状用于墙面，给人一种自然亲切的视觉观感。板岩的硬度和耐磨度介于花岗岩和大理石之间。

石材具有强度高、易于开采等特点，被广泛地应用于墙体建造中。天然石材构成的墙体易融合于自然环境之中，并且会使墙体显得厚重稳定。很多情况下会采用石材贴面来代替天然石材建造的墙体，但是效果并不十分理想（图6-22）。

图 6-22　石材制独立式围墙（印度尼西亚卡玛酒店）

6.3.2　砖

砖最早是作为结构材料出现的，在以砖或砖混作为结构形式时成为一种形式并在一段时间内广为出现。随后的发展出现了掩盖砖墙自然面貌的处理，如墙体抹灰、贴面砖等，传统的清水砖墙一度受到冷落。随着我国现代化水平的提高，当我们的周围充斥着太多的现代材料及工艺时，人们逐渐对现代冰冷的材料感到厌倦，传统的砖砌体的真实感和它的自然气息重新受到人们的喜爱。

在很多保护区改造的项目中，砖墙被刻意地保留，并且重新进行诠释，为环境营造出具有历史感的氛围，在现代化的城市环境中，辟出一处别有韵味的空间（图6-23）。

6.3.3　木材

木材是由天然树木加工成的圆木、板材、枋材等建筑用材的总称。木材墙体的优点是给人亲切自然的感觉，无论是观感还是触感均舒适宜人。木材的特点决定了其耐候性较差，耐久年限较低，易损伤，易燃，维修保养较为复杂。随着技术的不断进步，以木材为基本材料的人造板材在耐久性和耐候性方面得到了较大的改观，板材的选择也更加多样化（图6-24）。

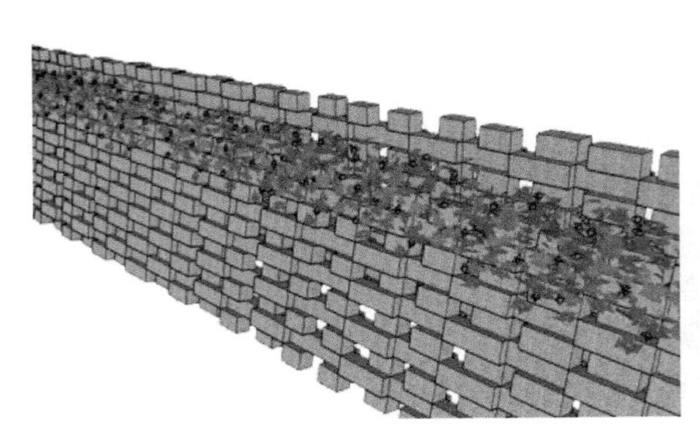

图 6-23　砖砌挡土墙

图 6-24　木制围栏(南京瞻园)

6.3.4　玻璃

玻璃清澈明亮,质感光滑、坚硬而易碎,对光线可产生透射、折射、反射等多种物理效果,并且容易与石材、金属等材质形成强烈的对比,具有特殊的景观艺术表现力。玻璃可以灵活拼贴,富有艺术感,并且不易沾污、坚实耐久(图 6-25)。

图 6-25　玻璃制围栏(南京四方当代美术馆)

6.3.5　混凝土

混凝土一般由水泥、沙子、石子等骨料和水构成,经过烧筑、养护、固化后形成坚硬的固体,可塑性很高。构成混凝土的原料成分、合成比例的差别会形成不同的性质及感官效果。混凝土墙的优点是一劳永逸,缺点是不够通透。

6.3.6 金属

(1) 以型钢为材，断面有几种，表面光洁，性韧易弯不易折断，缺点是每 2～3 年要油漆一次。

(2) 以铸铁为材，可做各种花型，优点是不易锈蚀且价格不高，缺点是性脆且光滑度不够。

(3) 锻铁、铸铝材料，质优而价高，多在局部花饰中或室内使用。

(4) 各种金属网材，如镀锌、镀塑铅丝网，铝板网，不锈钢网等。现在往往把几种材料结合起来，取其长而补其短。取型钢为透空部分框架，用铸铁为花饰构件，局部、细微处用锻铁、铸铝。

6.3.7 竹

竹是中国古代建筑中起到围护作用的重要存在，篱笆是过去最常见的围墙，现已难得一见。将一排竹子加以编织，成为"活"的围墙（篱），是最符合生态学要求的。竹木围栏自然质朴、价廉，但是使用期不长，在强调意境的地方使用时，材料要经防腐处理。然而随着现代科技的发展，竹材的利用率越来越高，人们也越来越关注竹材在此类建筑构筑物中的运用（图 6-26）。

图 6-26 竹制围栏（南京艺术学院）

6.3.8 其他材料

现代材料的发展日新月异，人们在开发树脂类材料的同时，也开始重新审视砖、石、木等传统材料并对其加以改进和创新。色彩更加自然的材料不断增加，例如石质肌理的砖材、木材色彩的混凝土砌块等。砌块、砖等材料的形状，以及它们之间的拼接构造所体现的趣味也得到越来越多的关注。

另外，在景观设计中，材料往往用来表达地域性。一方面，地方材料有很多优势，如造价低廉、可以就地取材等；另一方面，人们长期生活在一个地方，对某种当地材料的认知不仅仅停留在物质层面上，这些材料的色彩、质地、肌理甚至气息都与他们的生活水乳交融，构成了他们内心深处的记忆和情感(图 6-27)。

图 6-27　创新的现代式围墙(泰国某公寓住宅)

6.4　围墙、挡土墙、围栏的构造设计

6.4.1　围墙的构造设计

1) 围墙的技术环节

(1) 确定墙的基址。如果不是在已有的混凝土石板上砌筑，则需要另挖壕沟，再注入水泥，保持其与地面相平。作为墙柱起支撑作用的钢棒应朝上深埋在混凝土基础里。

(2) 依次砌筑墙柱石至所需的高度，用酒精水准仪检查是否与地面垂直。

(3) 完成后，在带状或者石板基础上和柱脚凹槽处皆涂上混合砂浆，紧挨着它们的墙柱石的一侧砌筑第一块石料，检查是否平整。

(4) 在竖直方向上涂抹混合砂浆。水分适中的混合砂浆可以使黏接更容易。

(5) 紧接着放置第二块石料，检查它是否水平，使其与第一块保持在一条直线上。用泥铲去掉多余的砂浆。用酒精水准仪检查墙面是否成直线。

(6) 用相同的方法完成其他层，如果所筑墙体超过两层，则在层间设置增强混凝土的金属网，之后可以砌筑两层。搁置一夜后混合砂浆变硬，第二天覆盖墙柱顶石。

(7) 在混合砂浆未干时用工具勾缝。

2) 围墙的构造举例

(1) 以砖围墙为例

砖块是使用最为广泛的筑墙材料，构筑方式多种多样，不管是墙或柱，也不管是墙壁或墙头，不同的砌筑方式由具体装饰效果和强度决定。砌砖时，先沿着砖稳固地放好，确保其水平。在向上垒砖之前，要用水平仪测量垒好的一层，用泥刀柄将突出的砖敲平。还要用水平仪进行垂直测量，以使每层砖都在前一层的正上方。

(2) 以干垒墙为例

干垒墙是欧式花园常见的重要景观之一，其关键是选择石材作为主要材料，将坚固和美观结合起来。

① 筑墙材料。用密度较大的花岗岩较为理想，石灰岩和砂岩次之。1 t 石料大概能建 1 m^3 的墙体，包括地基。按石材的大小分类，大型的用作基石，中型且具有一个规整边的用作墙面，小型的作为填充物，还需要留一些石材作为顶石。

② 铺设地基。先标示出墙基础的位置，清理下面的植被，再挖 15 cm 深或至硬土层的沟，然后夯实，如果该地区冬季时间较长，深度应为 45～60 cm。铺设基石时，边缘的基石应铺设紧密，然后用同样厚度的小石块将空隙填实。在开始筑墙之前将倾斜的框架分立在基础两侧。

③ 墙体结构。干垒墙是重力式结构，主要依靠干垒挡土块块体自重来抵抗动静荷载，从而达到稳定的作用。

④ 筑墙。沿着墙基两侧开始铺设中型的墙面石，规整的一侧面向外并且此层较基石稍缩进，以框架之间的基准线或倾斜框架为准检查。再用较小的石料填塞在缝隙中，这个过程叫作打桩，这些小石料最好放在墙的内侧，这样墙体完成后不会暴露在外。

在堆砌过程中，应不时调整准线，保持一定的倾斜度。矮墙只需在一层墙面石上覆上叉手石（最后的小石）与顶石，稍高的墙应该再多铺置一组墙面石与系石。打桩和填充之后再检查一次顶部是否水平。两侧墙之间的填充石排列要紧密，防止出现沉降现象，不能用松软的土壤来代替石块，因为土壤经过雨水冲刷后，墙体将不再坚固。

3）以石围墙的构造为例

（1）材料选择

设计一处石围墙首先要选择材料，不外乎天然石材和人造石材两种。材料的选择和应用要与已经用于房屋、平台、道路或周围其他建筑的材料相协调。天然石材的外观很漂亮，好似花园的一部分，除省去装饰外，它比一般人造石材更加耐久。人造石材有着可以仿天然石材的饰面，其优点包括：规格尺寸统一；设计、预算和应用都比天然石料简单；有可供选择的大小、色彩和质地；能像砖一样铺砌，通过凹陷的接缝相连组成整个墙体。

（2）确定形式

选定材料之后，便要确定所建的墙体形式是有基础的还是没有基础的；是实体的还是镂空的；是直的、曲的还是交叉的；是经过灰泥打底，抑或是只是干垒；用哪种方式堆砌、长宽高各是多少等。在我国，大多时候所建的墙体为砖砌墙或混凝土墙，表面砌石材。

（3）基础、伸缩与扶壁

如果没有额外加强的话，没有基础的 10 cm 宽的墙只能建到 45 cm 高，超过这个高度就需做基层处理，并要每隔 3 m 在墙体安插 23 cm 大小的方形石材作为扶壁。20 cm 宽的墙可以建到 1.35 m 高，而不用扶壁。如果墙体是由天然石材构成，则不用混合砂浆，因为干石墙技术本身能够保证结构的力度和强度。高度超过 1 m 的墙砌筑时应涂抹混合砂浆。

6.4.2 挡土墙的构造设计

现代园林对挡土墙的设计赋予了新的含义，使其超越了简单的功能性构筑物的设计范畴，更加注重景观与生态的理念，设计手法及材料的使用也更为灵活多变，给人们带来了有益的启迪和更多样的选择。

我们在遇到挡土墙的设计时，需要仔细考虑挡土墙所处的周边环境，结合总体设计的思想理念，选择恰当的材料、设计方法和表现形式，创造出集功能性和艺术性于一体的富于创新的园林挡土墙。

1）挡土墙结构的基本形式

在园林设计中，挡土结构大致来说可分为两类：刚性结构和柔性结构。

（1）刚性结构

当有特殊需求或者不允许结构有任何移动时，要使用刚性结构。通常，刚性结构意味着在重力墙中使用混凝土和砖石，或者是结构上采用加固悬臂墙形式。刚性结构需要混凝土灌制并延伸到该地区冻层以下的基础，它可以增强墙体的稳定性，避免由于冻土交替、土壤膨胀和收缩带来的墙体移动。必要时，还需要钢筋来增强基础的强度，使其避免断裂。刚性结构主要包括浆砌砖石、浇筑混凝土等。

（2）柔性结构

柔性结构包括干砌块石、干砌混凝土预制块、石笼、木材和其他任何非刚性的构筑物。柔性结构常使用下沉的砂质地基或压实的颗粒材料地基来提高排水能力，并形成平坦的表面。柔性结构的优点在于它能容许一定程度的沉陷，而不会对本身产生太明显的影响。

2）挡土墙断面构造设计

（1）重力式挡土墙断面（图 6-28、图 6-29）

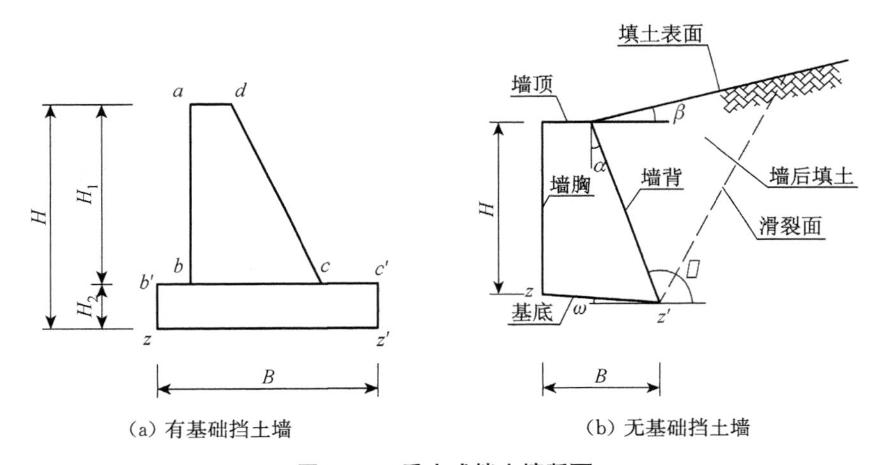

图 6-28　重力式挡土墙断面

① 断面尺寸

墙顶（ad）宽度以材料和用途而定，一般取 30～50 cm。当挡土墙为混凝土时，为便于浇砌，顶宽不小于 30 cm；当为浆砌石时，顶宽不小于 40 cm；当为干砌块石时，不小于 50 cm；当为砖时，则不小于 30 cm。

墙面（ab）可为竖直或倾斜，倾斜者通常作为竖直墙背的挡土墙，斜率为 1∶0.20～1∶0.40，墙背（dc）可为竖直或倾斜，俯斜坡比为 1∶0.20～1∶0.40，仰斜坡比为 1∶0.15～

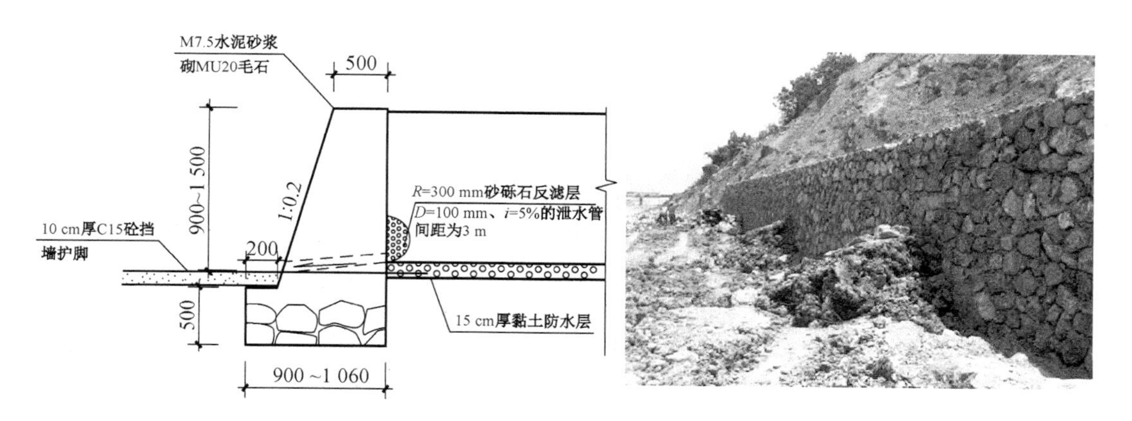

图 6-29 重力式挡土墙断面结构(单位:mm)

1∶0.30。

前襟(bb')宽度通常为 30～50 cm,最小不得小于 20 cm,后襟(cc')宽度通常为 50～80 cm。

基础厚度(H_2)通常取 30～50 cm, $H_2/bb'=1/1\sim2/1$;$H/B=2/1\sim3/2$。挡土墙墙面或墙背如果是很缓的倾斜,其底部与基底相交处都会出现较小的锐角。小的锐角受力条件差,需要将倾斜墙面或倾斜墙背的底部处理成短竖直线与基底相连,高为 20～30 cm。其他部位存在小的锐角,也要如此处理。

② 构造角度

β 指墙后填土表面与水平线的夹角。当填土表面水平时,$\beta=0$;当填土表面上仰时,β 为正,其角度越大,土压力也越大;β 为负,其角度越大,土压力越小。当 $\beta>\Phi$(填料内摩擦角)时,填土本身即不稳定。因此,必须控制 $\beta\leqslant\Phi$。

α 指墙背与竖直线的夹角。当墙背竖直时,$\alpha=0$;当墙背逆时针旋转而形成俯斜时,α 为正,其值越大,则土压力越大;当墙背顺时针旋转而形成仰斜时,α 为负,其绝对值越大,则土压力越小。

Ψ 指墙背与水平线的夹角。当墙背竖直时,$\Psi=90°$;当墙背逆时针旋转而形成俯斜时,$\Psi=90°+\alpha$;当墙背顺时针旋转而形成仰斜时,$\Psi=90°-\alpha$。

ω 指挡土墙基底线与水平线的夹角,它恒为正,通常 ω 为 5°～10°。

(2) 悬臂式挡土墙断面

悬臂式挡土墙是由立壁(墙面板)和墙底板(包括墙趾板和墙踵板)组成,呈倒"T"字形,具有三个悬臂,即立壁、墙趾板和墙踵板(图 6-30)。立壁与墙底板由从墙底板贯通至立壁的钢筋牢牢连接在一起,立壁的侧面也用钢筋贯通穿过,为墙体提供纵向的加固措施。

面坡常用 1∶0.02～1∶0.05,背坡可直立。顶宽不小于 0.2 m,路肩墙大于 0.2 m,踵板采用等厚,趾板端部厚度可减薄,但不小于 0.3 m。

对于较长的墙体来说,钢筋混凝土的悬臂墙尤为适用,此结构中对标准金属件的再利用非常经济。同时可以使用模版来形成特殊的质感纹理效果,面层可塑性非常强,还可以

图 6-30 悬臂式挡土墙断面结构(单位:m)

注:H 为挡土墙高度;B 为基础基底宽度。

用砖或石块来为墙体做饰面。

3) 墙后填料

墙后填料性质决定挡土墙的受力,填土的重度越大,产生的压力越大,填土的含水量越大,产生的压力也越大;而填土的压实度越好,产生的土压力越小,填土的内摩擦角越大,产生的土压力也越小。砂性土颗粒粗糙,内摩擦角大,透水性好。所以,墙后填料宜选择砂性土,如中粗砂、砂砾、碎石土、砾石土、块石等。即便是用豁土回填,也应掺入不少于30%的石块或石渣。

6.4.3 挡土墙细部构造设计

1) 基础埋深要求

(1) 基础埋置深度不小于 1 m。当有冻结时,应在冻结线以下不小于 0.25 m;当冻结深度超过 1 m 时,可在冻结线下 0.25 m 内换填不冻胀材料,但埋置深度不小于 1.25 m。不冻胀土层(例如碎石、卵石、中砂或粗砂等)中的基础,埋置深度可不受冻深的限制。

(2) 受水流冲刷时,基础应埋置在冲刷线以下不小于 1 m。

(3) 路堑挡土墙基础顶面应低于边沟底面不小于 0.5 m。

挡土墙基础置于硬质岩石地基上时,应置于风化层以下。当风化层较厚,难以全部清除时,可根据地基的风化程度及其相应的承载力将基底埋于风化层中。置于软质岩石地基上时,埋置深度不小于 0.8 m。

2) 挡土墙的排水设计

为了提高挡土墙的稳定性,挡土墙需设置排水设施。挡土墙的排水措施通常由地面排水、墙身排水和墙顶排水三部分组成。

(1) 地面排水

地面排水主要是防止地表水渗入墙后土体或地基,地面排水措施有以下三种:

① 设置地面排水沟,截引地表水;

② 夯实回填土顶面和地表松土,防止雨水和地面水下渗,必要时可设铺砌层;

③ 路堑挡土墙趾前的边沟应予以铺砌加固，防止边沟水渗入基础。

(2) 墙身排水

墙身排水主要是为了排除墙后积水。墙身排水措施有两种：一种是在墙身设置排水孔，另一种是在墙后设置排水暗管(图 6-31)。

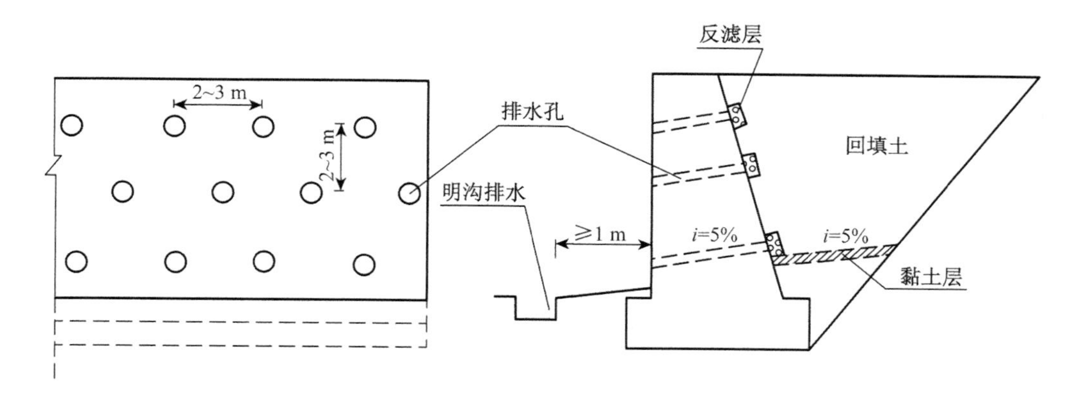

图 6-31 墙身排水

① 排水孔

通常在墙身的适当高度处布置一排或数排泄水孔。泄水孔的尺寸可视泄水量的大小分别采用 0.05 m×0.1 m、0.1 m×0.1 m、0.15 m×0.2 m 的方孔或直径为 0.05～0.1 m的圆孔。孔眼间距一般为 2～3 m，干旱地区可予以增大，多雨地区则可减小。浸水挡土墙孔眼间距则为 1.0～1.5 m，孔眼应上下左右交错设置。最下一排泄水孔的出水口应高出地面 0.3 m；如为路堑挡土墙，应高出边沟水位 0.3 m；浸水挡土墙则应高出常水位 0.3 m。泄水孔的进水口部分应设置粗粒料反滤层，以防孔道淤塞。泄水孔应有向外倾斜的坡度。在特殊情况下，墙后填土采用全封闭防水，一般不设泄水孔。干砌挡土墙可不设泄水孔。若墙后填土的透水性不良或可能发生冻胀，应在最低一排泄水孔至墙顶以下 0.5 m 的高度范围内，填筑不小于 0.3 m 厚的砂加卵石或土工合成材料反滤层，既可减轻冻胀力对墙的影响，又可防止墙后产生静水压力，同时起反滤作用。反滤层的顶部与下部应设置隔水层。

② 排水暗管

排水暗管一般建在墙地基后面，在这个位置沿墙长度方向安置有纤维包着的瓦管，瓦管内径一般为 50～200 mm。管道长度由墙体长短决定。瓦管周边用粗粒料填充，这样更有利于水渗透到瓦管里边。瓦管必须在墙的低点有一个坡度，如果墙的低处不能使瓦管通过墙，那么就要切开墙或者挖一个凹槽，让瓦管通过墙并且使空管可以集水。如果墙的高度超过 2 m，可以适当增加一根瓦管，以便快速排干墙后积水。

排水暗沟也是经常用的排水方式，原理和排水暗管一样。

(3) 墙顶排水

如果墙后有山坡时，墙顶上会流过大量的水。要减少墙顶的流水量，需在靠近墙顶的位置设置截水沟，沿着整个墙的长度方向并与墙保持一定坡度(图 6-32)。

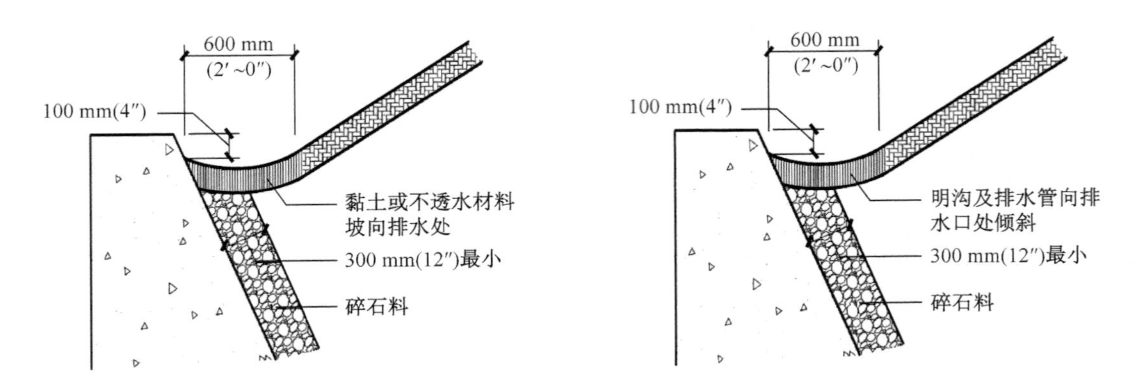

图 6-32　墙顶排水

3）沉降伸缩缝设计

为了防止因地基不均匀沉陷而引起墙身开裂，应根据地基的地质条件及墙高、墙身断面的变化情况设置沉降缝；为了防止圬工砌体因砂浆硬化收缩和温度变化而产生裂缝，须设置伸缩缝(图 6-33)。通常把沉降缝与伸缩缝合并在一起，统称为沉降伸缩缝或变形缝。沉降伸缩缝的间距按实际情况而定，对于非岩石地基，宜每隔 10～15 m 设置一道沉降伸缩缝；对于岩石地基，其沉降伸缩缝间距可适当增大。沉降伸缩缝的缝宽一般为 2～3 cm。浆砌挡土墙的沉降伸缩缝内可用胶泥填塞，但在渗水量大、冻害严重的地区，宜用沥青麻筋或沥青木板等材料沿墙内、外顶三边填塞，填深不宜小于 15 m；当墙背为填石且冻害不严重时，可仅留空隙，不嵌填料。

对于干砌挡土墙，沉降伸缩缝两侧应选平整石料砌筑，使其形成垂直通缝。

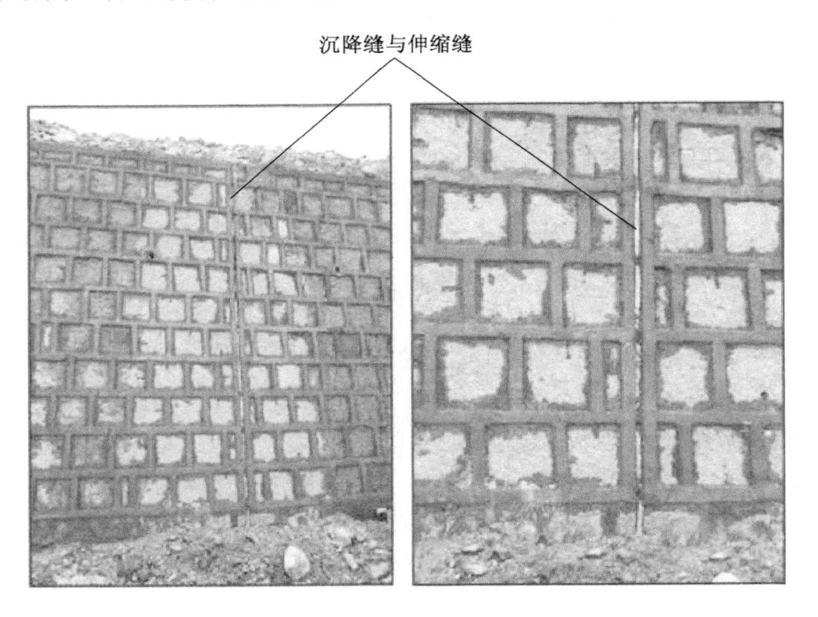

图 6-33　沉降缝与伸缩缝

6.4.4 围栏的构造设计

1）基本处理

（1）基部处理

围栏的设置与其功能有关，维护功能围栏的基部力求稳固，多处理成混凝土结构；分割空间的围栏基部要有一定的通透感，故多处理为通透形式。

（2）顶部处理

花园围栏以其优美的造型来衬托环境，加强景致的表现力，其整体造型应简洁忌繁琐。但围栏的简繁轻重、曲直、透实等的选择，均应与花园环境协调统一。因此，围栏的顶部处理需慎重，既要讲究美观，又要与预期的功能性结合在一起。

（3）端头处理

花园围栏的端头处理要注意与环境的协调统一。施工时首先要考虑与花园环境整体风格的统一；其次要考虑与被连接设施的色彩、质感相统一，既不能过于复杂，显得杂乱无章，又不能主次颠倒，喧宾夺主。因此使用的材料颜色及质感一定要经过仔细推敲。

2）围栏的构造举例

以施工技术较高的石栏杆为例，石栏杆的施工流程为施工准备—测量定位—石构件验收—制备水泥砂浆—坐浆—制备水泥砂浆—地袱石铺设—制备素水泥浆—安装柱身—栏板—校正—勾缝—清洁—成品保护。

（1）地袱石的铺设

地袱石铺设前，先将基础垫层上的泥土、杂物等清除干净。

拉通线确定中心线以及边线，并弹出墨线，然后按线稳好地袱。地袱稳好后检查地袱上望柱和栏板的位置。

地袱石铺设应先在基槽底摊铺水泥砂浆，按线用撬棍将地袱石点撬找平、找正、垫稳，然后用麻刀灰勾缝。

（2）望柱的安装

① 拉线安装，在柱座面上弹出柱身边线，在柱座侧面弹出柱身中心线，安装时柱顶石上的十字线应与柱中线重合。

② 石柱安装时，应将望柱榫头和地袱的榫槽、榫窝清理干净，先在榫窝上抹一层水灰比为 1∶2 的素水泥砂浆，厚约 10 mm，再将望柱对准中心线砌上，如有竖向偏斜，可用铁片在灰缝边缘内垫平。

③ 安装石柱时，应随时用线坠检查整个柱身的垂直，如有偏斜应拆除重砌，不得用敲击方法去纠正。

（3）栏板的安装

① 栏板安装：栏板安装前应在望柱和地袱石上弹出构件中心及两侧边线，校核标高。栏板位置线放完后，按预先画好的栏板图进行安装。

② 坐浆：栏板安装之前将柱子上的栏板和地袱的榫槽、榫窝清理干净，刷一层水灰比为 1∶2 的素水泥浆，随即安装，以保证栏板与望柱之间不留缝隙。

③ 搬运：栏板搬运时必须使每条绳子同时受力，并仔细校核石料的受力位置后慢慢

就位，将挑出部位放于临时支撑上。

④ 就位：栏杆石构件按榫、窝、槽就位。

⑤ 调整：当栏板安装就位后仔细与控制线进行校核，若有位移，应点撬归位，将构件调整至正确位置。

⑥ 勾缝：如石料间的缝隙较大，可在接缝处勾抹大理石胶，大理石胶的颜色应根据石材的颜色进行调整，采用白水泥进行调色可达到最佳效果。如缝子很细，应勾抹油灰或石膏，若设计有说明则按设计说明勾缝。灰缝应与石构件勾平，不得勾成凹缝。灰缝应直顺、严实、光滑。

⑦ 安装完毕后，局部如有凸起不平，可进行凿打或剁斧，将石面“洗”平。

（4）其他细部处理

楼梯段、转角及弧形部位由于异型构件较多，所以更应严格按图纸要求放样下料，并在石构件的背侧上编号标记，以确保安装时对号入座。

参考文献

1. 章怡维. 园林设计师手记：园林透墙[J]. 园林，2001(2)：12-13.
2. 赵兵. 园林工程学[M]. 南京：东南大学出版社，2003.
3. 郭淑清. 园林挡土墙的景观艺术性[J]. 技术与市场月刊：园林工程，2005(11)：34-37.
4. 靳晓军. 议园林挡土墙的艺术处理手法[J]. 现代园艺，2013(22)：146-147.
5. 孙会刚. 浅谈挡土墙施工方法[J]. 中国新技术新产品，2011(4)：178.
6. 范金洁. 园林小品的设计[J]. 现代园艺，2014(20)：82.
7. 陈伟志，冯斌，吉立峰. 中国古典园林围墙之特点[J]. 艺术界，2009(4)：146-147.
8. 汤晋. “墙”——建筑造型与环境的创造[J]. 安徽建筑，2002(1)：21-22.
9. 杨临萍. 点睛之笔——谈园林小品设计[J]. 广东建筑装饰，2008(3)：84-87.
10. 黄辉. 浅析墙在景观设计中的运用[J]. 福建建筑，2007(10)：28-30.
11. 杨诚斌. 最新园林百科实用大全：第3卷[M]. 合肥：安徽文化音像出版社，2004.
12. 王树栋. 园林建筑[M]. 2版. 北京：气象出版社，2004.
13. 于立宝，李佰林. 园林工程施工[M]. 武汉：华中科技大学出版社，2010.
14. 区伟耕，李昀. 新编园林景观设计资料2：园林建筑[M]. 乌鲁木齐：新疆科学技术出版社，2006.
15. 章采烈. 中国园林艺术通论[M]. 上海：上海科学技术出版社，2004.

思考题

1. 如何对围墙、挡土墙、围栏进行分类？
2. 试以某公园内的一处围栏为例，分析其构造设计。
3. 试举几种常见的围墙构造样式，并绘制1∶20的铺装构造图。

7　其他景观小品构造设计

本章导读：景观小品是景观中的点睛之笔，一般体量较小、色彩单纯，对空间起点缀作用。景观小品尤其是景观设施，主要目的就是给游人提供在景观活动中所需要的生理、心理等各方面的服务，如导向、休息、观赏、交通、照明等。本章介绍了景观小品标识牌、座椅、树池与花坛、景观灯的构造设计，景观小品的分类以及设计原则，重点阐述了使用材料与构造设计实例。

7.1　标识牌

7.1.1　标识牌分类

标识牌，顾名思义就是用于制作标识的指示牌，上面有文字、图案等内容起到指明方向和警示的作用(图 7-1)。它可以使管理和服务信息得到形象、具体、简明的表达，同时还表达了难以用文字描述的内容。按照标识的内容不同，通常分为如下五种：

图 7-1　景观标识牌外观

1) 识别性标识

识别性标识又可称为“定位标识”，是标识系统中最基础的部分，例如城市的标识、设施标识等等。凡是以区别为目的的标识设施都属于识别性标识。

2）导向性标识

导向性标识即通过标示方向来说明环境的导视部分。此类标识通常出现在城市环境公共空间，如道路、交通系统等。

3）空间性标识

空间性标识即在视觉或其他感官上通过地图或道路图等工具描述环境空间构成，从而使人脑产生相应映像的标识。

4）信息性标识

信息性标识多以叙述性文字的形式出现，为的是对图像信息进行必要补充，以及对容易产生歧义的部分进行准确解释。

5）管理性标识

管理性标识以提示法律法规和行政规划为目的的部分，景区常见的“请勿摘花”等警示牌就属于这种。

7.1.2 标识牌设计原则

1）规范性原则

为了向不确定的公众人群提供必需信息，标识牌的设计必须遵循规范性设计原则。规范性是指在标识设计时用于表达信息内容的信息载体，比如文字、语言、图形、符号等，必须符合国家相关的规范和标准，而不宜采用繁体字、手写字、自创符号等可能对公众接受与理解产生负面影响的信息载体表达方式。只有符合规范性设计原则，才能保证标识系统所传递的信息对绝大多数人群的接受性和理解性。

2）醒目性原则

醒目性原则即在视野中，标志较其背景更容易引起注意的程度。醒目性主要考虑的内容是标识牌本身及其背景之间的关系。在标识牌的规划设计中，标识牌与周围环境的统一协调是标识设计的整体目标。但标识不能过分与环境中各元素类似，要具有足够的可识别性。

3）简单性原则

标识牌的简单性原则要求用于信息载体的文字与图形必须简单、直接，为了加快人群的阅读理解速度，尽可能的去掉一些可有可无的文字与图形，应该具有相当的简易性而易于理解和接受。如果标识的信息过于复杂，人们将不得不在众多信息之间进行选择、确认与记忆，结果给人们的定位和定向带来不便；如果标识的信息量过少，则有可能会影响标识信息的全面性。所以，标识应该具有合理、科学的信息量。至于标识的信息质量，主要是指文字、图形等信息载体之间的组织与设置问题。标识应该注重信息符号在造型与构图上的排列组合问题，符合人们的阅读习惯和视线移动顺序，整齐有序的信息符号排列组合方式，有助于减少人们的注视时间和加快阅读理解速度。

标识牌的简单性原则还要求用来反映信息的文字与图形必须正确、明确。一方面，标识文字与图形给人群传达的信息必须符合实际情况，必须确保正确性，错误的信息将带来严重的后果；另一方面，标识文字与图形应该表达出相当确切的信息，切勿使用带有歧义的文字与图形。

4）协调性原则

标识系统中文字、图形、符号等信息载体的大小尺寸应该与人们的阅读距离保持协调性，是协调性设计原则的要求之一。标识信息载体的大小尺寸，在确保人们能够看清楚的前提下，还要追求阅读的舒适性。一般而言，大尺度的空间要求标识阅读距离相应大一些，标识信息载体也应该适当大一些；小尺度的空间中标识阅读距离相应小一些，标识信息载体也可以适当小一些。另外，标识信息载体的大小尺寸，还要考虑人群是在移动状态下还是在静止状态下阅读的因素，大小是相对的，应该根据视知觉的一般原理与特征，并结合具体情况而定。

7.1.3　标识牌常用材料和构造设计实例

标识牌常用的材料有木材、金属、亚克力、混凝土、玻璃和石材等，材料的选择需要注意与环境的协调(图 7-2)，不同材料的构造特征如下：

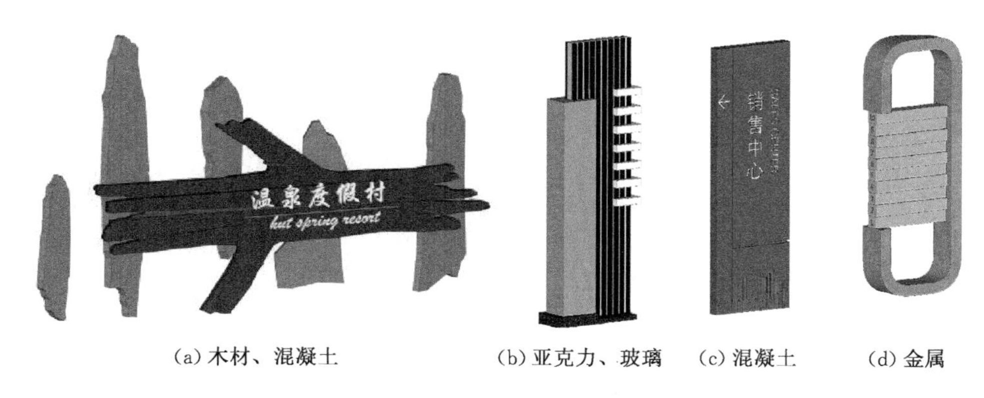

(a) 木材、混凝土　(b) 亚克力、玻璃　(c) 混凝土　(d) 金属

图 7-2　各种不同材质标识牌

1）木材

木质标识牌能给人清新自然的视觉感受，与周围的环境融为一体，因而作为景区标识牌的材料被广泛地运用。选料的时候一定要选择充分干燥的木材，并做好防腐处理。最好不要让防腐木制作的标识牌直接接触土壤及潮湿环境，在底部与地面连接的构造节点处，可以使用预埋钢构件与混凝土基础相连，避免与潮湿的环境直接接触(图 7-3)。

2）亚克力

塑料(亚克力、树脂玻璃、聚碳酸酯等)多用于制作标识牌嵌板和面层。由于它具有明快持久的色彩，以及适用于内打光标识牌的半透明的特性，因而从 20 世纪 50 年代这种材料就开始流行起来。它可以造型、弯曲、真空成型，可以黏接或上漆。用于户外，亚克力材料的耐久年限一般为 5～25 年。

3）金属

20 世纪 90 年代流行的材料——铝，通常用于标识牌的箱体、面板和字母。它可以通过适合的木工工具进行切割，可以焊接、电镀和涂色，以形成无接缝的表面。通过油漆或阳极电镀之后，它也可以破例用于室外(10～20 年)。它还能进行砂型铸造(将材料熔

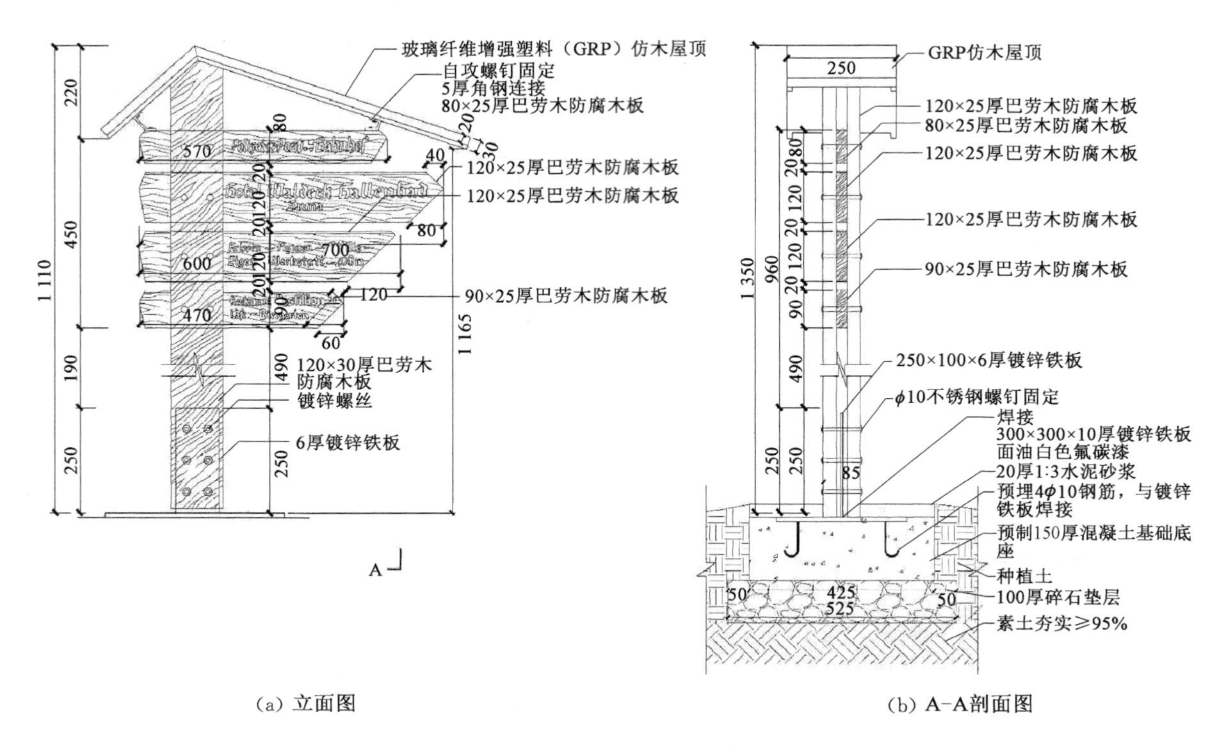

(a) 立面图　　　　(b) A–A剖面图

图 7-3　木质标识牌构造实例(单位:mm)

化),用于制作装饰牌或立体字。另外,铁加工造型方便,铁艺也是一种常用的标识牌制作的方式。制作铁艺标识牌时,可以在表面喷涂氟碳漆,避免铁直接暴露在空气中发生氧化。标识牌立柱基础与土壤接触时,同样需要避免铁直接与土壤接触,构造处理上可将立柱与预埋混凝土基础底座内的镀锌铁板焊接(图 7-4)。

4) 混凝土

在环境平面设计中有两种基本的混凝土作业:预制和现浇。预制用于小型的装饰作业,如成型。现浇则按照现场的建造形式,用混凝土往里填充。

5) 玻璃

可用于标识牌制作的玻璃种类很多,包括水晶玻璃和有色玻璃,前者没有色彩,而后者在一侧有色彩层。其他的玻璃产品诸如彩色玻璃、双色玻璃多用于重点部分和制造特殊效果。

6) 石材

石头、砖和岩石用于标识和展示工程属于永久性的材料,通常作为背景或结构成分。石材可以磨光,具有光亮的装饰感。砖是人工制造的、有色的、类似混凝土感觉的材料,通常是许多砖铺砌在一起形成一种重复的图案。石头、砖和岩石有上千个种类。石工作业的费用颇高,因而这些材料通常被模拟,如使用人造饰材或用其他廉价材料模仿石材质感,尤其是在关注外观多于耐久性的情况下。

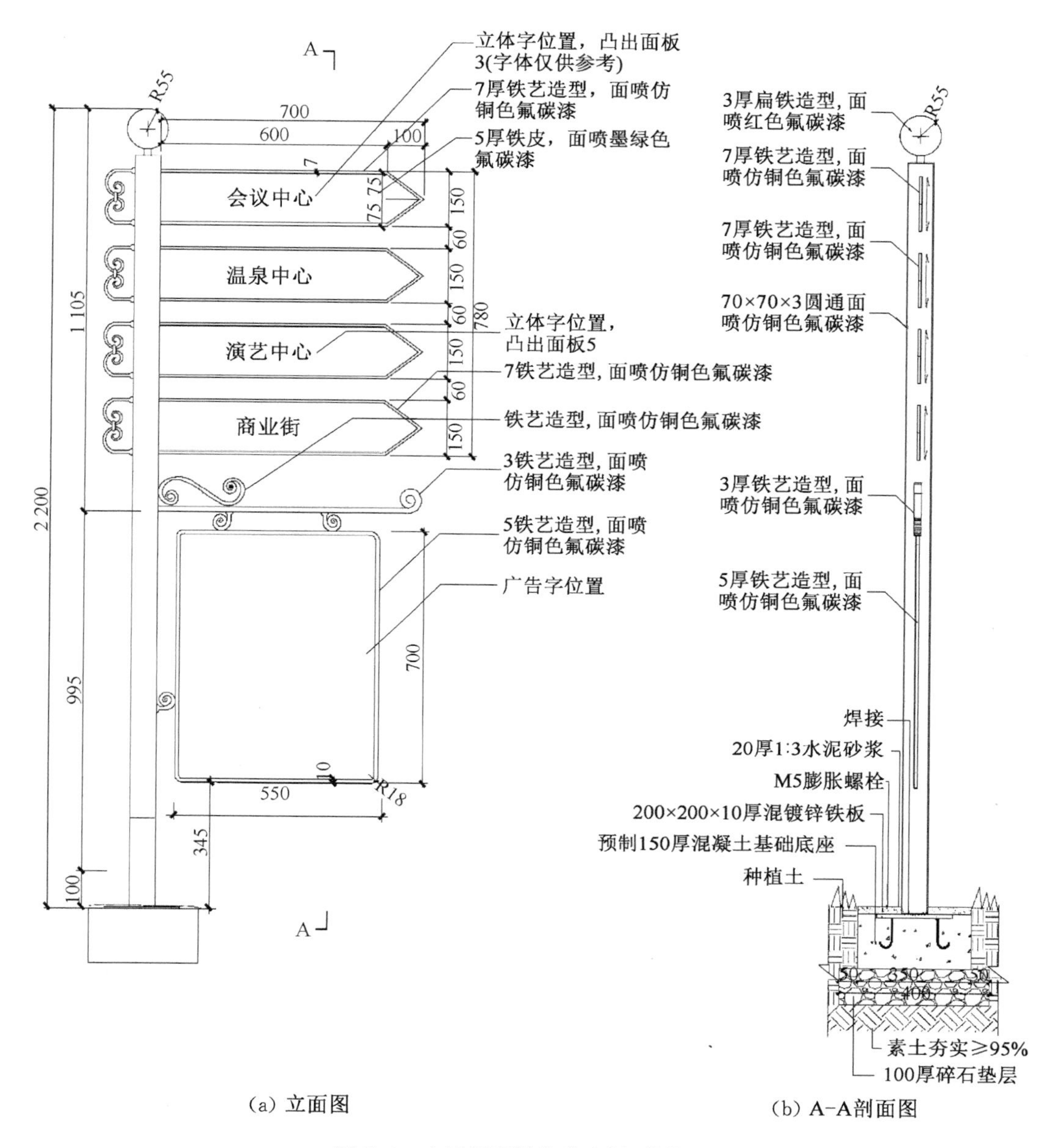

图 7-4　金属标识牌构造实例(单位:mm)

7.2　座椅

7.2.1　座椅分类

座椅从形式上可以分为如下形式(图 7-5)：

1）直线形

直线形座椅制作简单，造型简洁，下部一般向外倾斜，扩大了底脚面积，给人一种稳定的平衡感。

2）曲线形

曲线形座椅柔和流畅，和谐生动，自然得体，从而取得变化多样的艺术效果。

3）组合型

组合型座椅刚柔相济且富有对比变化，完美的结合，做成传统亭廊靠椅，也别有神韵。

另外，座椅按照材料还可以分为木质类、混凝土类、砖材类、金属类、塑料类、陶瓷类等座椅。

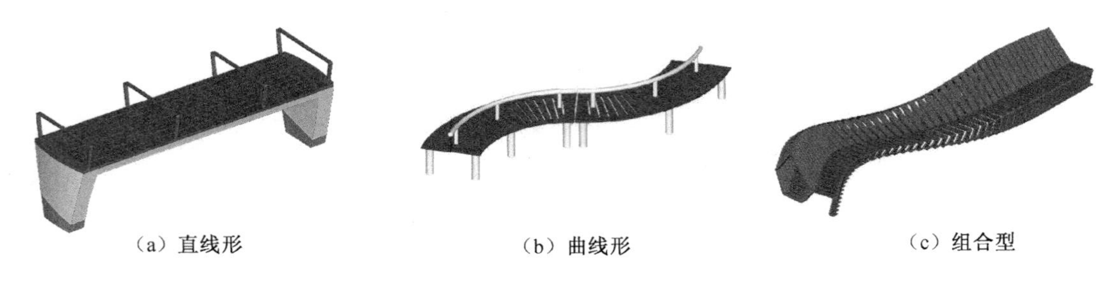

（a）直线形　　（b）曲线形　　（c）组合型

图 7-5　各种类型座椅

7.2.2　座椅设计原则

1）位置选择

座椅是景观中最基本的设施，布置座椅需要仔细设计。一般来说，在具有良好视野且具有一定安全性和防护性的地段设置座椅；同时，还需要为游人提供一些辅助性的座椅，如台阶、花池、矮墙等。根据“场所精神”的解释，人们更乐于在空地或者绿地边缘停留或活动，因此沿建筑四周和空间边缘设置的座椅比在场所正中间设置的座椅更受欢迎。

在游览路线上设置座椅时，首先需要考虑游人体力，按一定距离在适当的地点设置座椅；座椅还可点缀环境，在优美景致的周围，林间花畔、水边、崖边、山顶等处，都是适宜设置座椅的好地方，这些场地不仅环境优美，而且有景可赏，使游人在休憩的时候还可以欣赏周围景色；在大量人流活动的景观点也应设置座椅，如各种活动场所周围、出入口、小广场周围等。

2）设置方式

（1）位于道路两侧的位置

道路两侧的座椅应设置在人流路线以外，以免影响休憩、妨碍交通，在其他地段（如道路转弯处）设置座椅也需遵循这一原则。同时，座椅宜交错布置，切忌正面相对，否则互相影响，降低座椅的使用率。

（2）位于广场

由于广场一般有园路穿过，因此在广场上设置座椅时应采用周边式布置方法。这种布置有利于中间景物的独立性和人流穿过的通畅性，还有利于形成安静的休息空间。

（3）位于道路尽头

在道路尽头设置座椅时应力求构成较安静的私密空间或小型活动的聚会空间。

（4）其他场所

在亭、廊、花架等休憩场所设置座椅时，经常布置于两柱之间。在小型景观建筑周围设置时，通常将座椅依托于花池或者建筑的外墙并向外延伸，既成为建筑室内空间的延伸，又保持室内外的延续性。此外，设计师应充分利用环境特点，结合草坪、山石、树池、花池等设置座椅，以取得与景观相融合的良好效果。

3）尺寸要求

座椅的首要用途是供人休息，因此座椅的剖面形式和尺寸必须符合人体工学的要求，使人坐下后感到自然、舒服、放松。座椅的舒适程度往往取决于坐板与靠背的组合角度和各部分尺寸。

一般座椅尺寸的要求是坐凳高度为 350～450 mm，坐板水平倾角为 6°～7°，椅面深度为 400～600 mm，靠背与坐板夹角为 98°～105°，靠背高度为 350～650 mm，座位宽度为 600～700 mm/人。

7.2.3 座椅常用材料

随着现代材料工业的快速发展，出现了越来越多的景观座椅形式。古代的座椅多使用木材和石材，从 20 世纪开始，设计师多使用混凝土、金属等作为座椅的材料。利用材料不同的性质和功能，一方面可以设计出不同形态的景观座椅，另一方面也可以提高座椅的使用年限。

不同的材料有不同的特性（表 7-1），因此也有着不同的加工方法和工艺。材料的触感对座椅的舒适性有着直接的影响，下面就对不同的座椅材料进行简单的分析。

表 7-1 各种座椅常用材料特性

类型	形态	特性	其他
石材	花岗石	质地坚硬，耐磨性、抗腐蚀性高，不易磨损	易形成几何造型、细部纹饰，难以加工
	石灰岩	常见的沉积岩类，较其他石材而言，它的吸水性高、内聚力低	易加工
	大理石	质地细腻，内聚力强，抗张力较弱，不耐高热，有光滑坚硬的表面	矿脉纹理光泽柔润、不易碎裂、易切割，多用于装饰面材
金属材料	黑色金属（钢、铁、铸铁、碳素钢、合金钢、特种钢）	硬度高、重量大	铸造冶金、冷热轧、焊接、退火处理等
	有色金属（铝、铜、锡、银及其他轻金属的合金）	硬度低、弹性大	由铝加入其他元素形成的铝合金具有密度小、强度高、耐腐蚀等特性，加压后被加工成管、板、型材

续表 7-1

类型	形态		特性	其他
高分子材料	天然高分子材料		含纤维素、蛋白质等	作为增强剂、添加剂使用
	合成高分子材料		合成纤维、合成橡胶、塑料等	经常作为基础材料，形成复合材料
有机材料	木材	硬木、阔叶林类	多产于赤道周边地区，木纹明显、均匀、美观，木材含油量高	如桦木、红木、柚木、橡木、花梨木、胡桃木、水曲柳等
		软木、针叶林类	产自高纬度地区，原料长直，木纹明显	易加工，如松木、杉木、杨木等
	竹材		具有坚硬的质地，抗拉、抗压力均优于木材，有韧性，不易折断	竹材通过高温和外力的作用，能够做成各种弧线形，具有较强的地域性
复合材料	玻璃钢、混凝土等		可塑性强、抗腐蚀性高、不易损伤、适用广泛	易施工、制作

1）木材

用于室外座椅的木材，由于心材和边材的胀缩率不一致，易出现翘曲、变形、开裂和腐朽的现象。另外，木材大多含有树脂，在室外环境中受日晒雨淋和使用过的磨损后，易使座椅表面产生斑点和脱落。要减轻或避免木质座椅的翘曲、变形、开裂等现象，关键在于选择合适的木材，并结合适当的加工技术、防腐处理和保养措施。随着加工技术的不断提高，木材黏结技术和弯曲技术得到了飞速的发展，座椅的形态也呈现多样化（图 7-6）。

2）石材

天然石材中，大理石的质地组织细密、坚实，花纹多样，色泽美观，抗压性强，吸水率低，耐磨，不变形，可磨光，但是大理石石板材硬度低、不耐风化，因此，座椅所采用的石材多以花岗石等石材为宜。需要注意的是石材吸热性强，且加工技术有限，不易进行灵活多样的造型（图 7-7）。

3）混凝土

混凝土具有坚固、经济、工艺加工方便等优点，利用混凝土的可塑性，可制作出不同纹理、不同造型的座椅，从而塑造出不同效果的小品设施。钢筋混凝土预制的座椅虽然结实、耐用，但是吸水性强，表面易风化，触感较差，在冬季不受人们的欢迎。同时，从环保的角度考虑，钢筋混凝土预制的座椅一旦被损坏，不易修补和回收，将对环境造成污染。

为克服混凝土自身缺点，可以将其与其他材料配合使用，如将钢筋制成网状，外浇混凝土构成座面；将混凝土与砂石混合磨光，形成平滑的座面等。随着工艺的发展，混凝土塑石以逼真的质感、别致的造型和较低的造价得到越来越广泛的应用。比如一种常见的方式是用混凝土模塑成树皮的外观（图 7-8），既能与传统园林景观相融合，又能在现代园林中广为应用。

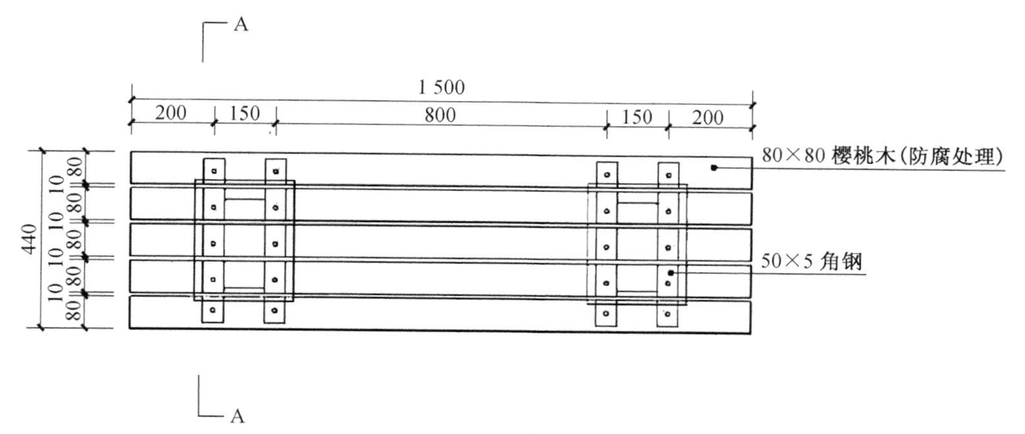

(a) 平面图

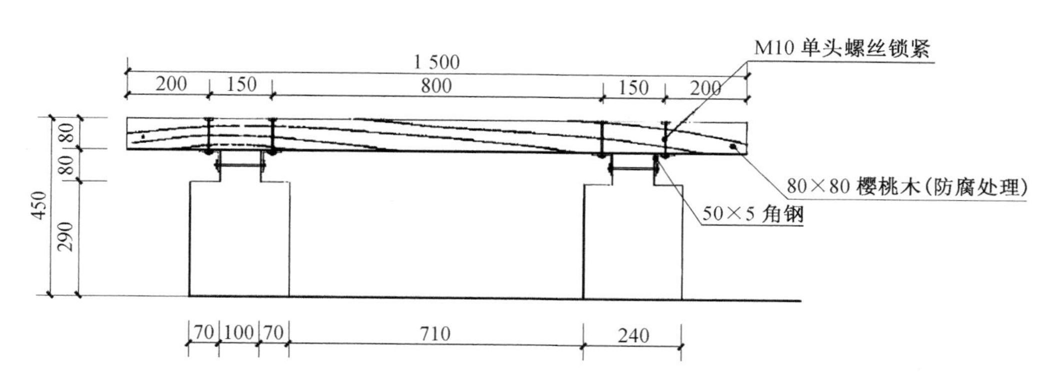

(b) 立面图

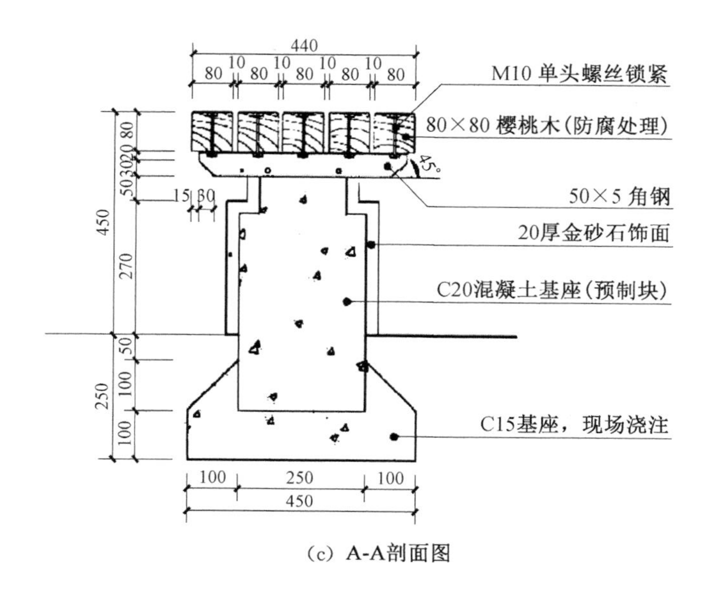

(c) A-A剖面图

图 7-6　木质座椅构造设计实例(单位:mm)

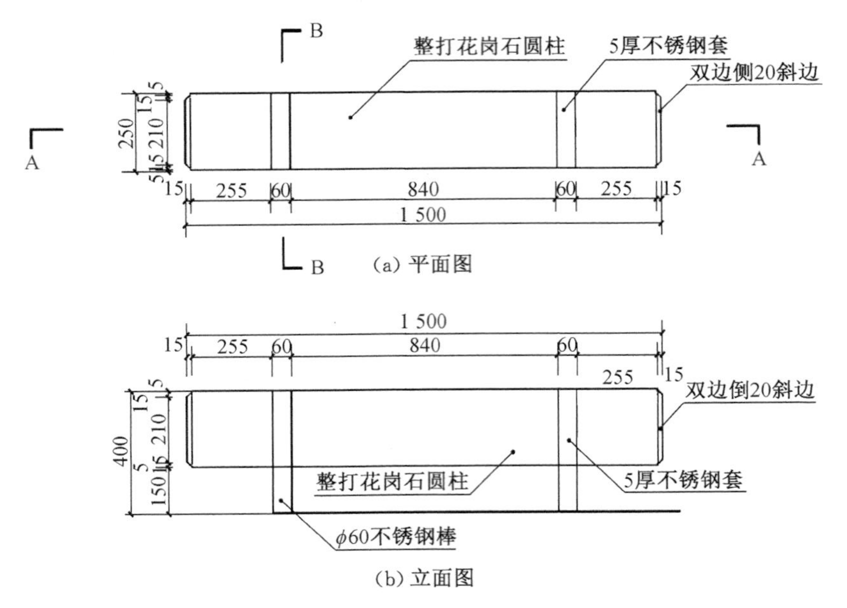

(a) 平面图

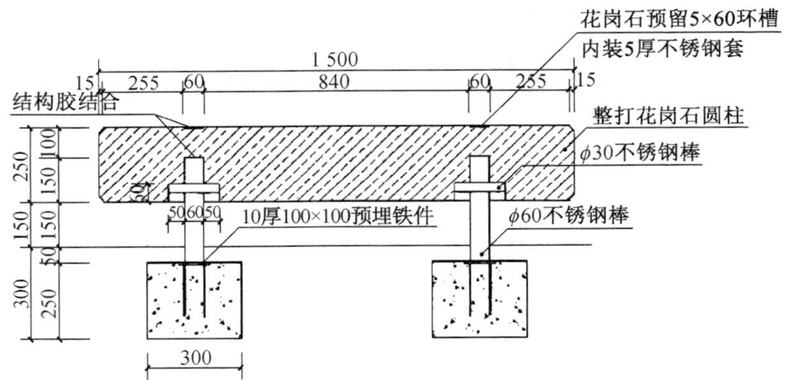

(b) 立面图

花岗石预留5×60环槽
内装5厚不锈钢套

(c) A-A剖面图

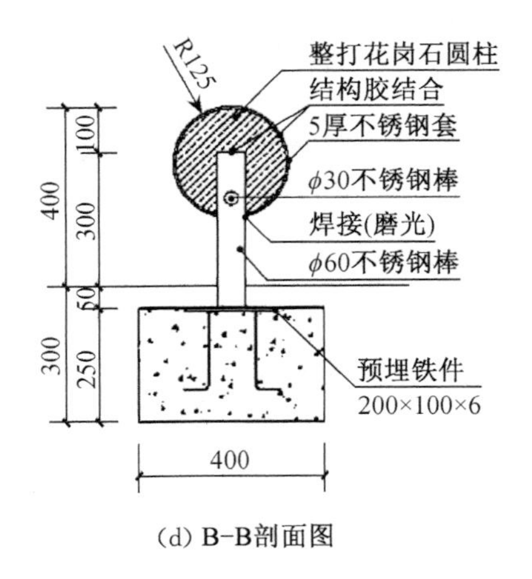

(d) B-B剖面图

图 7-7 石材座椅构造设计实例(单位:mm)

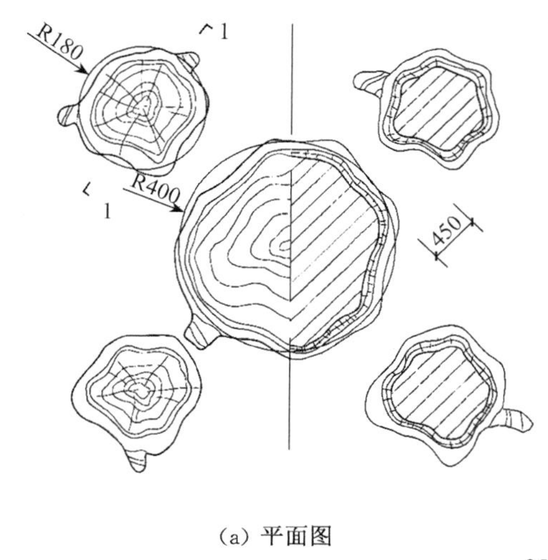

(a) 平面图

(b) 透视图

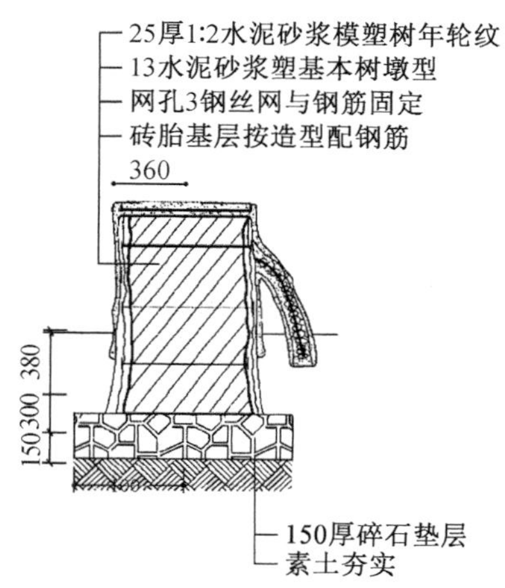

(c) 1-1剖面图

图 7-8　混凝土仿树纹饰面构造设计实例(单位:mm)

4）金属材质

金属材质具有良好的物理、机械性能，不仅资源丰富、价格低廉、加工工艺较好，而且具有时尚感，因此应用较为广泛，可根据需要设计出不同的形态(图 7-9)。但由于金属热冷传导性高，冬夏时节，座椅表面的温度难以适应使用者对座面的要求，限制了金属座椅的使用范围。

5）陶瓷材料

陶瓷材料表面光滑、耐腐蚀、易清洁、色彩丰富，而且具有一定的硬度，适合在室外环境中使用，易与整体环境相协调。需要注意的是，以陶瓷材料制成的座椅，尺寸不宜过大，由于其烧制过程难以控制，因此难以塑造复杂的坐凳造型。设计师可以将陶瓷作为坐凳表面贴面装饰，制成形式多样、富有特色的座椅形式。

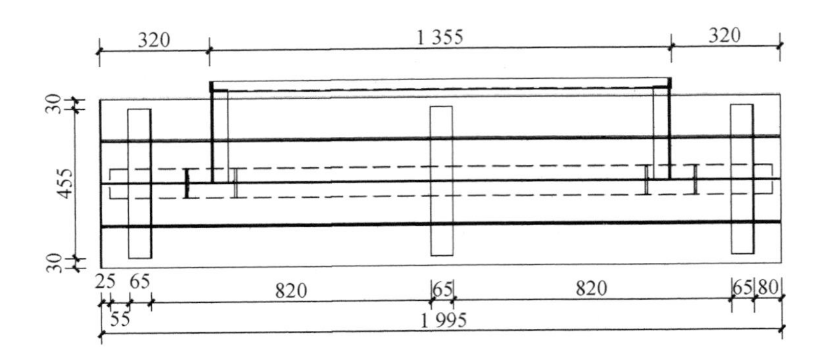

(a) 平面图

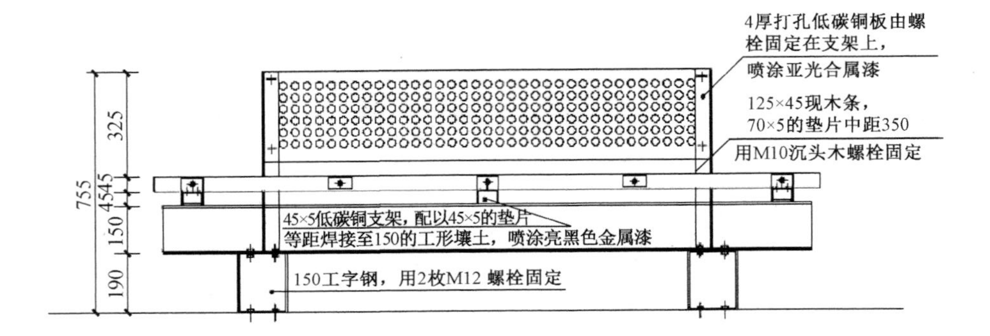

(b) 剖面图

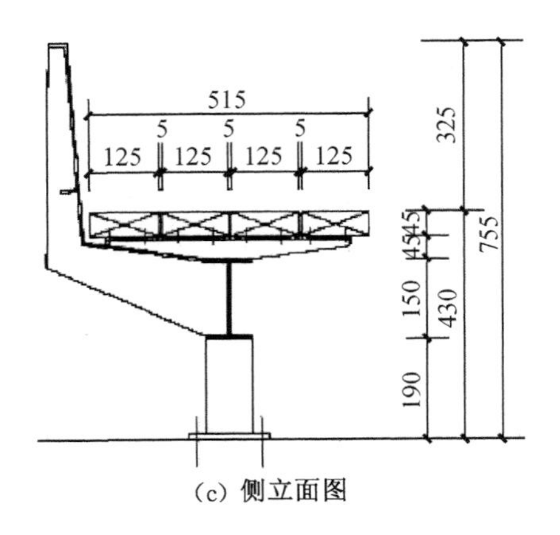

(c) 侧立面图

图 7-9　金属材质座椅构造设计实例(单位:mm)

7.3　树池与花坛

7.3.1　树池和花坛分类

1）树池的分类

目前，园林设计中树池的处理方式可分为硬质处理、软质处理和软硬结合处理三种。

（1）硬质处理

硬质处理是指将不同的硬质材料用于架空、铺设树池表面的施工中[图 7-10(a)]。此种处理方式分为固定式硬质铺地和不固定式硬质铺地两种。如景观施工中使用的铁篦子和近年来使用的塑料篦子、玻璃钢篦子等都属于固定式硬质处理。由卵石、树皮、陶粒覆盖树池的方式都属于不固定式硬质处理。

（2）软质处理

软质处理是指将低矮植物种植于树池内以覆盖树池的表面处理方式[图 7-10(b)]。一般北方城市常用大叶黄杨、金叶女贞等灌木或冷季型草坪如麦冬类、白三叶等地被植物对树池表面进行覆盖。

（3）软硬结合处理

软硬结合处理是指同时使用硬质材料和园林植物对树池进行覆盖的处理方式[图 7-10(c)]。如对树池铺设透空砖，并在砖孔处植草。

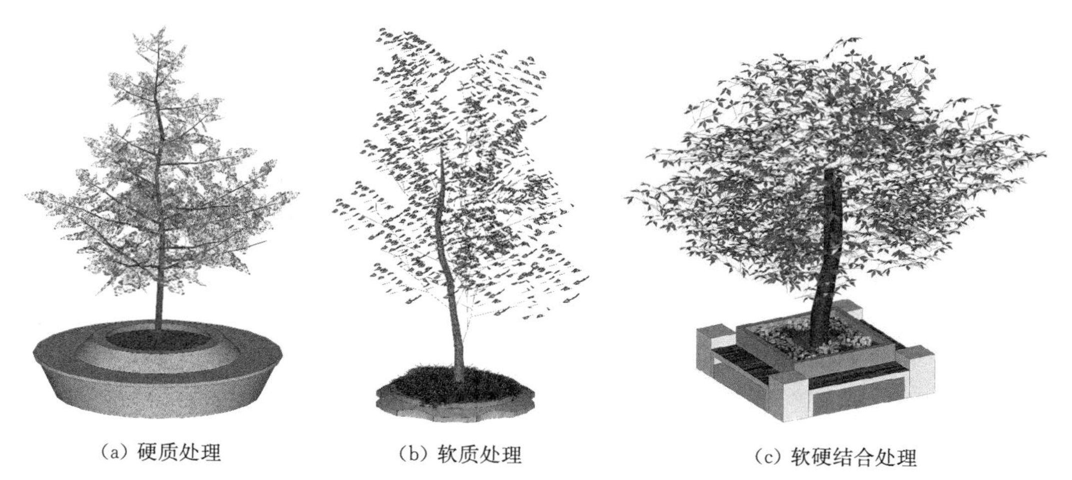

(a) 硬质处理　(b) 软质处理　(c) 软硬结合处理

图 7-10　各种不同处理方式的树池

2）花坛的分类

（1）根据构图形式分类

① 自然式花池：是相对规则式花池来说的，指以不规则图形构造布置的花池。

② 规则式花池：是指将花池设计成规则的几何图形。

③ 混合式花池：指花池下部的花柱被设计为规则式，而花池的整体构图形式又是自然式，这种花池被称为混合式花池。

（2）按花池的空间位置分类

① 平面花池：以平面为观赏面的花池。

② 斜面花池：从观赏角度来说，以斜面为观赏面的花池经常被设置在斜坡处或者搭架构筑。

③ 立体花池：从观赏角度来说，其是可以四面观赏的花池。

（3）按花池固定的程度分类

① 固定花池：顾名思义就是固定不能移动的花池[图 7-11(a)]。

② 移动花池：又称活动花池，适于设置在铺装地面上和室内环境中，是目前较为流行的花池形式[图 7-11(b)]。

(a) 固定花池

(b) 移动花池

图 7-11　各种类型的花坛

7.3.2　树池和花坛设计原则

1）树池的设计原则

（1）尊重场地

对于景观树池而言，个体所能主栽的环境非常有限。面对制约景观树池设计应用的诸多因素，紧抓当地特有自然条件非常有利于设计出适宜的树池。在对自然环境的认知中，从设计的角度来说，必须要考虑树池与周边建筑风格的协调，地形、植物之间的合理搭配利用关系，注意当地气候条件对树池的影响。在复杂的自然环境中设置景观树池，景观设计将成为树池与自然环境协调的最好调剂。

（2）注重美观

空间形态由外部空间组成。景观树池设计和城市景观规划的任务，就在于如何组织好景观树池在这样一个如此庞大和如此复杂的空间内更能满足人的要求。城市空间形态中，小体量景观树池分散在城市各个角落，大多数情况下可以与其他构筑物界面一起围合空间，而在单体景观中存在则具有点缀城市空间的作用，与城市中的建筑物、树木、分隔墙等垂直实体共同控制和影响城市空间。其在城市空间中的应用，要以总体规划为依据，强调规划统筹为先以及后期管理建设的有序衔接，其美观的外形成为人们居住、工作、游憩、交通的活动空间中直接欣赏的城市景观，成为提高城市生活环境品质的重要部分。

（3）节约资源

景观树池在其发展的过程中，对于保护树木良好生长、与休闲座椅相结合、作为城市景观小品以及城市雨水收集的多功能应用等都具有很好的效果，由于具有这些功能和作用，人们在实践中不断综合创新，对树池的处理创造了许多不同的形式。为了更好地服务于城市景观和人们的生活，人们不断对景观树池细节设计出许多不同的内部修饰方式，以达到既科学又美观的效果。在满足便捷的功能上，将坐凳树池与人体工程学和人的活动心理学相结合，从人的角度上考虑设计，在材料和照明上做足工夫，尊重以人为本的原则。在城市发展的生态可持续问题上，利用树池自然土层结构的特征，与科学技术融合，注重树池的内部细节构造，坚持还原自然循环的目的。整个城市中景观树池的多功能和细节的打造，能够突显一个城市的绿化管理水平。

2）花坛的设计原则

（1）主题突出

主题是设计师设计思想的体现，是设计精神的所在。如果花坛要成为园林的主景，那么花坛的各个部分都应该充分体现设计的主题。如果花坛要成为建筑物的陪衬，那么花坛的设计风格应与建筑物的设计风格相协调，花坛的形状、大小和色彩都不能喧宾夺主。

（2）美学原则

花坛的设计要体现美感，因此其形式、色彩、风格等方面都要符合美学原则，特别是花坛色彩的设计，既要协调，又要形成对比。对于花坛群来说，其设计应注意统一与变化。

（3）蕴涵文化

植物景观本身就是一种文化的体现，花坛里的植物搭配同样可以给人以文化的熏陶和艺术的享受。

（4）融合环境

花坛作为景观构图要素中的重要组成部分，应与整个植物景观、建筑格调协调一致。主景花坛应丰富多彩、形式多样，配景花坛则应简单、朴素。不仅如此，花坛的形状、大小、高低、色彩等也都应与景观环境相协调。

7.3.3 树池和花坛的材料构造设计实例

1）金属

金属材质在造型上形式变化多样、简洁有力，具有一种非常强的现代气息，应用在环境中具有很强的视觉冲击。造型感很强的特点使金属在树池中最初作为树池内的透水铺装而被广泛应用(图 7-12)。基于不断发展的制作技术，可将金属材料直接制作成成品造型树池的外池壁以及树池与坐凳连体等不同风格的造型效果。金属景观树池的材料选用主要考虑与环境氛围相融合，在不同环境中，可选用铜、铁或是光感很强的铝材料。

2）石质

石质材料包括大理石、花岗岩、麻石、鹅卵石(图 7-13、图 7-14)等，一般都比较重，在场地内应用在固定的位置，不宜移动。其材质坚硬、耐用、不易被破坏，因此，在景观树池的设计应用中，作为树池的保护外边框使用最多。每种石质材料所营造出的风格都各不相同，大理石、花岗岩在景观石材中，颜色、质地和图案显得高档，这使得这种材质最开始在欧美国家最受欢迎、应用最为广泛。而生态透水砖、彩色透水砖、石砾与鹅卵石等石质材料，在树池内作为与道路铺装平齐的材料应用较多，达到自然生态、环保、可持续的作

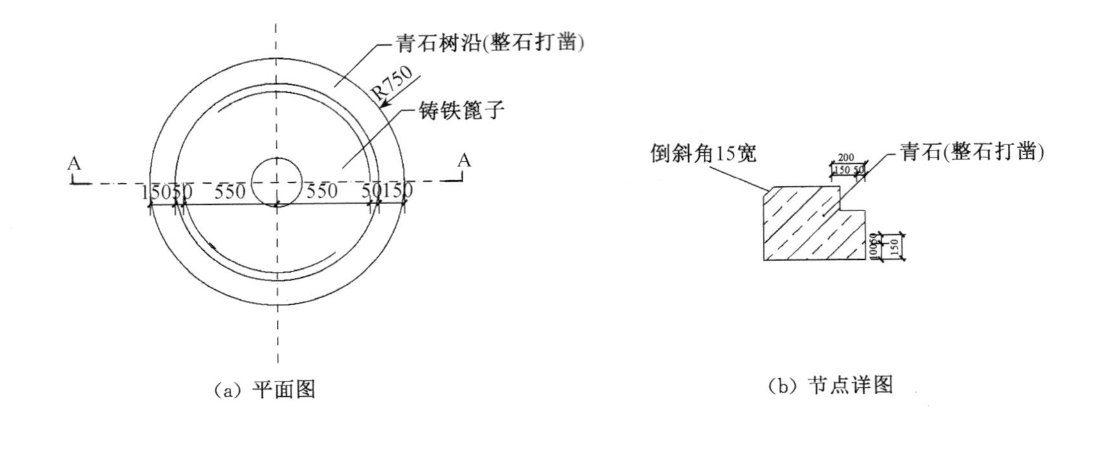

(a) 平面图　　(b) 节点详图

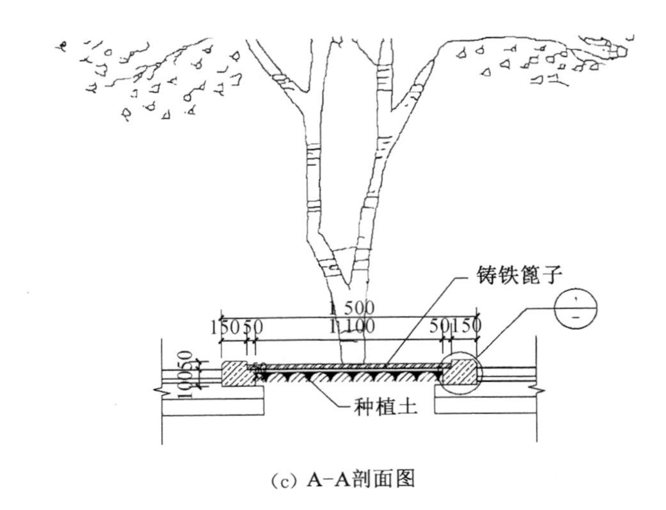

(c) A-A剖面图

图 7-12　铁篦子树池构造设计实例(单位:mm)

用,与周边环境搭配可以形成丰富、美观的景观效果。

3) 木质

木质材料在室外应用的都为加工处理过的防腐木,或木质坚硬不容易腐烂的木料。根据环境的不同,在木料外面还可刷上不同颜色的油漆来美化环境。在树池内和池壁的应用中,常用木质材料做树池的覆盖、边缘框。在公园、庭院中以绿地为背景的场地内,木质材料的树池给人一种自然亲切之感,使整个环境具有一种亲和力。

4) 砌体

树池花坛的砌体包括如下几种:

砖砌体:砌筑方式有顺转、丁转、横缝和竖缝(图 7-15)。

石砌体:包括毛石适用于基础、勒脚、挡土墙、护坡、堤坝等;粗料,更多是成形的石料,主要用作镶面的材料。

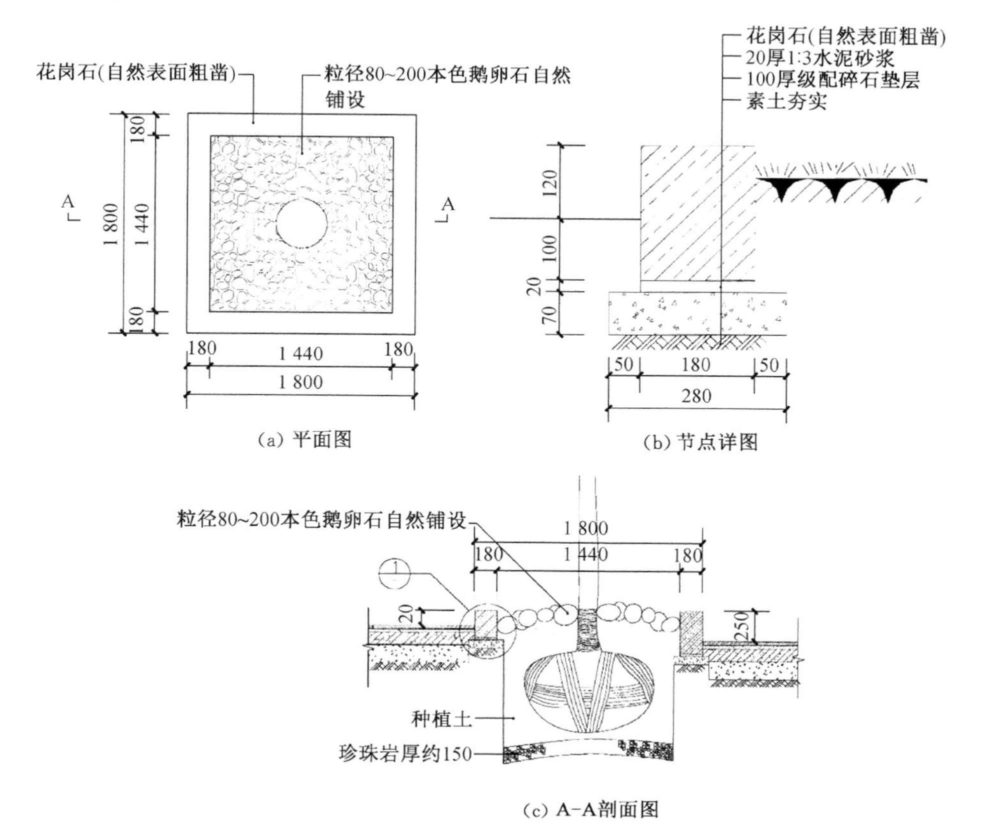

(c) A-A剖面图

图 7-13　鹅卵石树池构造设计实例(单位:mm)

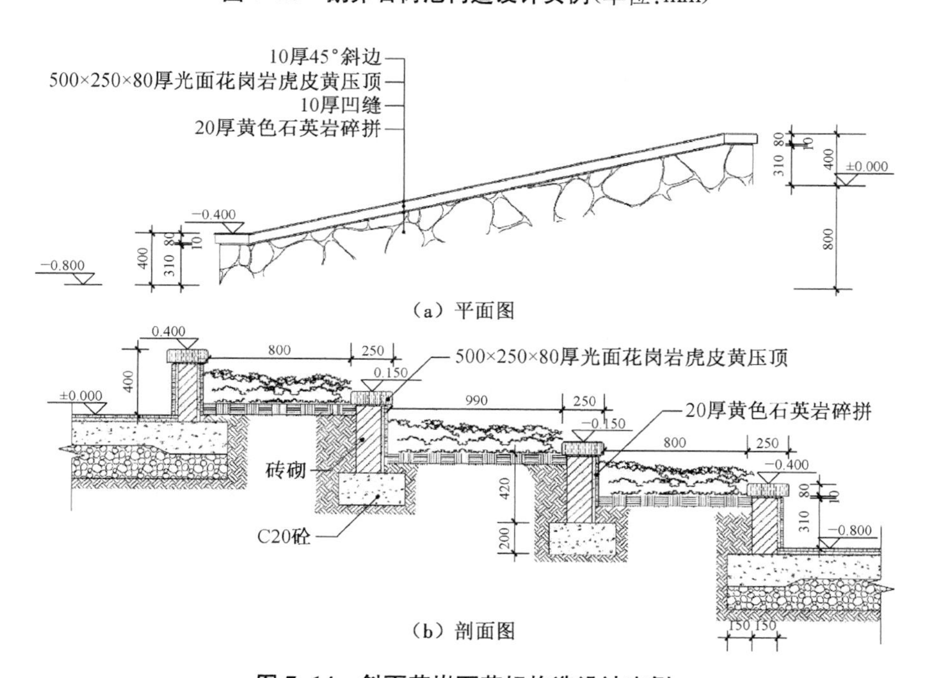

图 7-14　斜面花岗石花坛构造设计实例

注:除标高单位为米(m)外,其余单位均为毫米(mm)。

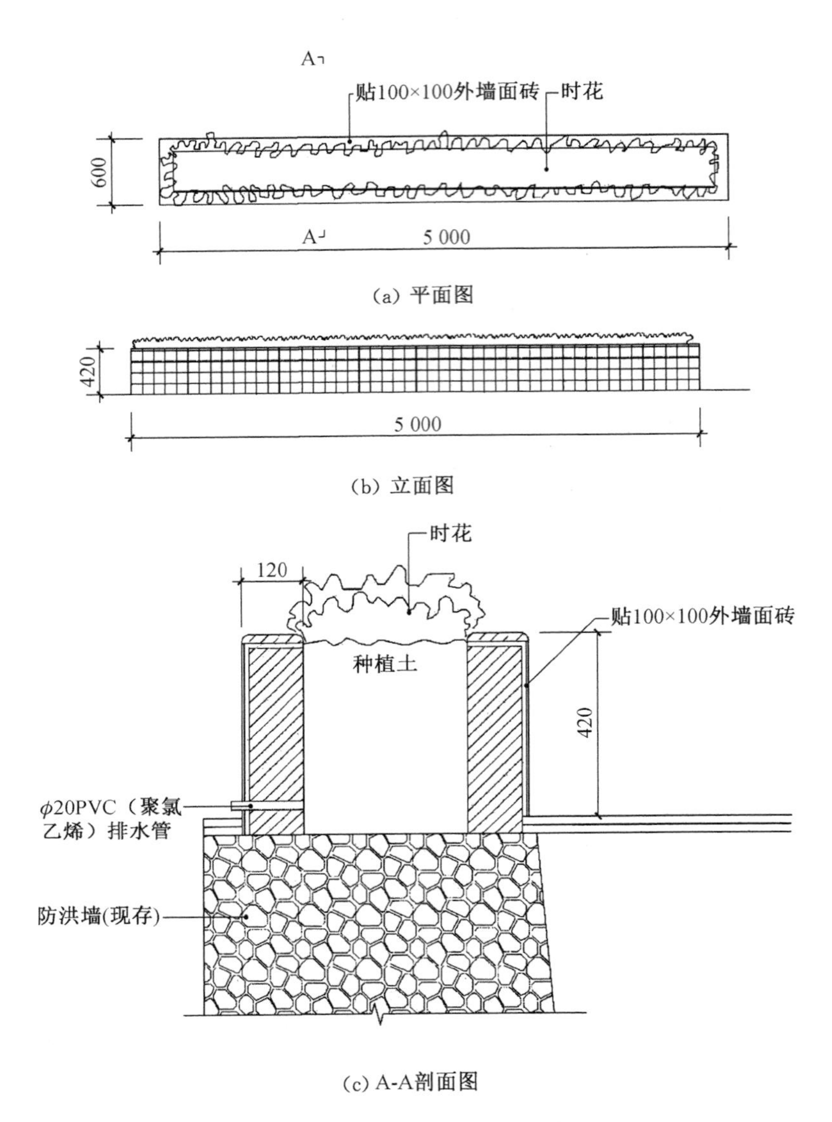

图 7-15　砖砌花坛构造设计实例(单位:mm)

素混凝土砌体:优点是造价低,可塑性好,配制灵活,抗压强度高,耐久性和耐火性好,但抗拉强度低。

7.4　景观灯

7.4.1　景观灯分类

1）道路照明灯

道路照明灯分为两类:功能性道路灯和装饰性道路灯。功能性道路灯需要有良好的配光,光源多选用钠灯和汞灯等光效高的电光源,发出的光均匀地投射在道路上。这种灯具造型简单，是许多城市道路常用的灯具[图 7-16(a)]。装饰性道路灯造型美观，可以结合不同的氛围和风格选用，主要安装在重要的景观节点处，通常对光效要求不高，但需要较高的艺术性和观赏性。

2）庭院灯

庭院灯多安装在公园、绿地、小花园的小路边[图 7-16(b)]，高 2～4 m，光线较柔和，用来增加人们户外活动的时间，提高人们夜间出行的安全性，提高生命财产的安全。光源的功率不需太大，可以用节能灯、钠灯等光源，注意防止炫光。

3）草坪灯

草坪灯的高度在 1 m 以内，安装在草坪、灌木丛等低矮处[图 7-16(c)]，光线多为宽配光，避免炫目，具有照明和美化的双重功能。

4）地埋灯

地埋灯比草坪灯更矮，直接安置在地平面中，包括三种：一种是起引导视线和提醒注意作用的指示地灯，应用在步行街、人行道和地面有高差变化之处；一种是突出于地面，通过光栅的遮挡可以装饰照明广场或草坪[图 7-16(d)]；还有一种是投射地灯，通过配光后可以投射地面上的小品。

5）水下照明灯

水下照明灯通常安装在水下，具有防水密闭性。多选用光谱效果较好的卤钨灯，功率较高，配合彩色滤镜，投射喷泉或叠瀑，通过水的折射形成五彩缤纷的光色水柱效果。

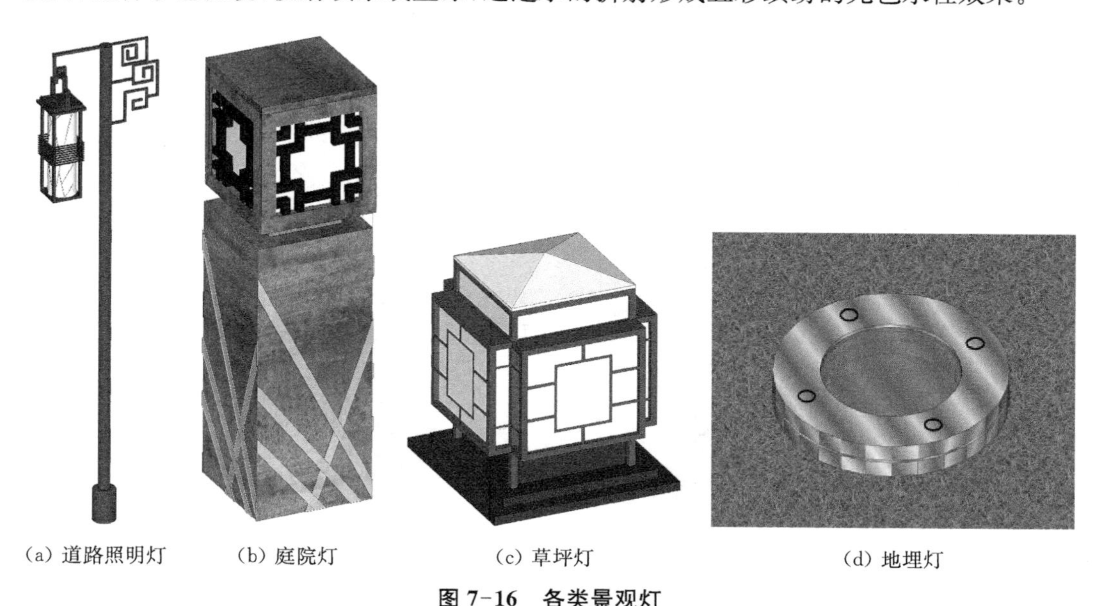

(a) 道路照明灯　(b) 庭院灯　(c) 草坪灯　(d) 地埋灯

图 7-16　各类景观灯

7.4.2　景观灯设计原则

1）整体性原则

整体性原则是指环境照明设计要与整体环境相协调，与整体风格相一致，与景观小品、构件等相结合。通过照亮不同的部位，明暗与虚实结合，让人感受到清晰的整体布局空间对整体感的把握，体现自然景观特色与季节特色，呈现建筑特色，蕴涵科技特色，体现传统节日特色和文脉特色。

2）层次感原则

层次感是指景物空间中的主景与配景之间的关系。层次感可以通过虚实、明暗、轻重、大面积的给光和勾画轮廓等多种手法体现。要对景观、环境、本身的造型、结构进行具体分析，不能将环境透光后变成一片毫无层次的亮光，失去了美而真的效果。同时，要考虑景观与背景空间的关系，不能使景观独立于黑暗之中，而要有多种层次，通过照明体现景观的立体感。

3）可持续发展的原则

“节能环保、绿色照明”是当前的照明理念，对于景观照明来说，其本身需要的能耗较大，因此在设计时，应尽量降低其能耗，减少不必要的浪费，加强对新能源、新技术的开发。比如利用太阳能发电，采用 LED(发光二极管)等节能灯具，或者采用节能控制方式等。

7.4.3 景观灯常用灯具

景观照明灯具具有功能性和装饰性两方面的特征。在灯具的选择上，不但要求在夜晚能够满足功能性要求和相关照度标准(表 7-2)，而且要求在不同场合选择合适的光源和灯具(表 7-3)。另外，还要有艺术性，要具有优美的造型，给人以高艺术品位的享受。光源的选择要遵循高效、节能的原则，同时选择适宜的光色来更好地体现设计意图，烘托环境气氛。

表 7-2 景观照明及参考照度

<table>
<tr><th>适用场所</th><th>参考照度
(lx)</th><th>安装高度
(m)</th><th>注意事项</th></tr>
<tr><td>自行车、机动车</td><td>10～30</td><td>2.5～4.0</td><td>光线投射在路面上要均匀</td></tr>
<tr><td>步行台阶</td><td>10～20</td><td>0.6～1.2</td><td rowspan="2">避免炫光，采用较低处照明；
光线宜柔和</td></tr>
<tr><td>园路、草坪</td><td>10～50</td><td>0.3～1.2</td></tr>
<tr><td>运动场</td><td>100～200</td><td>4.0～6.0</td><td rowspan="3">多采用向下照明方式；
灯具应有艺术性</td></tr>
<tr><td>休闲广场</td><td>50～100</td><td>2.5～4.0</td></tr>
<tr><td>广场</td><td>150～300</td><td>—</td></tr>
<tr><td>水下照明</td><td>150～400</td><td>—</td><td rowspan="4">水下照明应防水、防漏电，参与性较强的水池和泳池使用 12 V 安全电压；
应禁用或少用霓虹灯和广告箱灯</td></tr>
<tr><td>树木绿化</td><td>150～300</td><td>—</td></tr>
<tr><td>花坛、围墙</td><td>30～50</td><td>—</td></tr>
<tr><td>标志、门灯</td><td>200～300</td><td>—</td></tr>
<tr><td>浮雕</td><td>100～300</td><td>—</td><td rowspan="2">采用侧光、投光和泛光等多种形式；
灯光色彩不宜太多</td></tr>
<tr><td>雕塑、小品</td><td>150～500</td><td>—</td></tr>
</table>

表 7-3 光源与灯具选择

灯具种类	常用光源	适用场合	说明
庭院灯	白炽灯、荧光灯、金属卤化物灯	可布置于园路、广场、水边以及庭院一隅，适于照射路面、铺装场地、草坪等	高度为 4.0～5.0 m，光照方向主要有下照型和防止炫光的漫射型
草坪灯	汞灯、白炽灯、金属卤化物灯	主要用于照射草坪	高度不超过 1.2 m
泛光灯	金属卤化物灯、高低压钠灯	主要用来照射园林建筑、景观构筑物、园林小品、雕塑、树木、草地等	按光束的宽度可分为窄光束、中度宽光束和宽光束
埋地灯	汞灯、高低压钠灯、金属卤化物灯	用于硬质铺装场地中的构筑物、雕塑、园林小品照明，以及草地中置石、树丛照明	部分灯型可用作埋地射灯
造型灯	光纤、美耐灯、发光二极管(LED)	可做成各种造型，如礼花灯、椰树灯、红灯笼灯等，用于绿地夜景装饰	主要用于饰景照明

7.4.4 景观灯构造设计实例

1）庭园灯

庭园灯主要安装于居住区主园路、小广场等场所，除了用作照明之外，还有装饰作用，一般高度控制在 3～4 m(图 7-17)。主园路一般选用庭园灯进行照明，安装 60～80 W 大功率节能灯，灯杆高度选用 3～4 m，间距 18～24 m，单侧布置，灯杆受力不是很大，但灯具基础应有一定的埋深，防止长时期风力作用后的晃动；也可选用高压钠灯作为照明光源，效率高但显色性较低。次园路和小园路一般采用草坪灯照明，当然也可以采用一些非传统的照明方式来进行功能照明，如采用一些隐蔽的灯具照亮植物，通过植物反射照亮小径。

2）草坪灯

草坪灯一般选取 13～18 W 节能灯，间距控制在 10 m 左右，单侧布置，高度一般为 0.6～0.9 m。安装时底部需用螺栓固定，故草坪灯也应浇砼基础，以保证螺栓固定的可靠性(图 7-18)。

3）埋地灯

埋地灯在工作过程中主要通过埋入地下的灯具散热，由于热胀冷缩的原理，当灯具周围积沉的水分过多时，会产生呼吸作用，水分很容易进入灯具内，所以在安装时，特别需要注意的是，埋地灯底部应做好排水、滤水的措施，最好在灯具底部做 300 mm×300 mm 碎石滤水层，滤水层中加设排水管，以确保灯具在使用过程中不进水。

4）水下灯

水下灯一般采用低压灯，灯具和变压器是分开的，一般把变压器放在岸上，安装于防水接线盒中。灯具与变压器之间的距离也受到一定的限制，(50～100) W/12 V 的电缆长

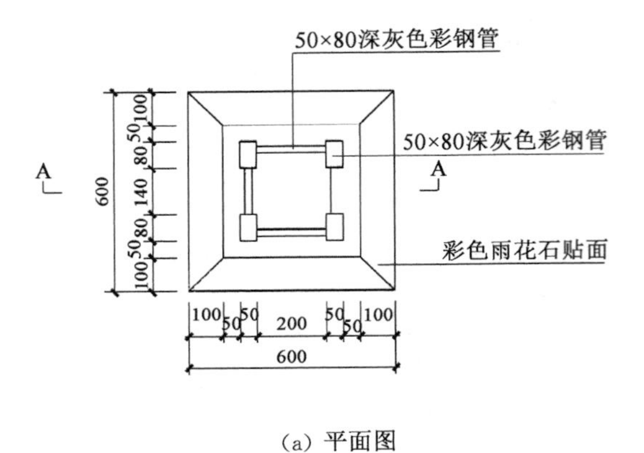

(a) 平面图

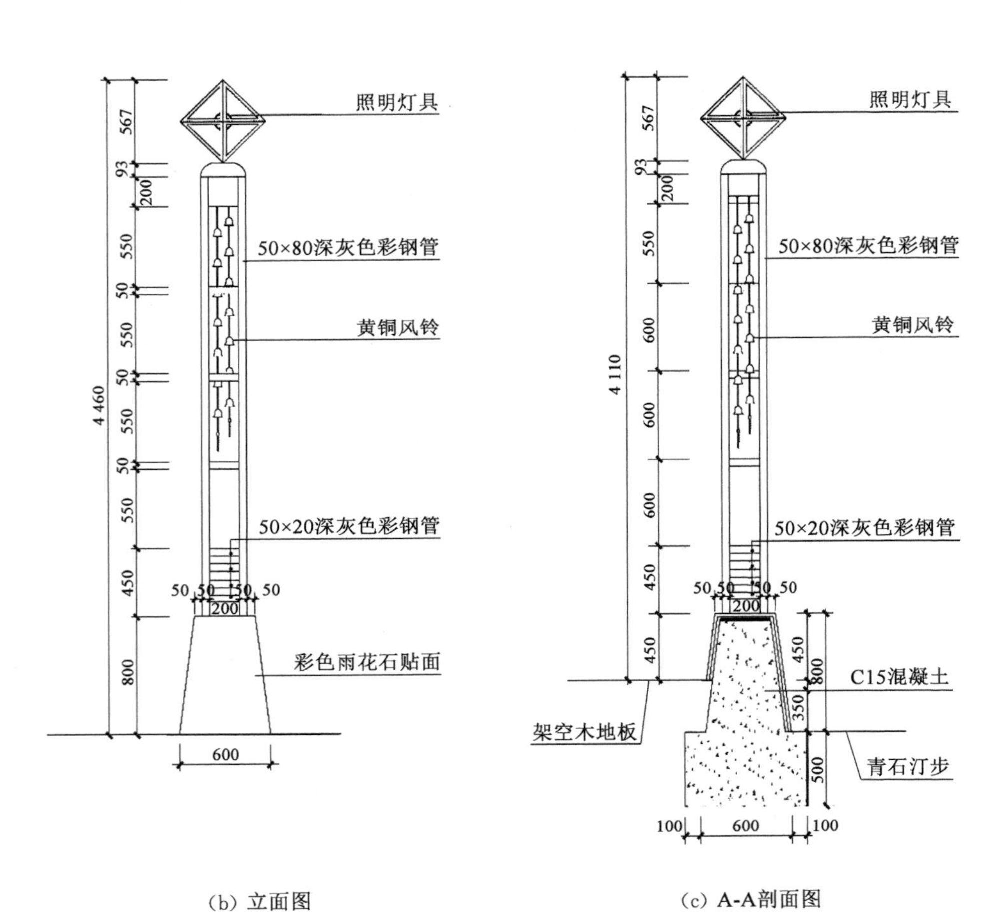

(b) 立面图

(c) A-A剖面图

图 7-17　庭院灯构造设计实例(单位:mm)

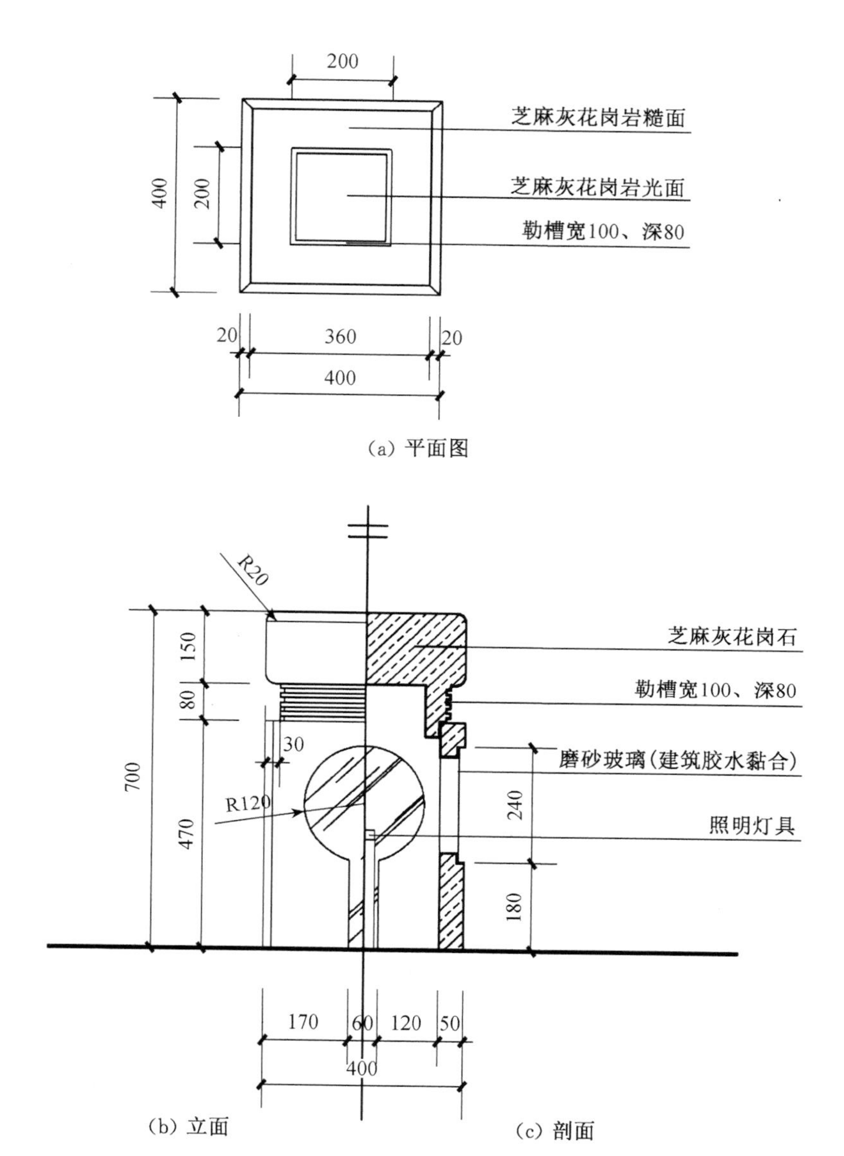

图 7-18　草坪灯构造设计实例(单位:mm)

度一般小于 15 m,300 W/12 V 的电缆长度一般小于 10 m。水下灯又分支架式安装和嵌入式安装。支架式安装可用螺栓固定于池底或结合鼓泡喷头立杆固定;嵌入式安装的水下灯应带有不锈钢外套筒,灯具用螺栓直接固定在外套筒上,外套筒既保护了灯具又方便安装与维护。嵌入式水下灯可安装于池底(垂直安装)亦可安装于水池侧壁(水平安装)。

5) 壁灯

壁灯从安装方式上主要分为外挂式壁灯和内嵌式壁灯(也称梯脚灯)。外挂式壁灯主要安装于花架、亭台楼阁立柱或景墙立面上,安装高度一般为 2.2 m。内嵌式壁灯主要用于楼梯台阶踢面上或矮墙下脚等人的视角以下位置,灯具的尺寸大小和光源颜色等的选择很重要,应与被安装体协调一致(图 7-19)。

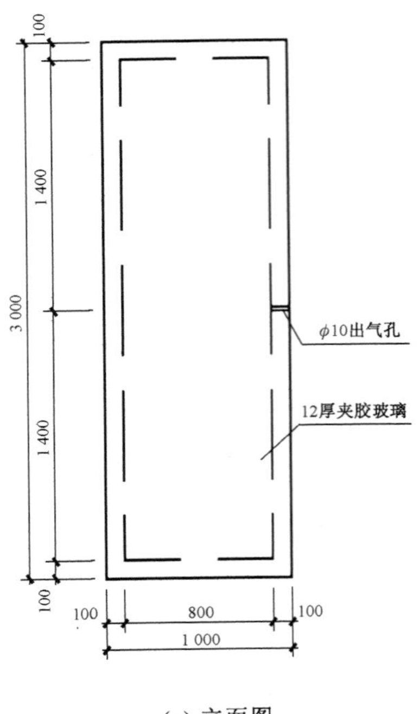

(a) 立面图

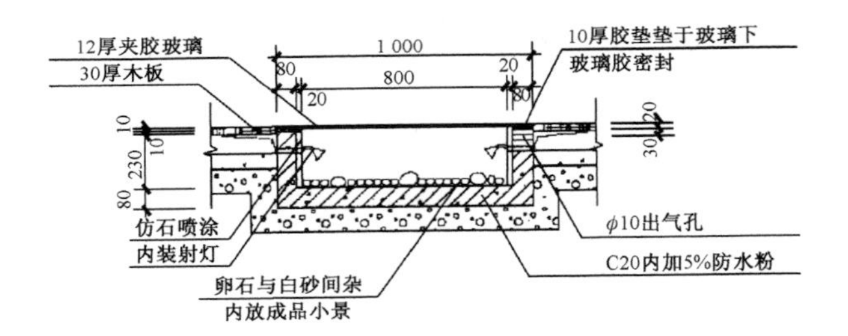

(b) 剖面图

图 7-19　壁灯构造设计实例(单位:mm)

参考文献

1. 罗志远. 中国传统园桥设计初探[D]:[硕士学位论文]. 北京:北京林业大学,2008.
2. 邹原东. 园林建筑构造与材料[M]. 南京:江苏人民出版社,2012.
3. 宗维城. 中国园林建筑图集[M]. 北京:中国书籍出版社,1995.
4. 杜汝俭,李恩山,刘管平. 园林建筑设计[M]. 北京:中国建筑工业出版社,1986.
5. 王庭熙,周淑秀. 新编园林建筑设计图选[M]. 南京:江苏科学技术出版社,2000.
6. 冯钟平. 中国园林建筑[M]. 北京:清华大学出版社,2000.
7. 卢仁. 园林建筑装饰小品[M]. 北京:中国林业出版社,2000.

8. 夏为，毛靓，毕迎春. 风景园林建筑设计基础[M]. 北京：化学工业出版社，2010.
9. 郦湛若. 园林建筑小品[M]. 合肥：安徽科学技术出版社，1987.
10. 周初梅. 园林建筑设计与施工[M]. 北京：中国农业出版社，2002.
11. 王胜永. 景观建筑设计[M]. 北京：化学工业出版社，2014.
12. 李慧峰. 园林建筑设计[M]. 北京：化学工业出版社，2011.
13. 田建林. 园林景观铺地与园桥工程施工细节[M]. 北京：机械工业出版社，2009.
14. 卞慧媛，陆艳伟. 景桥设计初探[J]. 中外建筑，2009(8)：67-69.
15. 吴为廉. 景观与景园建筑工程规划设计[M]. 北京：中国建筑工业出版社，2005.
16. 王继开. 中国传统园桥艺术的传承与发展研究[D]：[硕士学位论文]. 南京：南京艺术学院，2009.
17. 陈翰兵. 园林桥设计初探[J]. 城市道桥与防洪，2004(2)：37-39.
18. 李琛. 景区标识牌设计研究[J]. 经济研究导刊，2012(27)：197-198.
19. 汤辉，朱凯. 试论园林植物景观的照明设计[J]. 中南林业调查规划，2005，24(1)：27-30.
20. 中国建筑标准设计研究院. 民用建筑电气设计与施工[M]. 北京：中国计划出版社，2008.
21. 钱益新，李胜，程莉. 景观工程细部CAD图集：坐凳・树池・花池[M]. 武汉：华中科技大学出版社，2011.
22. 陈豫. 我国旅游城市公共信息导向系统设计与应用研究[J]. 包装工程，2013(4)：88-90，104.
23. 颜双桑. 树池在现代景观中的设计研究[D]：[硕士学位论文]. 长沙：中南林业科技大学，2014.
24. 佚名. 现代设计院中的景桥设计思想归纳[EB/OL]. (2015-08-15)[2018-06-22]. http://wenku.baidu.com/view/9097d4ab87c24028915fc3a1.html? from=search.
25. 佳图文化. 景观细部设计手册(1)[M]. 武汉：华中科技大学出版社，2010.
26. 佳图文化. 景观细部设计手册(2)[M]. 武汉：华中科技大学出版社，2010.

思考题

1. 标识牌可以分为哪几类？设计原则是什么？
2. 标识牌常用材料有哪几类？各自的构造要点有哪些？
3. 景观座椅可以分为哪几类？设计原则是什么？
4. 景观座椅常用材料有哪几类？各自有哪些特性？
5. 树池与花坛可以分为哪几类？设计原则是什么？
6. 树池与花坛常用材料有哪几类？各自的构造要点有哪些？

图片来源

图 1-1 至图 1-4 源自:作者拍摄.
图 1-5 源自:《图解园林施工图系列 2:铺装设计》.
图 1-6 至图 1-8 源自:作者拍摄.
图 1-9 源自:作者绘制.
图 1-10 至图 1-12 源自:作者根据《园林细部设计与构造图集:道路与广场》整理绘制.
图 1-13 至图 1-24 源自:作者根据《图解园林施工图系列 2:铺装设计》和《国家建筑标准设计图集(03J012—1):环境景观:室外工程细部构造》绘制.
图 2-1 源自:作者根据《图解黄帝宅经》绘制.
图 2-2 源自:作者根据《彼得·沃克》绘制.
图 2-3 源自:作者根据《叠石造山的理论与技法》绘制.
图 2-4 源自:作者拍摄.
图 2-5、图 2-6 源自:作者根据《景观设计师便携手册》绘制.
图 2-7 源自:作者根据《叠石造山的理论与技法》绘制.
图 2-8、图 2-9 源自:作者根据《中国园林假山》绘制.
图 2-10 源自:作者根据《园林塑石假山设计 100 例》绘制.
图 2-11、图 2-12 源自:作者根据《中国园林假山》绘制.
图 2-13、图 2-14 源自:作者根据《中国古典园林分析》绘制.
图 2-15 至图 2-19 源自:作者根据《中国园林假山》绘制.
图 2-20 至图 2-22 源自:作者根据《园林假山系列:假山叠石的基本技法》绘制.
图 2-23 源自:作者根据《园林塑石假山设计 100 例》绘制.
图 2-24 源自:作者根据《最新园林设计规范图集》绘制.
图 3-1 至图 3-10 源自:作者拍摄.
图 3-11 至图 3-15 源自:作者根据孟兆祯《风景园林工程》绘制.
图 3-16 至图 3-19 源自:作者根据《国家建筑标准设计图集(10J012—4):环境景观:滨水工程》绘制.
图 3-20 至图 3-22 源自:百度图片.
图 3-23、图 3-24 源自:作者根据《国家建筑标准设计图集(10J012—4):环境景观:滨水工程》绘制.
图 3-25 源自:作者根据《国家建筑标准设计图集(03J012—1):环境景观:室外工程细部构造》绘制.
图 3-26、图 3-27 源自:作者根据《国家建筑标准设计图集(10J012—4):环境景观:滨水工程》绘制.
图 4-1 源自:作者拍摄.

图 4-2、图 4-3 源自:作者绘制.
图 4-4 源自:作者拍摄.
图 4-5、图 4-6 源自:作者绘制.
图 4-7 至图 4-12 源自:作者拍摄.
图 4-13 源自:作者绘制.
图 4-14 源自:作者拍摄.
图 4-15 源自:作者绘制.
图 4-16、图 4-17 源自:作者拍摄.
图 4-18 源自:作者绘制.
图 4-19、图 4-20 源自:作者拍摄.
图 4-21 至图 4-26 源自:作者绘制.
图 4-27、图 4-28 源自:作者拍摄.
图 4-29、图 4-30 源自:作者绘制.
图 4-31、图 4-32 源自:作者拍摄.
图 4-33 至图 4-38 源自:作者绘制.
图 4-39 至图 4-41 源自:《国家建筑标准设计图集(04J012—3):环境景观:亭廊架之一》.
图 4-42 源自:作者绘制.
图 5-1 至图 5-12 源自:作者绘制.
图 5-13 至图 5-16 源自:作者根据吴为廉《景观与景园建筑工程规划设计》绘制.
图 5-17 至图 5-22 源自:作者绘制.
图 6-1 源自:作者拍摄.
图 6-2 源自:作者绘制.
图 6-3 至图 6-9 源自:作者拍摄.
图 6-10 源自:作者绘制.
图 6-11 源自:作者拍摄.
图 6-12 至图 6-14 源自:网络.
图 6-15、图 6-16 源自:作者拍摄.
图 6-17 至图 6-21 源自:作者根据《园林挡土墙的景观艺术性》绘制.
图 6-22 源自:作者拍摄.
图 6-23 源自:作者绘制.
图 6-24 至图 6-27 源自:作者拍摄.
图 6-28 至图 6-32 源自:作者绘制.
图 6-33 源自:网络.
图 7-1 至图 7-19 源自:作者绘制.

表格来源

表 1-1 源自:作者根据《园林施工材料、设施及其应用》《风景园林工程》和《图解园林施工图系列 2:铺装设计》整理绘制.

表 1-2 源自:作者根据《图解园林施工图系列 2:铺装设计》《风景园林工程》整理绘制.

表 1-3 源自:《图解园林施工图系列 2:铺装设计》.

表 1-4 源自:作者根据《风景园林工程》整理绘制.

表 1-5、表 1-6 源自:《风景园林工程》.

表 1-7 至表 1-17 源自:《国家建筑标准设计图集(03J012—1):环境景观:室外工程细部构造》.

表 2-1 源自:作者绘制.

表 2-2 源自:《景观设计师便携手册》.

表 2-3 源自:作者绘制.

表 3-1 至表 3-7 源自:作者根据李瑞冬《景观工程设计》绘制.

表 4-1 至表 4-4 源自:《国家建筑标准设计图集(04J012—3):环境景观:亭廊架之一》.

表 5-1 至表 5-3 源自:作者根据吴为廉《景观与景园建筑工程规划设计》绘制.

表 7-1 源自:作者根据《景观工程细部 CAD 图集》绘制.

表 7-2 源自:作者根据《民用建筑电气设计与施工》绘制.

表 7-3 源自:作者根据吴为廉《景观与景园建筑工程规划设计》绘制.